周菁 著

# jQuery EasyUI 网站开发实战

人民邮电出版社
北京

图书在版编目（C I P）数据

jQuery EasyUI网站开发实战 / 周菁著. -- 北京 :
人民邮电出版社, 2018.3
ISBN 978-7-115-47602-9

Ⅰ. ①j… Ⅱ. ①周… Ⅲ. ①JAVA语言—程序设计
Ⅳ. ①TP312.8

中国版本图书馆CIP数据核字(2017)第324760号

## 内 容 提 要

EasyUI 是一套开源并基于 jQuery 的界面开发框架，它提供了窗口、菜单、树、数据网格、按钮、表单等一系列功能组件。EasyUI 可以让很多并未系统学习过相关专业知识，但却拥有丰富行业经验的职场人士也能轻松开发出符合自身需要的管理系统。

尽管目前市场上各种前端框架“多如牛毛”，但 EasyUI 凭借其强大的数据交互能力，成为企业级 B/S 项目的开发首选。本书共分 8 章及一个快速入门实例，全面系统地介绍了 58 个功能组件的使用方法，非常适合网站开发者、大中专院校师生、培训班学员以及业余爱好者阅读。

◆ 著　　　周　菁
责任编辑　赵　轩
责任印制　焦志炜
◆ 人民邮电出版社出版发行　　北京市丰台区成寿寺路 11 号
邮编　100164　　电子邮件　315@ptpress.com.cn
网址　http://www.ptpress.com.cn
三河市君旺印务有限公司印刷
◆ 开本：800×1000　1/16
印张：26.75
字数：697 千字　　2018 年 3 月第 1 版
印数：1 – 2 000 册　　2018 年 3 月河北第 1 次印刷

定价：79.00 元

读者服务热线：(010)81055410　印装质量热线：(010)81055316
反盗版热线：(010)81055315
广告经营许可证：京东工商广登字 20170147 号

# 前言

PREFACE

这是一本全面系统介绍 EasyUI 的专业图书，同时也是网站开发者快速实现数据管理的得力助手和工具。

## ■■■ 为什么要写这本书

笔者在过去的近 10 年间一直都在从事报业数据分析方面的工作。2010 年前后的 10 年可以说是报业发展的黄金十年，报社动辄花费数百万元采购一套软件，但他们仍然经常抱怨这些软件在使用中的各种不便，其中不乏一些大的品牌软件。我们本来的主业是报业数据咨询服务，听到他们的抱怨久了，就产生了一个想法：为什么我们就不能来开发一个更贴近报社使用实际的应用软件呢？和专业的开发人员相比，我们在代码能力上确实欠缺，但作为职场从业人员，却拥有着对行业深刻的理解和经验，而这正是我们最大的财富和竞争力！

说干就干。我们先用 Excel 开发了一套可以快速生成日报、周报、月报的“一键报表系统”，几家报社试用后反响非常好；后来又借助 VBA 和其他辅助工具正式升级为专业化的报业数据软件——“广告通”，在全国报业发达的珠三角地区一度成为覆盖面广的同类软件，服务的客户范围包括《广州日报》《南方都市报》《羊城晚报》等全国著名媒体及《佛山日报》《东莞日报》《中山日报》《惠州日报》等地方媒体。

后来，在帮助一家报社定制 C/S 数据库应用项目时，客户提出要同时支持浏览器远程访问。C/S 毕竟只是在本地局域网中使用比较方便。为了接下这个预算达数十万元的“大单”，我们尽管还没有这方面的开发经验，但仍然硬着头皮先口头答应了下来。紧接着我们就到网上购买各种所谓的“从入门到精通”教材，这些书一般都是先从一个个的基础知识点讲起，最后再以一个或多个实例做综合讲解。由于 B/S 涉及的知识点是非常多的，这个学习的过程非常枯燥，坚持了两三个星期后根本看不到任何的“开发成果”。

怎么办？传统的老路走不通了！答应客户的事，必须要做到啊，不然数十万元的单子可能就会飞掉！我们开始上网查资料、找工具，想快速开发，最后发现了 EasyUI 这个框架，当时它最吸引我们的是：再也不用为那些多枯燥的 CSS 样式烦神了，依照自身带的各种应用实例就可以非常快地搭建好自己的 B/S 项目，而且拥有非常强大的后台数据交互能力。好在自己还有一些数据库方面的基础，最终不到一个月就拿出了测试版，客户非常满意。够拼吧？

项目做完之后，回头再看当时的开发过程，有一点触动很大：那就是越早体验到开发的成就感，这种坚持下去的动力就会越大。然后再仔细看 EasyUI 所提供的很多插件，越研究越觉得它是企业级项目开发的得力工具（毕竟当时做那个项目是依葫芦画瓢的，完全属于项目驱动、硬逼出来的），而这也正是我决定写这本书的原因。

自学编程难吗？说难不难，说易也不易，关键是要掌握里面的各种“套路”。是的，就是“套路”，一通百通！本书就是自己多年来的实战经验总结，希望能给新手或者尝试向 IT 方面转型的职场同仁们一点帮助。

## ■■■ 关于前端框架

尽管 EasyUI 是一款非常优秀的前端框架，它也确实可以帮助我们极大地提高开发效率，但随着近几年互联网技术的飞速发展，新的框架不断诞生（简直到了“多如牛毛”的地步），比较而言，EasyUI 在样式表现方面确实有些欠缺。

比如，现阶段最热门的 Bootstrap 就非常侧重样式的表现，UI 风格也比较符合目前的流行趋势，而且能够兼容移动端和 PC 端。好在，这些优秀的前端框架并不是二选一的，可以在项目中同时使用多个框架。当然，EasyUI 强大的数据交互能力也是 Bootstrap 所无法比拟的，而这正是企业级项目应用的核心所在。

对于初学者来说，最忌讳的就是“这山望着那山高”，这个想看看，那个想研究研究。本来想跟着潮流走，无奈科技进步太快，最后的结果可能就是“什么都知道一点，但什么也都不精”！

## ■■■ 使用EasyUI组件的两种方法

本书全部实例均基于 2017 年 8 月底最新发布的 EasyUI 1.5.3 版本，源码稍作修改即可用于自己的项目中。

全书共系统介绍了 58 个核心组件的使用方法。其中，绝大部分代码都是在 JavaScript 中完成的。

以对话框组件为例，当在 JS 中使用此功能组件时，代码是这样的：

```
<div id="dlg"></div>
<script type="text/javascript">
    // 这里的js代码也可以保存到js文件中，然后在script标签中通过src属性引用
    $('#dlg').dialog({
        title: '用户登录',
        width: 290,
        height: 176,
        modal: true
    })
</script>
```

除了该方式外，还可在页面中直接通过标记来使用组件。采用此方式时，该组件所有的属性和事件都应该写在该标签所对应的 data-options 属性中。例如：

```
<div id="dlg" class="easyui-dialog" data-options="
    title: '用户登录',
```

```
        width: 290,
        height: 176,
        modal: true
    "></div>
```

本书示例代码所涉及的 HTML、CSS、JavaScript、jQuery、PHP、正则表达式及数据库等方面的知识，在笔者编写的另一本书《B/S 项目开发实战 HTML+CSS+jQuery+PHP》中均有详细讲解，建议读者一起搭配使用。

本书源码请从异步社区（www.epubit.com.cn）本书页面下载。

最后感谢人民邮电出版社的赵轩老师对本书得以顺利出版所给予的大力支持与帮助，同时感谢家人的理解和包容，使得我可以有大量的时间来完成写作！在编写本书的过程中，尽管已数易其稿，并力求精益求精，但错误、疏漏之处仍在所难免，恳请广大读者批评指正。

周菁

2017 年 11 月

# 目录

CONTENTS

# 导论　使用EasyUI框架实现快速开发

为简化JavaScript 原生开发的工作量并解决不同类型浏览器之间的兼容问题，一些基于JS 的程序库诞生了，其中最具代表性的就是jQuery，它甚至被称为JS 的标配工具，可见其使用范围及影响力之广。在此基础上，又有一些高手和爱好者开发了基于jQuery 的应用框架，它将一些常用的功能做了模块化的处理，原来可能需要数百行甚至上千行代码才能完成的功能，改用框架后也许只要一行代码或者一个命令即可解决。这些框架其实就是大家俗称的“二次开发平台”，它们不仅可以解决功能上的问题，也能解决CSS样式上的问题，尤其是为了保证所开发项目风格的统一，一般还会同时提供多个预设好的主题样式。

本书所学习的框架是EasyUI，就提供了数十个功能强大的组件，可解决日常项目开发中绝大多数的应用需求。据官网介绍，EasyUI 项目开发小组于 2009 年成立，整个技术团队由大约 10 名软件开发工程师组成，其中核心成员有 3 人。自 2010 年面世至今，EasyUI 已经走过了 7 ～ 8 个年头，每年至少都会更新两次，现在的最新版本为 2017 年 8 月底发布的 1.5.3，本书的所有示例都是基于该版本编写的。

在正式学习 EasyUI 框架之前，本章将通过一个小实例来帮助大家了解如何使用 EasyUI 以及 EasyUI 的强大之处究竟在哪里。有了这样的总体概念之后，再根据自己的实际情况有针对性地学习其中的部分组件，即可最具效率地开发出自己所需要的项目。

尽管 EasyUI 是一种前端框架，但它提供了很多的接口用于和后台服务器进行交互。关于服务器搭建及数据库方面的知识并不是本书的重点，如果读者对此不太了解，建议参考同样由人民邮电出版社出版的另外一本书《B/S 项目开发实战》。

## 0.1　下载并使用EasyUI框架

### 0.1.1　下载EasyUI程序开发包

进入 EasyUI 官网，如图所示。

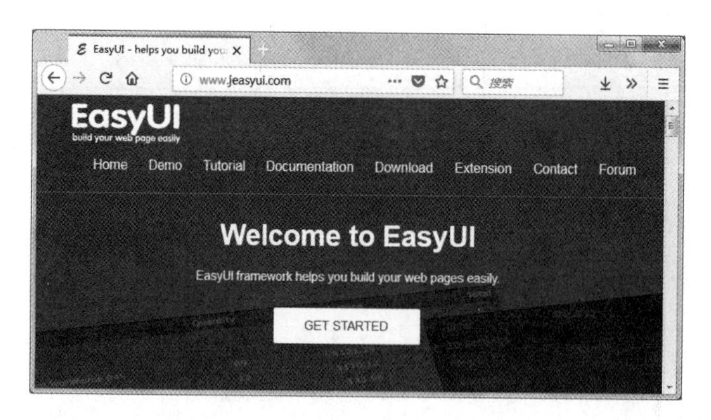


单击“GET STARTED”按钮或者“Download”菜单，即可进入下载页面。自 2017 年 9 月份起，EasyUI 在原来的 jQuery 版本的基础上又新推出了 Angular 版本，本书学习的是 EasyUI for jQuery 版本，因此只要单击“EasyUI for jQuery”下方的 Download 即可，如图所示。

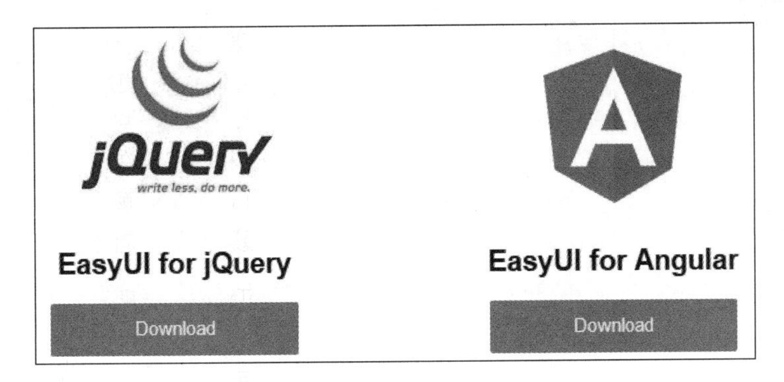


进入“EasyUI for jQuery”下载页之后，又有两个按钮选项，如图所示。

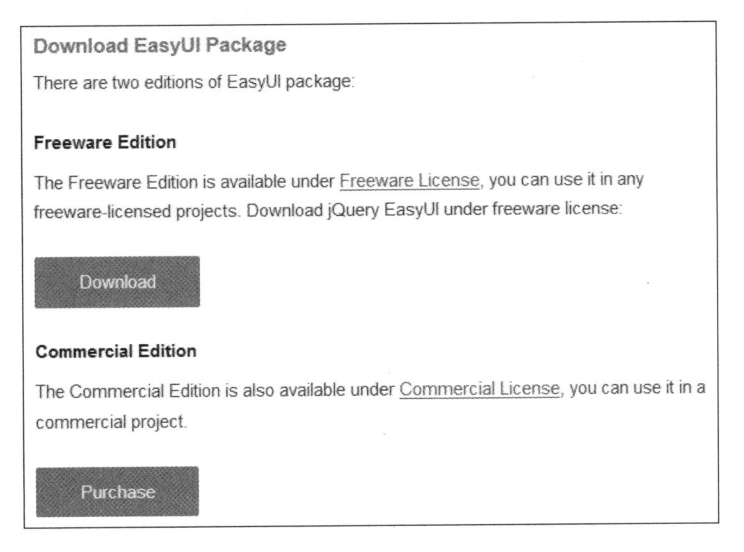


其中，第一个按钮“Download”所对应的版本为 Freeware Edition（免费版）。免费版虽然不是全部开源的，但在使用上却没有任何限制（仅仅是对源代码作了加密而已）。

第二个按钮“Purchase”所对应的版本为 Commercial Edition（商业版），这个版本是需要付费的，目前售价为 449 美元。Purchase 就是“购买”的意思，它不像免费版可以直接 Download（下载）。既然是付费购买，肯定就会获得一些相应的服务，比如可以获取源代码、可以修改或删除文件中的版权声明、可以将修改后的软件或其一部分作为独立的应用程序进行分发等。

对于普通用户来说，免费版本已经足够使用！

## 0.1.2 框架文件结构

文件下载完成后，建议解包到服务器所指定的网站文件夹中。解包后的文件夹可使用 easyui 或其他英文名称，但一定不能用中文。解包后的目录结构如图所示。

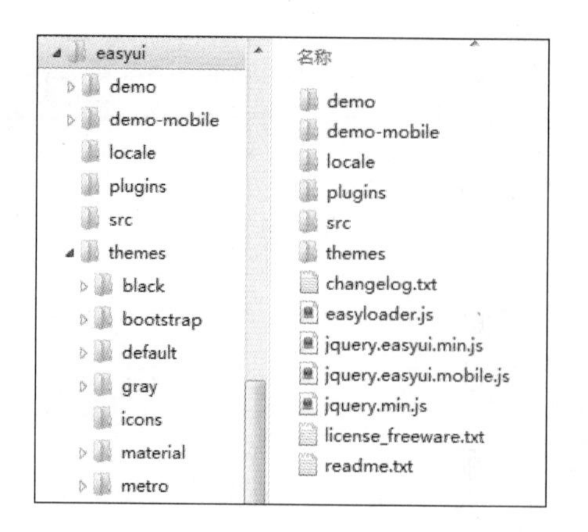


### ❶ 包含的文件夹说明

demo 和 demo-mobile 为示例文件夹，仅供了解各个组件的功能。正式发布项目时，这两个文件夹可以不用上传到服务器。这些 demo 全部是 html 格式的，可在浏览器上直接访问（demo-mobile 是移动端的演示文件）。

locale 用于设置语言环境。例如，如果希望将界面做成简体中文效果，可以在项目中直接引用该文件夹下的 easyui-lang-zh_CN.js 文件。

plugins 包含了全部组件的 JS 处理程序。

src 包含了部分组件的 JS 开源程序。

themes 包含了各种主题资源文件，如图标、主题样式等。

### ❷ 包含的文件说明

除了上述几个文件夹之外，解包后的 easyui 目录中还有以下几个重要的文件（所有的 txt 文件都是用来做文档说明的，可以直接删除或忽略）。

【jquery.min.js】EasyUI 是一组基于 jQuery 的组件集合，因此，要使用 EasyUI，就必须先加载 jQuery。这个文件就是 jQuery 的核心库（版本为 1.11.3）。

【jquery.easyui.min.js】这个是 EasyUI 的核心库文件。

【easyloader.js】这是在项目中使用 EasyUI 组件的另外一种加载方式：智能加载（也称为简单加载）。该加载方式在实际应用中很少使用，可以忽略。

【jquery.easyui.mobile.js】这个是移动端项目应用时的核心库文件。

## 0.1.3　在页面中使用框架

新建一个页面文件（例如：test.html），在 head 中引入必要的 EasyUI 框架文件。代码如下：

```
<script type="text/javascript" src="easyui/jquery.min.js"></script>
<script type="text/javascript" src="easyui/jquery.easyui.min.js"></script>
<script type="text/javascript" src="easyui/locale/easyui-lang-zh_CN.js"></script>
<link rel="stylesheet" type="text/css" href="easyui/themes/default/easyui.css">
<link rel="stylesheet" type="text/css" href="easyui/themes/icon.css">
```

请注意，上述引用文件的路径默认都是 easyui。如果你在解包时改变了文件路径名称，请务必以实际为准！建议和上述设置保持一致，以方便测试本书提供的各种源代码。

## 0.1.4 确定页面主题风格及配色

EasyUI 提供了相当全面的主题样式及配色风格，我们可以在代码中非常方便地使用它们。这些都保存在 themes 文件夹中，其目录结构如下图所示。

| | | | |
|---|---|---|---|
| black | 2016/9/22 17:35 | 文件夹 | |
| bootstrap | 2016/9/22 17:35 | 文件夹 | |
| default | 2016/9/22 17:35 | 文件夹 | |
| gray | 2016/9/22 17:35 | 文件夹 | |
| icons | 2015/3/5 13:13 | 文件夹 | |
| material | 2016/9/22 17:35 | 文件夹 | |
| metro | 2016/9/22 17:35 | 文件夹 | |
| color.css | 2016/3/15 11:44 | 层叠样式表文档 | 7 KB |
| icon.css | 2017/4/21 13:02 | 层叠样式表文档 | 3 KB |
| mobile.css | 2016/7/11 15:26 | 层叠样式表文档 | 7 KB |

### ❶ 主题样式

项目主题样式是由所引用的 easyui.css 文件确定的，该文件保存在 themes 文件夹中。例如，之前代码所引用的就是 default 默认样式，如图所示。

```
<head>
    <meta charset="UTF-8">
    <title>职场码上汇</title>
    <script type="text/javascript" src="easyui/jquery.min.js"></script>
    <script type="text/javascript" src="easyui/jquery.easyui.min.js"></script>
    <script type="text/javascript" src="easyui/locale/easyui-lang-zh_CN.js"></script>
    <link rel="stylesheet" type="text/css" href="easyui/themes/default/easyui.css">
    <link rel="stylesheet" type="text/css" href="easyui/themes/icon.css">
</head>
```

如果需要更换为其他样式，修改文件夹名称即可（引用的样式文件名称无须修改）。

- 基本主题样式

在 themes 文件夹中，除了 icons 保存的是各种图标文件外，其他 6 个子目录分别对应了以下主题样式：default、gray、metro、material、bootstrap 和 black。每个主题下又包含有相应的 CSS 文件和按钮图片。其中，easyui.css 包含所有的组件样式，其他的 CSS 文件则仅仅是某个组件的样式。

例如，要将默认的 dafault 改成 bootstrap 样式，可将上图所示的文件夹名称改为 bootstrap。

各种主题样式风格如图所示。

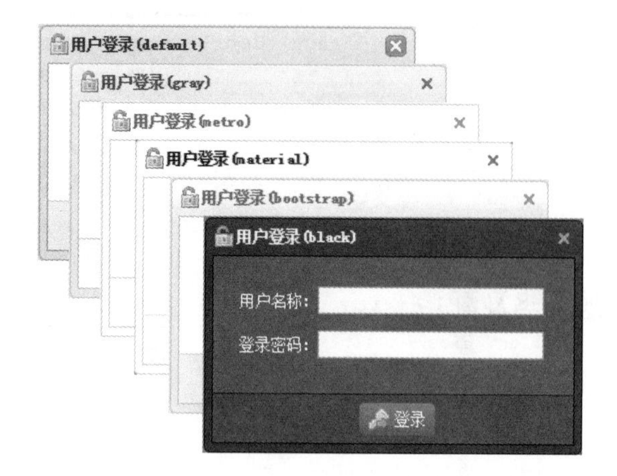


**注意**

本截图仅以一个对话窗口为例来说明不同样式之间的区别，更多的细节还会体现在菜单、表格、目录树等其他组件上。以下扩展主题样式与此同。

- 扩展主题样式

除了上述 6 种基本的主题样式外，EasyUI 还提供了两大系列的扩展主题样式。

○ jQueryUI 扩展主题样式

此类扩展样式共有 4 种，我们在源代码中已经提供，具体存放在 themes 中的 ext_jqui 文件夹，可直接引用。例如：

```
<link rel="stylesheet" type="text/css" href="easyui/themes/ext_jqui/ui-sunny/easyui.css">
```

各样式效果如图所示。

○ Metro 扩展主题样式

此类扩展样式共有 5 种，我们在源代码中已经提供，具体存放在 themes 中的 ext_metro 文件夹，可直接引用。例如：

```
<link rel="stylesheet" type="text/css" href="easyui/themes/ext_metro/metro-blue/easyui.css">
```

各样式效果如图所示。

EasyUI 提供的全部主题样式如图所示。

### ❷ 颜色样式

在 themes 文件夹中，有 3 个独立的 CSS 样式文件：color.css、icon.css 和 mobile.css。其中，mobile.css

是移动端的样式文件，本书侧重于传统 PC 端的页面开发，此文件暂用不到；color.css 则是颜色样式文件，它和主题样式相配合，可打造出更具个性化的应用系统。

该样式文件提供了 8 种默认的颜色样式，分别为 c1 ~ c8。样式效果如图所示。

如需使用颜色样式，必须在页面文件中先引用 color.css 文件，然后在相关组件的属性中设置即可。

例如，先在页面中引用：

```
<link rel="stylesheet" type="text/css" href="easyui/themes/color.css">
```

然后仍然使用默认的 default 主题样式，但在对话框组件中通过属性设置使用了 c1 颜色样式，运行效果如图所示。

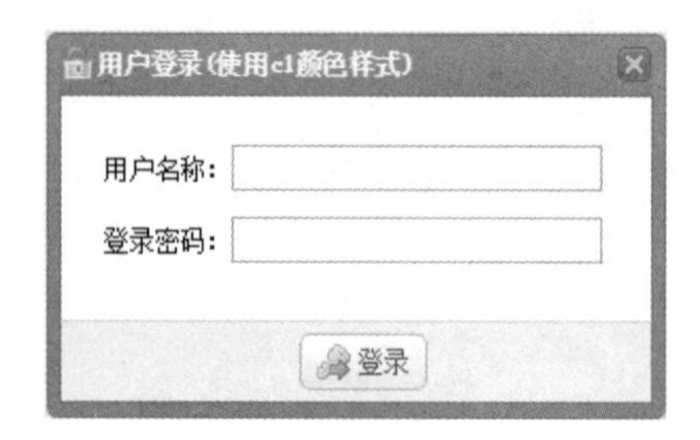


需要注意的是，并不是所有的组件都可以使用颜色样式，使用的方法也可能不同。这个在后面学习到每个具体的组件时会有详细说明。

颜色样式并非是必须要用的，因而在之前引入必要的 EasyUI 框架文件时，并未将此项列入。

#### ❸ 图标样式

注意到我们前面所发截图中的图标了么？在 EasyUI 中，所有的图标都是通过 themes 文件夹中的样式文件 icon.css 来进行管理的，具体的图标文件则保存在 icons 文件夹中。

icon.css 文件在之前的示例代码中已经引入，且必须引入：

```
<link rel="stylesheet" type="text/css" href="easyui/themes/icon.css">
```

那么，该 icon.css 文件是如何管理图标的？先用代码编辑器打开该 CSS 文件来看一看。代码如下：

```
64  .icon-lock{
65      background:url('icons/lock.png') no-repeat center center;
66  }
67  .icon-open{
68      background:url('icons/lock_open.png') no-repeat center center;
69  }
70  .icon-key{
71      background:url('icons/key_go.png') no-repeat center center;
72  }
```

由此截图可以发现，图标文件都默认保存在 icon.css 所在文件夹的 icons 子目录中，每个图标文件都被重新声明了一个 class 样式名称。

如果对 EasyUI 自带的图标不满意，也可以自己扩充。例如，上述截图中的第 67 ～ 72 行的图标就是我们自己另行增加的：首先把要扩充的两个图标文件 lock_open.png、key_go.png 复制到 icons 文件夹，然后在这个 CSS 文件中设置好文件路径，重新定义样式名即可。

当然，你也可以不用把图标文件放到默认的 icons 中，但在这里设置样式时，就要注意图标文件的路径。例如，我们把上述两个新增的图标文件放到与 easyui 同级的 images 文件夹时，代码就要这么写：

```
64  .icon-lock{
65      background:url('icons/lock.png') no-repeat center center;
66  }
67  .icon-open{
68      background:url('../../images/lock_open.png') no-repeat center center;
69  }
70  .icon-key{
71      background:url('../../images/key_go.png') no-repeat center center;
72  }
```

那么，项目中如何使用图标？在 EasyUI 中，每个需要用到图标的组件都会自带一个 iconCls 属性，直接将想用的图标文件所对应的 class 类名称作为值赋给该属性即可。至于怎么赋值，先别着急，接下来的内容就会带你快速入门。

请注意，icon.css 仅仅用来管理项目开发过程中所用到的图标，它和主题中的图标是两回事。例如，窗口的最大化、最小化、关闭图标，数据表格中的翻页图标、消息框中的警告图标、目录树中的打开节点或关闭节点图标等，这些都是由所选择的主题样式决定的，主题样式不同，这些主题类的图标也不一样，它们都保存在相应主题下的 images 文件夹中。

## 0.2 简单的登录窗口设计

上一节中的各种效果图都是使用的登录窗口，如图所示。

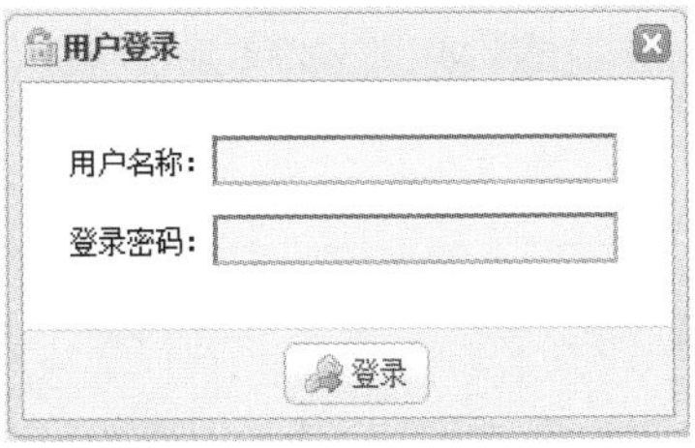

在这个登录窗口中，正常的使用场景是这样的：用户先输入名称和密码，单击“登录”按钮后即向后台服务器提交这两项数据。后台程序经过数据库检索，如果这两项数据都匹配，则通过登录，然后打开项目主界面；否则给出错误提示并拒绝登录。

很显然，这个功能看起来虽小，但涉及的知识面却五脏俱全：登录界面要用 HTML 和 CSS 设计、单击按钮产生的互动动作要用 JS 处理、把数据发送到后台并返回结果需要用到 AJAX 技术、后台数据库检索匹配时则要用服务器端的语言（比如 PHP）进行处理。看起来很复杂的样子，但实现起来仅需 100 行左右的代码而已（所有代码都有详细说明，初学阶段先依葫芦画瓢即可）。

那么，这个窗口是如何实现的呢？我们知道，HTML 中凡是需要向浏览者输出的信息，都必须写在 body 中。body 写入相应代码后的完整截图如图所示。

```
1  <!DOCTYPE html>
2  <html lang="zh-cn">
3  <head>
4      <meta charset="UTF-8">
5      <title>职场码上汇</title>
6      <script type="text/javascript" src="easyui/jquery.min.js"></script>
7      <script type="text/javascript" src="easyui/jquery.easyui.min.js"></script>
8      <script type="text/javascript" src="easyui/locale/easyui-lang-zh_CN.js"></script>
9      <link rel="stylesheet" type="text/css" href="easyui/themes/default/easyui.css">
10     <link rel="stylesheet" type="text/css" href="easyui/themes/icon.css">
11     <link rel="stylesheet" type="text/css" href="easyui/themes/color.css">
12 </head>
13 <body>
14     <div id="dlg" class="easyui-dialog" style="padding:10px 20px">
15         <p>用户名称：<input id="user"></p>
16         <p>登录密码：<input id="password" type="password"></p>
17     </div>
18     <div id="btn" style="text-align: center;">
19         <button>登录</button>
20     </div>
21     <!-- <script type="text/javascript" src="test.js"></script> -->
22 </body>
23 </html>
```

现对以上代码逐条解析如下。

## 0.2.1　代码总体结构

第 1 行的 <!DOCTYPE html> 是用来声明解析类型的，它告诉浏览器这个页面是使用 HTML 编写的，因此必须放在所有代码的第一行。DOCTYPE 可以大写，也可以小写。

第 2 ～ 23 行是真正的 HTML 页面代码，所有的代码内容都被包含在 <html></html> 这对标签中。其中：

第 3 ～ 12 行是用 head 标签包裹起来的头部元素，第 13 ～ 22 行是用 body 标签包裹起来的身体元素，它们都是 HTML 下面的子元素，是构成 HTML 最重要的两大组成部分。

## 0.2.2　页面内容代码解析

关于头部元素中引用的各个 EasyUI 框架文件，上一节已经讲得很详细了，现在来重点分析身体元素中的代码。

### ❶ 第一个 div 元素

就是代码中的 14 ～ 17 行。

div 是一个没有任何语义的双标签，相当于一个容器，在这个双标签里可以放置任何内容。此实例代码中，就放置了两个 p 元素。

在这个 div 的开始标签中，分别设置了三个属性：id、class 和 style。

id 属性用于设定指定标签元素的唯一标识符（在同一个页面内，不可与其他元素的 id 重复），这个标识符将大大方便其他程序对该元素的操作。

class 属性用来给标签元素进行归类，同一个页面内的多个标签可以使用相同的 class 名称，它一般用于对指定标签设置 CSS 样式。如本例中，class 的属性值为 easyui-dialog，表示这个 div 容器将以 easyui 中的对话框样式进行显示。该样式都是事先定义好的，并保存在 easyui.css 文件中，示例代码的第 9 行已对此文件进行了引用，因此这里直接指定 CSS 的样式名称即可。

style 属性和 class 属性的作用有点类似，也是用于设置标签元素的 CSS 样式，只不过这属于行内样式的写法，一般用于对样式的微调。如本例中，将 div 的 padding（内边距）上下设置为 10px、左右设置为 20px，以避免容器内的两个输入框和边界靠得太紧。

在这个 div 中，放置了两个 p 元素，每个 p 元素里面又分别放置了一个 input 元素。其中，input 属于表单元素，用于生成输入框。之所以在每个 input 外面又包裹了一个 p，同样是为了避免两个输入框靠得太紧。因为 p 表示的是段落，段落之间会自动留有较大的间距。

这里有个关键：分别给两个 input 输入框设置了 id 属性，便于在后面的 JS 程序代码中对输入的内容进行验证操作！

### ❷ 第二个 div 元素

就是代码中的 18 ～ 20 行。

这里除了给该 div 设置了一个 id 属性外，还设置了另外一个 style 属性：text-align。该属性有 3 个常用的可选值：left、right、center，分别表示靠左、靠右和居中对齐。该属性在这里的作用是，可以使按钮居中。

在该 div 中，放置了一个 button 标签按钮，以方便用户单击登录。

### ❸ script 元素

就是代码中的第 21 行。

该行代码通过 script 标签用来加载控制用户操作的 JS 程序文件。JS 文件可以放在 head、body 中的任何位置，关键是看执行时机，因为页面代码都是自上而下执行的。

除了这种外部文件加载的方式外，JS 程序代码也可以直接写在 script 双标签中。为了使程序代码更加条理和清晰，本实例就采用了外部文件加载的方式。这里的 JS 程序文件名称可以自定，但必须以 JS

为扩展名。

script 虽然也是双标签，但由于这里直接通过 src 指定了程序文件，因此，这个双标签之间可以不用写任何内容；即使要写的话，也应该是 JS 程序代码。

由于 JS 程序代码目前尚未用到，截图中的代码已经将该行注释掉。

## 0.2.3　试运行

将 HTML 文件拖拽到浏览器中运行，效果如图所示。

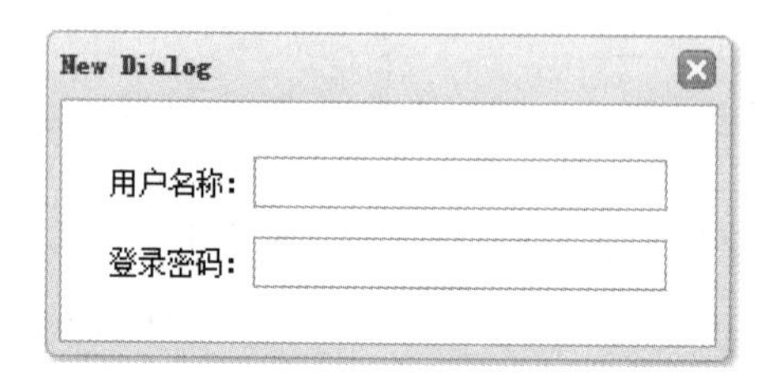


虽然登录按钮仍然游离于窗口之外，但通过这个很小的实例可以发现，整个过程中并没有设置窗口的颜色，更没用到任何非常复杂的 CSS 样式代码，甚至连窗口上的关闭图标都没准备，却直接就实现了这样漂亮的窗口效果。而且，这个窗口可以拖拽移动哦！

当然，这个窗口还有很多不足，留待后面继续完善。

# 0.3　完善登录窗口界面

之前仅仅是使用 HTML 和一点点的 CSS 设计好了基本的用户登录窗口，但还有个问题没有解决——“按钮”仍然游离于登录窗口之外，现在首要的工作是将它拉回到登录窗口中。

## 0.3.1　选择要操作的DOM对象

要将“按钮”拉回到“窗口”中，必须要先指定相关的 DOM 元素，也就是使用选择器。

先看一下 body 中的代码：

```
<div id="dlg" class="easyui-dialog" style="padding:10px 20px">
    <p>用户名称：<input id="user"></p>
    <p>登录密码：<input id="password" type="password"></p>
</div>
<div id="btn" style="text-align: center;">
    <button>登录</button>
</div>
```

上一个 div 元素的 id 属性为 dlg，它对应的是“窗口”；下一个 div 元素的 id 属性为 btn，它对应的是“按钮”。要将“按钮”拉回到“窗口”中，就要先选择它们。

由于它们都有 id 属性，要在 JS 程序中选择这些元素，使用 id 选择器是最简单的。例如：

```
$('#dlg')
```

这样一来，id 为 dlg 的 DOM 元素就变成了 jQuery 中的对象。因为 EasyUI 是基于 jQuery 的，必须将要操作的 DOM 元素转为 jQuery 对象，才能使用 EasyUI 组件中的属性、方法或事件。

## 0.3.2　应用EasyUI组件

先将 HTML 中第 21 行的 JS 程序行取消注释，也就是让该行代码生效，然后再来编写 JS 程序代码：

```
$(function(){
    $('#dlg').dialog();
})
```

其中，最关键的就是第 2 行代码。该代码的意思是，对 id 为 dlg 的元素对象进行操作；后面紧跟的 dialog() 表示对这个对象应用对话框的组件效果。dialog() 也可以理解为 jQuery 对象的方法，该方法只有在引用了 EasyUI 中的核心程序库之后才会有效。

为了查看该方法作用后的效果，我们先将页面文件中对应的 dialog 样式去掉，也就是将第 14 行的代码改为：

```
<div id="dlg" style="padding:10px 20px">
```

浏览器刷新后，生成的效果与之前在页面中使用 easyui-dialog 样式时的效果完全相同。这就表明，dialog() 方法已经起到作用了。

请注意：上述 3 行 JS 代码中，首尾两行代码的意思是：包含在其中的事件代码只有在页面文档准备好之后才会执行。关于这方面的基础知识，建议参考笔者编写的另一本书《B/S 项目开发实战》。

如本例，如果将首尾两行删除，仅保留第 2 行，同时又将页面中的 dialog 样式去掉，则运行效果会出现很明显的瑕疵，如图所示。

经测试，EasyUI 的数十个组件中，只有少数几个会出现这样的问题。因此，为安全和保险起见，还是将代码写在 $ 函数中为好。

### 0.3.3　设置组件属性

当对 jQuery 对象使用 EasyUI 框架提供的各种组件方法时，是可以带参数的。只不过这里的参数全部是数据对象，一般用于设置属性和事件代码。例如：

```
$('#dlg').dialog({
    title: "用户登录",          //对话框标题
    width: 290,                //宽度
    height: 176,               //高度
    modal: true,               //模式窗口
    buttons: '#btn',           //绑定按钮
    iconCls: 'icon-open',      //设置窗口图标
    cls:'c1',                  //使用颜色样式c1
});
```

请注意，JS 代码的写法。以上代码仅仅只是一条语句而已，虽然可以写成一行，但为了代码的易读性，一般都是换行书写。在 JS 中，语句请以分号结束（尽管不像 PHP 那样强制要求，最好还是养成良好的编码习惯）。

其中，buttons 属性用于绑定指定的标签元素，属性值可以是数组（array）或选择器（selector）。这里是用选择器将按钮从外面给"绑"了回来。

如此设置之后的运行效果如图所示。

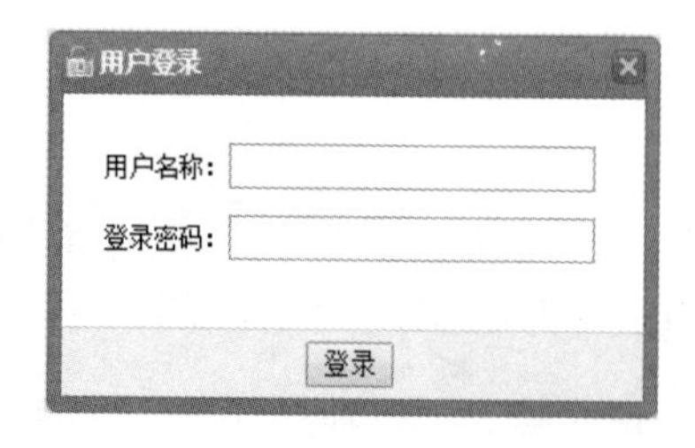


上述代码中，参数对象必须用花括号 {} 包起来。参数对象里面如果有多个键值对，则它们之间要用逗号分开。

## 0.4　用户输入验证

用户在输入内容时，往往会进行一些限制：比如，至少需要多少个字符、不能输入哪些字符等。要给编辑框增加验证功能，就需要使用 validatebox 组件。

## 0.4.1 用户名验证

用户名称编辑框在页面中对应的标签元素 id 是 user，要对输入的内容进行验证，依然是 3 步走：选择、转为对象、使用方法。使用方法的同时可以设置属性和事件：

```
$('#user').validatebox({
     required: true,
     validType : 'length[5,10]'
});
```

其中，属性 required 设置为 true，表示该编辑框必须输入，不能为空；

属性 validType 设置为 length[5,10]，表示输入的字符长度在 5 ～ 10 之间。

例如，当没有输入内容时，将给出提示，如图所示。

同样，如果输入的字符长度不在指定的 5 ～ 10 之间，也会给出提示，如图所示。

## 0.4.2 密码验证

密码编辑框的输入验证同理，示例代码如下：

```
$('#password').validatebox({
     required: true,
     validType : 'length[5,10]'
});
```

运行效果与上同。

## 0.4.3　执行登录验证

登录验证实际上包含两个部分：一是客户端输入的用户名和密码是否符合验证规则，二是符合规则之后再提交到服务器进行后台验证（是否存在此用户名、密码是否正确）。

现在我们先来实现输入规则的验证。

由于页面中只有一个 button 标签元素，因此我们可以通过标签选择器来指定它，写法如下：

```
$('button')
```

### ❶ 设置按钮外观

在 EasyUI 中，有个功能强大的 linkbutton 组件是专门用来处理按钮的，代码如下：

```
$('button').linkbutton();
```

在使用 linkbutton 方法的同时，还可设置参数对象。例如：

```
$('button').linkbutton({
    width: 60,
    iconCls: 'icon-key'
});
```

上述代码的意思是，将该按钮的宽度设置为 60，同时添加一个图标按钮。运行效果如图所示。

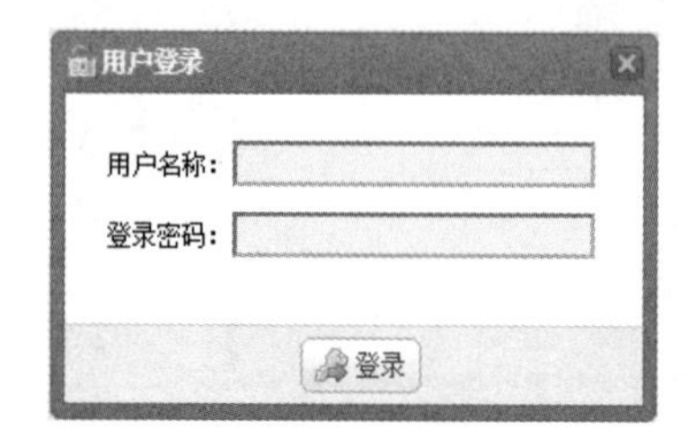


这样处理之后，登录按钮确实漂亮多了！

### ❷ 执行规则验证

既然要单击按钮，肯定要触发单击事件。在 jQuery 中，单击事件名称为 click，常规写法如下：

```
$('button').click(function(){
    事件代码
});
```

当然，我们也可以采用 jQuery 所特有的链式写法，将单击事件代码直接跟在 linkbutton 方法的前面或后面。例如：

```
$('button').linkbutton({
    width: 60,
    iconCls: 'icon-key'
}).click(function(){
    alert('您点击我了！');
});
```

除了使用jQuery中的单击事件外，linkbutton本身还自带了onClick事件类型，也就是在单击按钮的时候触发事件。为了让代码看起来更简洁，我们可以直接将规则验证代码写在这个onClick事件中。

如下所示：

```
$('button').linkbutton({
    width: 60,
    iconCls: 'icon-key',
    onClick: function(){
        if (!$('#user').validatebox('isValid')) {
            $('#user').focus();
        } else if (!$('#password').validatebox('isValid')) {
            $('#password').focus();
        } else {
            $.messager.progress({
                text : '正在登录中...',
            });
        }
    }
});
```

请注意，参数对象中的事件代码写法：必须是function类型，其写法为function(){}。如果触发的事件带有参数，参数就写在圆括号里，否则就为空；花括号里为要执行的事件代码。

以上事件代码中，用户名和密码都是使用validatebox的isValid方法，该方法有个返回值：验证通过时返回true，未通过返回false。上述代码的意思为：当验证通过后，就继续执行后面的代码；否则将输入焦点仍然保持在当前编辑框，不得离开。

用户名和密码都符合验证规则后，将执行else中的代码，这里先临时弹出一个messager消息窗口。messager同样是EasyUI中的一个组件，用于弹出消息。该组件有多个方法，可以弹出不同风格的消息框风格，如：alert（警告框）、confirm（确认框）、prompt（提示框）、progress（进度框）等。本代码使用的是progress方法，用于弹出一个登录进度框，如图所示。

**注意**

如何使用 EasyUI 组件中的方法？上述示例代码表明，如果组件本身没有需要的事件，可以使用 jQuery 的；和事件一样，如果组件本身没有的方法，同样可以使用 jQuery 的。

例如，让某个对象获取输入焦点，EasyUI 组件并没有提供相关的方法，因此就直接使用了 jQuery 的 focus 方法。如：

```
$('#user').focus();
```

其实，通过这个代码也能很容易地看出来，由于代码中没有用到相应的组件名称，所以 focus 肯定是 jQuery 中的方法。如果是组件自带的方法，必须加上组件的名称。例如：

```
$('#user').validatebox('isValid');
```

这就是调用 EasyUI 组件方法的方法。语法为：

```
$('selector').plugin('method', parameter);
```

其中，selector 为对象选择器，plugin 是组件名称，method 为调用的组件方法名，parameter 表示调用参数。至于哪些方法可以带参数，哪些可以不带参数，后面学习具体的组件时还会有详细的说明。

以上面的代码为例，它执行的就是 validatebox 中的 isValid 方法。

## 0.5　通过回车键快速移动光标

对于很少接触 B/S 项目应用，特别是一直钟情于单机版或 C/S 桌面程序的用户来说，他们一般都会想当然地认为 B/S 类型的软件项目都是只能用鼠标操作的，其灵活性肯定很差，尤其是在数据输入时，其效率更是低下。我们无意于在此评价孰优孰劣，毕竟都是企业级的应用，将两者有效地结合起来，针对不同的场景来部署不同的项目才是真正的提高效率之道。

现以用户登录窗口的键盘操作为例，来简单探讨一下 B/S 项目中的快速移动光标问题。

### 0.5.1　jQuery事件与EasyUI组件事件

默认情况下，B/S 项目中按 Tab 键可以下移光标，按 Shift+Tab 键上移光标，按回车键则没有反应。

假如，我们希望在输入用户名之后，回车即可将光标移动到密码处；密码输入完再回车，即可将光标移动到登录按钮。如何实现呢？稍微有点编程经验的人都知道，这个功能应该可以通过触发“按键”事件来实现。

但是，我们翻遍 EasyUI 中所有和编辑框相关的组件资料，都没发现类似的事件名称。

其实，EasyUI 是基于 jQuery 的；而在 jQuery 中，每当用户按下键盘上的任何键时，都会触发 keydown 事件，我们可将代码写在这个事件中。例如：

```
$('#user').keydown(function(e) {
    if (e.keyCode == 13) {
        $('#password').focus();        //如果在用户名编辑框上回车，就将焦点移动到密码上
    }
});
$('#password').keydown(function(e) {
    if (e.keyCode == 13) {
        $('button').focus();        //如果在密码编辑框上回车，就将焦点移动到按钮上
    }
});
```

以上代码先在用户名称编辑框上判断：如果按下的键是回车键（参数 e 表示事件对象，它代表着事件状态，这里表示按下了键盘中的任意键，keyCode 用于返回所按下键的键值，回车键的值为 13），则光标焦点移到密码上；如果在密码上按回车，则焦点移到登录按钮上。如果对组合键进行判断，代码可以这样：

```
if (e.keyCode == 13 && e.shiftKey) {}
```

这个代码判断是否在按下回车键的同时也按下了 Shift 键。注意，shiftKeyKey 中的 Key 第一个字母要大写！

在 jQuery 中，还有很多和 keydown 一样的类似事件。由于这些事件很常用，也很基础，EasyUI 就没有把它们一一封装进去（除非需要传递一些特别的参数）。因此，对于新手来说，千万不要把 jQuery 中的事件和 EasyUI 组件里的事件混淆了。

以 EasyUI 中的 validatebox 为例，该组件仅有两个和验证相关的事件，keydown、click 之类的就完全没有涉及。当我们在项目中需要用到这些事件时，可直接使用 jQuery 的，因为 EasyUI 就是基于 jQuery 的应用框架，不会存在任何问题。例如，在 0.4.3 中，我们用到了 linkbutton 的 onClick 事件，由于这个事件就是它本身自带的，因此可以写到参数对象中；而 keydown 却不是，如果也将它写到 validatebox 的参数对象中，就是无效的，例如：

```
$('#user').validatebox({
    required: true,
    validType : 'length[5,10]',
    keydown: function(e) {
        …这里的代码不会被执行，因为keydown不是该组件中的事件…
```

```
        },
    });
```

如果一定要将这个 keydown 和组件中的其他参数代码写在一起，可以采用 jQuery 的链式写法直接跟在后面，代码写法如下：

```
$('#user').validatebox({
      …该组件的参数对象代码…
}).keydown(function(e) {
      …keydown事件代码…
});
```

其实，这样的代码看起来更清晰：validatebox 是使用验证组件对用户名编辑框进行验证操作的，keydown 是应用于该编辑框的键盘按下事件，两者是并列的关系。当然，将 keydown 事件放在 validatebox 前面也是可以的。

## 0.5.2　将需要重复利用的事件代码封装为函数

本例中，用户名输入框和密码输入框都使用了回车下移的操作，如果想再上移呢？由于这两个对象的事件代码在逻辑上都是差不多的，如果分别给它们再加上其他类似的代码，这不仅会造成程序代码的冗长，最主要的是以后维护起来不方便。

现在我们将事件代码写成一个函数，然后再调用即可，这样就可以实现同一个代码的重复利用，使程序看起来更加简洁。例如：

```
function keymove(e,next,up) {
      if (e.keyCode == 13) {
            $(next).focus();
      };
      if (e.keyCode == 13 && e.shiftKey) {
            $(up).focus();
      };
}
```

这个函数的名称为 keymove。使用该函数时要传入 3 个值：e 表示事件对象，next 表示回车后要移动到的对象名，up 表示按下 Shift+Enter 组合键后要移动到的对象名。

如果将之前的 keydown 事件代码改用函数调用的方式，代码如下：

```
$('#user').validatebox({                        //用户名编辑框
      …参数对象代码略…
}).keydown(function(e){                         //这里的e是keydown传来的event参数
      keymove(e,'#password','button');          //调用keymove函数，传3个值
```

```
});
$('#password').validatebox({                //密码编辑框
    …参数对象代码略…
}).keydown(function(e){
    keymove(e,'button','#user');            //调用keymove函数（传3个值）
});
```

请注意，keymove 函数中的 e 参数是通过 keydown 事件传过来的，所以 keydown 事件中的 e 参数一定不能省略。

很显然，由于用户名和密码都要设置按键操作，因此使用函数方式大大减少了代码量。以用户名编辑框的 keydown 为例：如果按回车键，焦点将移动到 password 输入框；如果按“Shift+ 回车”组合键，焦点将移动到 button 也就是登录按钮。

## 0.6 向服务器提交验证

之前学习的内容都是表现在前端的。现在到了非常关键的部分：在单击“登录”按钮并经过必须的输入规范验证之后，还要向后台服务器提交“用户名”和“密码”两项数据，后台程序再经过数据库检索，然后向前端返回一个结果，以便作进一步的处理。如果两项数据都匹配，则通过登录，然后打开项目主界面；否则给出错误提示并拒绝登录。

对于这种与服务器进行数据交互的操作，就需要用到 AJAX 技术（EasyUI 组件本身也有一个表单提交组件，但实际更常用的是 AJAX）。

请注意，由于这里需要使用 AJAX 访问服务器，因此用户测试代码时务必在服务器环境中测试，并使用类似于 localhost 或 127.0.0.1 的方式访问 test.html 文件。

### 0.6.1 客户端JS程序代码

用户单击“登录”按钮后的完整 JS 程序代码如下：

```
$('button').linkbutton({
    width: 60,
    iconCls: 'icon-key',
    onClick: function(){
        if (!$('#user').validatebox('isValid')) {
            $('#user').focus();
        } else if (!$('#password').validatebox('isValid')) {
            $('#password').focus();
        } else {
            $.ajax({
                url : 'login.php',
                type : 'post',
```

```
                        data : {
                            user : $('#user').val(),           //val表示用户编辑框中的值
                            password : $('#password').val(),    //val表示密码编辑框中的值
                        },
                        beforeSend : function () {
                            $.messager.progress({
                                text : '正在登录中...',
                            });
                        },
                        success : function (data) {
                            $.messager.progress('close');
                            if (data == 0) {
                                $.messager.alert('警告', '用户名或密码错误，请重新输入！',
                                'warning',function (){
                                    $('#password').select();  //未通过时默认选中密码框
                                });
                            } else {
                                location.href = 'main.php';
                            }
                        }
                    });
                }
            }
        });
```

上述代码中的加粗部分，就是使用 AJAX 方法请求数据的完整代码。在这里共使用了 5 个参数，分别对请求的地址、请求类型、要发送的数据、请求前以及请求成功后要执行的回调函数进行了设置。

对于要发送的数据，这里使用了 jQuery 的 val 方法，用于获取指定对象的值。

由于在请求之前先使用 messager 的 progress 方法弹出了一个进度框，因此在请求成功之后，必须先关闭这个进度框，然后再根据服务器的返回值进行判断：如果返回值为 0，则使用 messager 的 alert 方法弹出一个警告框；否则，直接通过位置对象 location 的 href 属性跳转到 main.php 主界面。

在用 messager 的 alert 方法弹出警告框时，可以带 4 个参数：警告框标题、警告内容、警告框图标类型及回调函数。比如这里的回调函数，就是关闭警告框时，自动选择“密码”以方便用户重新输入。

## 0.6.2　服务器端PHP程序代码

在上面的登录按钮代码中，AJAX 请求的 URL 地址为 login.php，这个是运行于服务器端的程序，专门用于接收客户端发来的数据并在处理后给出返回值。上述客户端的 JS 程序中，AJAX 的 success 事件就可获得这个返回值。

那么，PHP 程序是如何生成这个返回值的？完整代码如下：

```
    //获取客户端数据并生成sql查询字符串
    $user = (!empty($_POST['user'])) ? $_POST['user'] : '';
    $password = (!empty($_POST['password'])) ? $_POST['password'] :'';
    $sql = "select count(*) as hs from user where user='$user' and password='$password'";
    //连接数据库
    $dsn = 'Driver={Microsoft Access Driver (*.mdb)};DBQ='.realpath('test.mdb');
    $link = odbc_connect($dsn,'','');      //后面两个参数为用户名和密码，都为空
    //执行检索
    $result = odbc_exec($link,$sql);       //执行SQL语句，得到结果集
    $rows = odbc_fetch_array($result);     //读取结果集中的数据，返回值为数组
    //将需要的值输出并返回到客户端
    echo $rows['hs'];      //返回值为字符串形式的数字。未指定header时，默认是text/html
```

这个 PHP 程序连接的是 Access 数据库，代码非常简单，无需再做什么解释。

服务器端用到的 user 数据表内容如下，请按该表中的内容输入用户名和密码。

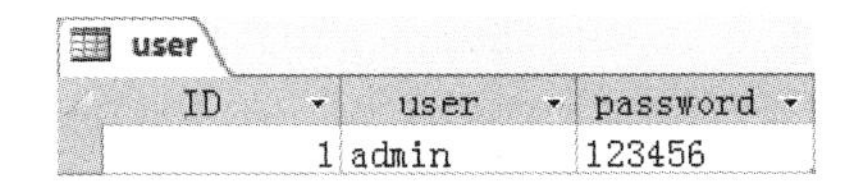
user

| ID | user | password |
|---|---|---|
| 1 | admin | 123456 |

当输入的用户名和密码与此不匹配时，登录窗口将弹出错误提示，如图所示。

如顺利匹配，则打开系统主页面 main.php，如图所示。

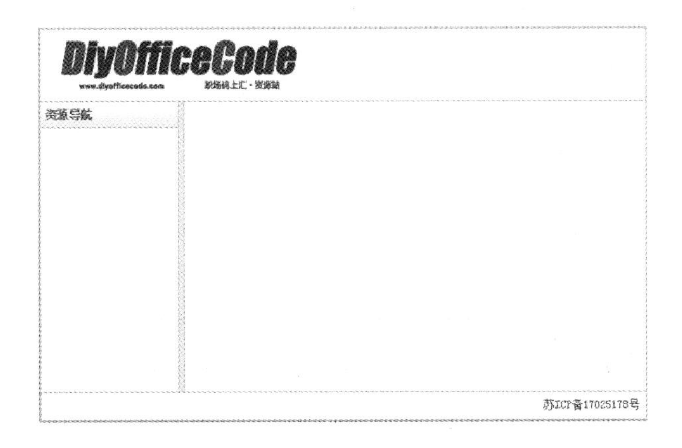

## 0.7 用户会话控制

到目前为止，这个用户登录的项目看起来是已经完成了。但实际上这里存在一个非常大的隐患：假如用户通过登录窗口进到系统主界面之后，浏览器的 URL 地址栏显示主界面所对应的文件为 main.php，那么，TA 以后就可以完全跳过登录窗口，直接在 URL 上输入该文件的地址进行访问，这样就会产生一系列的问题！

因此，对于一个完整的登录项目而言，还应该加上会话控制功能。

### 0.7.1 什么是会话控制

所谓的会话控制，简单地说就是在用户访问同一个网站的多个页面时，它能够通过一个唯一的会话 ID 来跟踪这个用户，从而判断在这个会话的生命周期中所访问的多个页面是否来自于同一个用户。

现在我们来通过 PHP 处理会话问题。

首先，将用来请求验证数据的 login.php 程序文件中的最后一行代码作以下修改：

```
$hs = $rows['hs'];
if ($hs !== 0) {    //如果不为0，表示检索到此用户，则创建会话
    session_start();
    $_SESSION['user'] = $user;
};
echo $hs;
```

该代码意思为，先将要返回到客户端的值保存到变量中，然后对这个值进行判断：如果不为 0，表示检索通过，接着用 session_start() 创建一个会话，同时将用户名数据保存在全局数组变量 $_SESSION 中；如果为 0，表示检索未通过，不作任何处理。不论是否通过，最后仍然将值输出，并返回给客户端。

当登录窗口页面通过 AJAX 对 login.php 请求数据成功后，又对获取的返回值作如下判断：

```
success : function (data) {
    if (data == 0) {
        $.messager.alert('警告', '用户名或密码错误，请重新输入！', 'warning',function(){
            $('#password').select();
        });
    } else {
        location.href = 'main.php';
    }
}
```

很显然，当返回值不等于 0 时，将执行跳转，跳转的页面为 main.php。为防止用户未经登录强行进入主界面，main.php 中也必须加入以下的会话控制代码：

```
<?php
    session_start();
    if (!isset($_SESSION['user'])) {      //或者改用：if(empty($_SESSION['user']))
        header('location:test.html');    //接着强行跳转到test.html，让用户登录
    }else{
        $str = '【当前登录用户】'.$_SESSION['user'].'  ||  南京码上汇信息技术有限公司 · 版权所有';
    }
?>
```

该代码的意思是，如果全局数组变量 $_SESSION 中不存在键名为 user 的值（或者为空），则表明这个页面不是通过登录窗口打开的，属于非法访问，那么就直接强制跳回到登录页面让用户重新登录；如果该值存在，说明是正常登录，那么就生成一个登录字符串，以便在页面的指定位置显示。

经过以上登录验证和主页两个方面的处理，就可有效避免用户绕过登录窗口而导致的安全问题。

## 0.7.2 添加“用户退出”功能

既然可以允许会话，那么也应该可以结束会话。这就需要在主页面中增加一个“退出”按钮，我们接着再来修改 main.php 中的代码。

修改之前，先看一下源代码的内容结构：

```
<?php
    session_start();
    if (!isset($_SESSION['user'])) {
        header('location:test.html');
    }else{
        $str = '【当前登录用户】'.$_SESSION['user'].'  ||  南京码上汇信息技术有限公司 · 版权所有';
    }
?>
<!DOCTYPE html>
<html lang="zh-cn">
<head>
    <meta charset="UTF-8">
    <title>职场码上汇</title>
    …引用的easyui文件代码略…
</head>
<body class="easyui-layout">
    <div data-options="region:'north',height:75">
        <img src="images/logo.png" style="height:60px;margin:6px 0 0 20px;">
    </div>
    <div data-options="region:'west',split:true,title:'资源导航',width: 150,"></div>
    <div data-options="region:'south',height: 30," style="padding: 6px;color:#706F6F;">
        <div style="float:left"><?php echo $str ?></div>
```

```
            <div style="float:right">苏ICP备17025178号</div>
        </div>
        <div data-options="region:'center'"></div>
        <script type="text/javascript" src="main.js"></script>
    </body>
    </html>
```

上述代码中，加粗的部分是 php 代码，其他都是 html 代码，PHP 中的内容是可以输出并嵌入到 html 中的，例如：`<div style="float:left"><?php echo $str ?></div>`。

重点来看 body 部分：整个 body 使用了 EasyUI 的 layout 布局组件，也就是该组件应用之后将铺满整个屏幕。按照布局中的 region 属性“上北、下南、左西、右东”顺序，该页面分为 north（上）、west（左）、south（下）和 center（中心区域），它们分别对应 body 里的 4 个父级 div 元素。

请注意，当使用 layout 布局组件时，一般都是在 html 标签中直接通过 data-options 属性来对不同方位的区域面板进行设置。这主要是因为，布局组件需要分多个区域面板，如果统一将代码写在 JS 程序中，那就要给每个区域（div）再设置不同的 id 或 class 属性；这样设置之后，JS 中才能找到指定的 div，然后再给其设置 region 等属性。每个 div 都这样设置的话，确实就会比较麻烦，远不如直接在页面中使用标签的 data-options 属性方便！

由此实例可知，EasyUI 的组件属性设置，既可以写在页面标签的 data-options 属性中，也可以写在 JS 程序中。至于具体写在哪里，完全看便利性以及自己的编码习惯。关于这些组件的使用，后面将做专门讲解，现在重点来解决上述代码中的“退出按钮”问题。

先看一下上述代码的运行效果，如图所示。

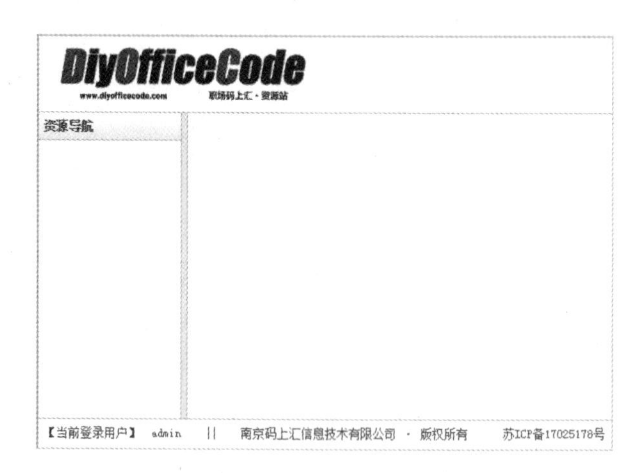


其中，底部区域面板中的登录信息就是使用 PHP 输出并嵌入到页面中的。

按照常规的网页开发习惯，用户登入或登出的按钮一般放在右上角，那就先在 region 为 north 的上方区域中加上 a 标签元素，该元素和 logo 图片同在一个区域中。代码如下：

```
<div data-options="region:'north',height:75">
    <img src="images/logo.png" style="height:60px;margin:6px 0 0 20px;">
    <a>退出登录</a>
</div>
```

浏览器试运行，变成这副模样，如下图所示，这个肯定不是我们需要的。

现在我们在页面所引用的 mian.js 程序中对它应用 linkbutton 组件效果并设置样式，代码如下：

```
$('a').linkbutton({
    width: 80,
    iconCls: 'icon-man',        //给按钮加个小人图标
    plain: true,
    onClick: function(){
        $.messager.confirm('退出','您确定要退出登录吗？',function (r) {
            if (r) location.href = 'logout.php';
        });
    },
}).css({
    margin:'30px 18px 0 0',    //外边距
    color:'#1072F7',           //颜色
    float:'right'              //靠右
});
```

上述代码的意思是，先对 a 元素应用 linkbutton 组件效果，让它变成一个按钮；然后使用 jQuery 中的 CSS 方法设置它的样式。其中，在初始化按钮时，单击事件中再次使用了 messager 组件，这次使用的是 confirm 方法，可弹出确认框让用户做出选择。如果确定退出，就跳转到 logout.php 页面。

运行效果如图所示。

当单击“取消”或对话框关闭按钮时，不做任何操作直接返回主界面；单击“确定”时，将跳转到 logout.php 页面执行会话销毁操作。

logout.php 的代码非常简单，具体如下：

```
<?php
    session_start();
    session_unset();      //注销会话
    session_destroy();    //销毁会话
    setcookie(session_name(),'',time()-1,'/');    //客户浏览器端的Cookie标识立即失效
    header('location:test.html');                 //重新跳转到登录窗口
?>
```

### 0.7.3　门户型网站的登入、登出设计

之前所采用的用户登录或退出方式，都是企业级项目应用的典型做法。但对于门户或资源型的网站，一般都不是先弹出登录窗口的，而是直接打开主页。对于一些公开的新闻或信息，任何人都可直接访问；只有在浏览受限制的内容时，才会要求用户登录。

对于这种类型网站的用户登入、登出设计，其实也不复杂。以 main.php 为例，同样也要先判断会话，代码如下：

```
if (!isset($_SESSION['user'])) {
    $user = '请登录';
}else{
    $user = '当前登录用户：'.$_SESSION['user'];
}
$str = '【'.$user.'】   ||   南京码上汇信息技术有限公司 · 版权所有';
```

上述代码先获取登录的用户名。如果没登录，就设置为“请登录”。

然后，将原来单一的“退出登录”按钮改成动态的（原来是用户必须先登录才能打开主页面，而现在没这个要求，因此，用户可能登录了，也可能没登录）。

原来只是一个简单的 a 标签：<a> 退出登录 </a>;

要改成动态的，则需要用 PHP 输出，代码如下：

```
<a><?php
    echo ($user=='请登录') ? '用户' : '退出';
?>登录</a>
```

其中，文字加粗的部分是 PHP 代码，该代码使用 echo 输出内容：如果用户名为“请登录”，则值为

“用户”；否则，值为“退出”。再加上后面固定的“登录”二字，以上代码的意思如下：

当用户没有登录时，按钮文字显示为“用户登录”；

当用户已经登录时，按钮文字显示为“退出登录”。

当然，仅仅将按钮显示的内容变成动态的还不行，具体操作也要修改。以下是修改后的单击事件代码：

```
onClick: function(){
    var str = $(this).text();           //获取标签元素内容，赋值给变量str
    if ($.trim(str) == '用户登录') {
        location.href = 'test.html';
    }else{
        $.messager.confirm('退出','您确定要退出登录吗？',function (r) {
            if (r) location.href = 'logout.php';
        });
    }
},
```

以上代码的意思是，当用户单击按钮时，首先使用jQuery的text方法获取按钮的内容，然后再根据内容决定弹出“登录”页面还是“退出”窗口。

当然，为了项目的整体效果和良好体验，采用这种方法对会话进行控制时，登录窗口不能是一个单独的页面，应将其放到项目首页中。关于这方面的修改就不讲了，无非是将原来HTML、JS中用到的代码分别复制过来再适当修改一下而已，具体请查看源文件代码。

运行效果如图所示。

# 第1章　布局类组件

# 1.1 panel（面板）

面板作为承载其他内容的容器，是构建其他组件的基础，它可以很容易地嵌入到 Web 页面的任何位置，同时还提供了折叠、关闭、最大化、最小化等各种行为。

## 1.1.1 属性

panel 中的属性非常多，本着由浅入深的原则，分别介绍如下。

### ❶ 常规属性

| 属性名 | 值类型 | 描述 | 默认值 |
|---|---|---|---|
| collapsed | boolean | 是否在初始化的时候折叠面板 | false |
| minimized | boolean | 是否在初始化的时候最小化面板 | false |
| maximized | boolean | 是否在初始化的时候最大化面板 | false |
| closed | boolean | 是否在初始化的时候关闭面板 | false |
| width | number | 面板宽度 | auto |
| height | number | 面板高度 | auto |
| id | string | 一般无需重新设置 | null |
| title | string | 在面板头部显示的标题文本。<br>未设置时，将不会创建面板标题 | null |
| noheader | boolean | 如果设置为 true，将不会创建面板标题 | false |
| collapsible | boolean | 是否显示可折叠按钮 | false |
| minimizable | boolean | 是否显示最小化按钮 | false |
| maximizable | boolean | 是否显示最大化按钮 | false |
| closable | boolean | 是否显示关闭按钮 | false |
| header | selector | 指定标题内容。注意：<br>该项一旦设置，面板头部按钮自动隐藏 | null |
| footer | selector | 指定页脚内容。当面板折叠时，页脚仍能正常显示 | null |
| halign | string | 允许指定面板头部放置在左侧还是右侧。<br>可选值：left、right | null |
| titleDirection | string | 当面板头部放置在左侧或右侧时，标题文本的显示方向。可选值：up、down | down |

例如，页面中的 body 只有如下代码：

```
<body>
    <div id="p" class="easyui-panel">
```

```
        这里可以添加任何内容。
    </div>
    <script type="text/javascript" src="test.js"></script>
</body>
```

该代码中引用的 test.js 程序设置了以下属性：

```
$('#p').panel({
    title: '面板功能演示',
    collapsible: true,
    minimizable: true,
    maximizable: true,
    closable: true,
    width: 300,
    height: 100,
});
```

则浏览器运行效果如图所示。

如果在 JS 文件中加上以下属性：

```
halign: 'right',
```

则面板头部放置在右侧。如图所示。

如果在页面中加入两行代码：

```
<body>
    <div id="p" class="easyui-panel">
        这里可以添加任何内容。
    </div>
    <div id="tt">头部标题</div>
    <div id="ft">底部标题</div>
```

```
    <script type="text/javascript" src="test.js"></script>
</body>
```

那么，在JS程序中还可以直接以选择器的方式，来引用指定DOM元素作为面板头部或页脚的内容：

```
header: '#tt',
footer: '#ft',
```

代码运行效果如下（采用这种方式定义面板头部时，不能使用halign属性，头部原有的各种按钮也会自动隐藏）。

头部标题
这里可以添加任何内容。
底部标题

这种方式的好处是，指定元素中所设置的样式在这里依然生效。如，将页面中的两个div改为：

```
<div id="tt" style="color: red;">头部标题</div>
<div id="ft" style="color: #6A6A6A;text-align: center;">底部标题</div>
```

则运行效果如下。

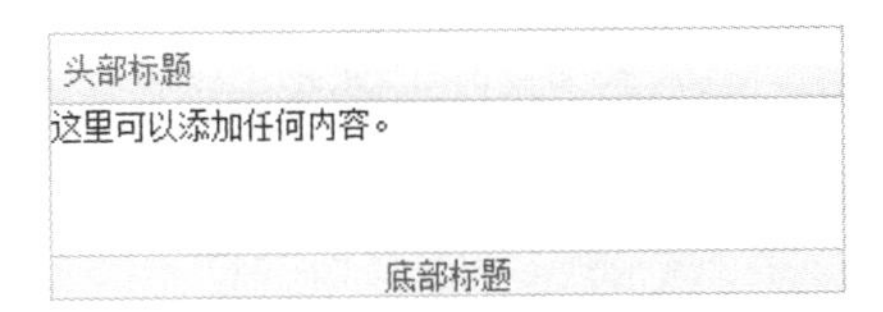


由于页脚内容在面板折叠时依然能正常显示，而面板头部在使用这种方式后所有按钮都会自动隐藏，因此，实际应用中很少使用这种方法来指定面板头部，即使使用也是用来指定页脚。

### ❷ 外观属性

| 属性名 | 值类型 | 描述 | 默认值 |
| --- | --- | --- | --- |
| border | boolean | 是否显示面板边框 | true |
| iconCls | string | 图标的CSS类名 | null |
| cls | string | CSS类名，对整个面板有效 | null |
| headerCls | string | CSS类名，仅对面板头部有效 | null |
| bodyCls | string | CSS类名，仅对面板正文部分有效 | null |
| style | object | style样式 | {} |
| left | number | 面板距离左边的位置（即X轴位置） | null |
| top | number | 面板距离顶部的位置（即Y轴位置） | null |

续表

| 属性名 | 值类型 | 描述 | 默认值 |
| --- | --- | --- | --- |
| fit | boolean | 面板大小是否自适应父容器 | false |
| doSize | boolean | 创建面板时是否重置大小和重新布局 | true |
| tools | array 或 selector | 通过数组或选择器创建自定义工具菜单 | [] |
| openAnimation | string | 打开面板时的动画，可用值：<br>slide 从上到下；fade 由浅到深；show 由左上到右下 | |
| openDuration | number | 打开面板的持续时间 | 400 |
| closeAnimation | string | 关闭面板时的动画，可用值：slide、fade、show | |
| closeDuration | number | 关闭面板的持续时间 | 400 |

有几类属性重点说明如下。

- iconCls

该属性用来指定一个图标显示在面板头部的左侧。注意，这里指定的并不是一个图标文件的名称，而是在页面中引用的 icon.css 样式文件所定义的类名称。在 icon.css 中，每个 class 类名称都对应一个 icon 图标文件。

如，在 js 中增加以下代码：

```
iconCls: 'icon-open',
```

运行效果如图所示。

- cls、headerCls、bodyCls 和 style

前 3 个属性都是指定一个具体的 class 类样式名称，分别对面板整体、面板头部或面板主体内容进行样式的调整。由于 EasyUI 针对不同的主题样式都已经做了比较完备的设置，因此不建议对背景色、字体大小等再重新做样式设置。一方面没必要，另一方面也很难起到作用（样式的优先级不够）。

但是，关于布局方面的样式设置是有效的，也是比较常用的。

例如，要将面板中的所有内容都水平居中显示，可以先在页面中的头部定义样式，代码如下：

```
<style type="text/css">
    .ct {
```

```
            text-align: center;
        }
    </style>
```

该 class 样式的名称为 ct，然后再在 JS 程序中设置属性，代码如下：

```
    cls: 'ct',
```

由于 cls 是对整个面板的头部和主体内容都生效的，因此运行效果如图所示。

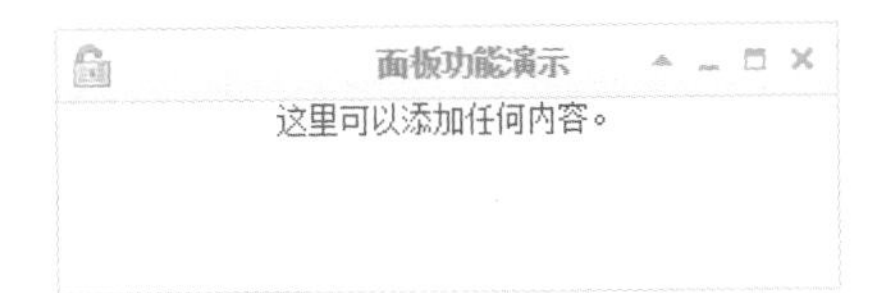


如果不想在页面中设置样式，也可以先单独保存到一个 CSS 文件中，再在页面的头部引用该文件；或者在 JS 程序中使用 style 属性直接设置 CSS 代码。

例如，要实现与上面相同的效果，用 style 属性的设置方法如下：

```
    style: {
        'text-align': 'center',
    },
```

在 JS 中设置 CSS 样式时，属性值和属性名都必须用引号括起来！

除了可以使用自定义样式，也可以直接调用系统默认设置的 8 种颜色样式，分别为 c1 ～ c8，这些样式都定义在 themes 文件夹下的 color.css 中。如需使用这些样式，必须先引用这个 CSS 文件，然后在 cls、headerCls 或 bodyCls 属性中直接引用这些样式。例如：

```
    headerCls:'c7';
```

- left、top 和 fit

这 3 个属性都是相对于父元素的。为方便说明问题，我们重新修改页面中的 body，代码如下：

```
    <body>
        <div id="p" class="easyui-panel">
            <div id="sub">这里可以添加任何内容.</div>
        </div>
        <script type="text/javascript" src="test.js"></script>
    </body>
```

该代码最主要的变化是将原来 div 中的文字重新用 div 标签进行包裹，并给它设置 id 名称为 sub，使之成为父元素 div 中的一个子元素。

现在在 JS 程序中设置如下代码：

```
$('#sub').panel({
    title:'子面板',
    width:130,
    height:50,
    top:10,
    left:10,
});
```

其中，top 和 left 都设置为 10。我们的本意是想使这个子面板在距离父面板左上角的右下方各 10px 处显示。但实际的效果并不是这样，子面板仍然在父面板主体内容的左上角处开始显示，如图所示。

为什么会出现这种情况？这是因为，这里的 top 和 left 都是 CSS 中的定位布局属性，仅用这两个值是不够的，还需要指定使用哪种定位方法。例如：

```
$('#sub').panel({
    title:'子面板',
    width:130,
    height:50,
    top:10,
    left:10,
    style: {
        'position':'relative',
    }
});
```

运行效果如图所示。

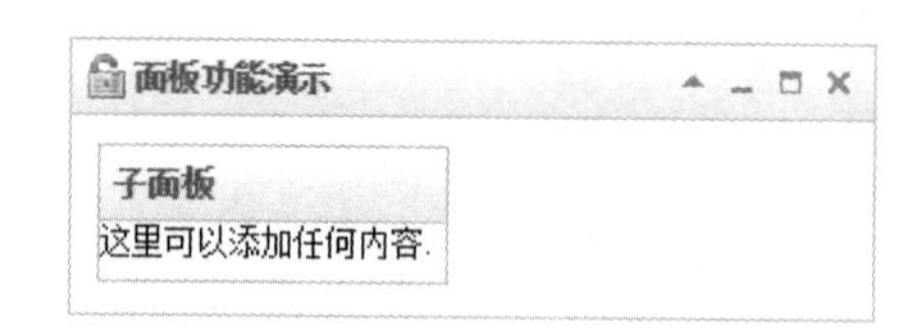


fit 属性设置为 true 时，将自动适应父容器大小。以本代码为例，如果将父元素 div 的 fit 设置为 true，该面板将铺满整个屏幕；如果将子元素 div 的 fit 设置为 true，这个子元素将从定位位置开始铺满剩

余面积。

- tools

该属性用于自定义工具菜单。该菜单可通过以下两种方式创建：数组（array）或选择器（selector）。其中，数组方式只需在JS代码中创建即可，选择器方式则要在页面文件中编写相应的代码。

数组方式创建。数组必须用 [ ] 括起来，每个数组元素则是对象，每个对象都包含 iconCls 和 handler 属性。其中，iconCls 表示要使用的图标 CSS 类名，handler 为单击后执行的事件代码。例如，给父元素 div 添加以下代码：

```
$('#p').panel({
    title: '面板功能演示',
    width: 300,
    height: 100,
    iconCls: 'icon-open',
    tools: [
        {
            iconCls:'icon-add',
            handler:function(){alert('这是增加按钮')}
        },
        {
            iconCls:'icon-edit',
            handler:function(){alert('这是编辑按钮')}
        },
    ],
});
```

运行效果如图所示。

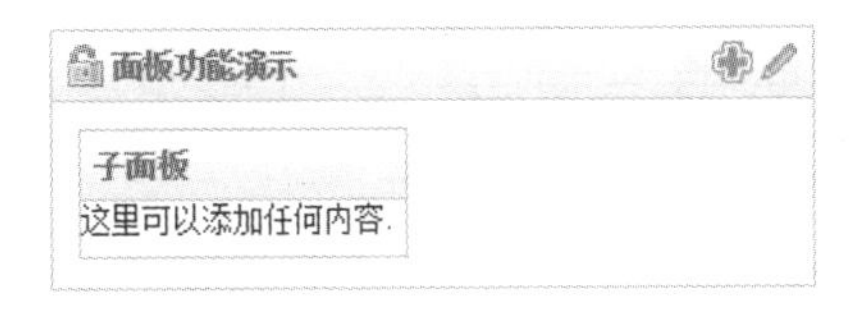


单击工具菜单按钮，将弹出相应的提示信息。

如果改用选择器方式，可在页面代码中添加类似于以下这样的内容：

```
<body>
    <div id="p" class="easyui-panel">
        <div id="sub">这里可以添加任何内容.</div>
    </div>
    <div id="bt">
        <a class="icon-add" onclick="alert('这是增加按钮')"></a>
```

```
        <a class="icon-edit" onclick="alert('这是编辑按钮')"></a>
    </div>
    <script type="text/javascript" src="test.js"></script>
</body>
```

采用选择器方式时，必须用 a 标签创建按钮，所使用的按钮图标 class 样式名称请参考 icon.css 文件。页面中加了以上代码后，只需在 JS 程序中引用如下这个 id 即可：

```
tools: '#bt',
```

运行效果与数组方式创建的工具菜单完全相同。

- 打开或关闭面板时的属性

这方面的属性共有 4 个，留待后面面板方法与事件中一并学习。

### ❸ 数据属性

面板组件可以同时加载数据。与数据相关的属性如下表所示。

| 属性名 | 值类型 | 描述 | 默认值 |
|---|---|---|---|
| content | string | 设置面板主体内容 | null |
| href | string | 从 URL 读取远程数据并且显示到面板主体 | null |
| loader | function | 以自定义 AJAX 方式从远程服务器加载内容页 | |
| cache | boolean | 在超链接首次载入时是否缓存面板内容 | true |
| loadingMessage | string | 在加载远程数据的时候在面板内显示一条消息 | Loading··· |
| extractor | function | 如何从应答数据中提取内容，返回提取数据 | |
| method | string | 使用哪种方法读取内容。可用值：get、post | get |
| queryParams | object | 在加载内容时添加的请求参数 | {} |

上述属性中，cache、loadingMessage 和 method 都很好理解，现重点讲解其他几个属性。

- content、href 和 loader 都可以给面板主体重新指定内容

如果该面板原来有内容，将会被替换。其中，content 直接指定内容，可通过 HTML 代码进行拼接；href 和 loader 则用于远程加载。当对同一个面板、同时使用上述属性时，content 属性会自动失效。

例如，如果在上例的父面板中加入以下代码：

```
content: '<p style="color: blue;">我是指定内容</p>',
```

则子面板自动消失，且仅在父面板的主体内容部分显示下图所示的内容。

如果再同时指定 href 属性，则面板主体部分仅显示来自指定页面文件中的内容。代码写法如下：

```
href: 'test.html',
```

该 test.html 中的 body 部分内容如下所示：

```
<body>
    <p style="color: blue;">我来自另外的页面</p>
</body>
```

运行效果如图所示。

> **注意**
>
> content 的值也可以来自页面中的某个元素。如：`$('#bt').html();`

- 远程加载的两种方式

○ href 方式

该方式可以直接读取其他页面文件 body 中的内容，代码写法如下：

```
href: 'test.html',
```

也可从其他服务器程序中获取数据。例如，服务器端的 test.php 程序代码如下：

```
<?php
    echo 'abcdefg';
?>
```

如果在 JS 中将 href 属性设置为：

```
href: 'test.php',
```

则运行效果如图所示。

○　loader 方式

这种方式其实就是自定义如何通过 AJAX 从远程服务器加载数据。该属性值为事件函数，可接受以下 3 个参数。

param：发送给远程服务器的参数对象（关于该参数对象的说明，详见后面的 queryParams 属性）。

success(data)：在检索数据成功的时候调用的回调函数。

error()：在检索数据失败的时候调用的回调函数。

例如，我们将服务器端的 test.php 程序内容修改为如下内容：

```
<?php
    $name = (!empty($_GET['name'])) ? $_GET['name'] : '';
    $subject = (!empty($_GET['subject'])) ? $_GET['subject'] : '';
    $str = $name.$subject.',欢迎!';
    echo '<span style="color:red;">'.$str.'</span>';
?>
```

上述代码的意思是，将客户端传过来的参数值连接成一个字符串，再用 HTML 代码设置颜色后返回。

现在我们在子面板设置 loader 属性代码如下：

```
href: '#',
loader: function(param,success,error){
    $.ajax({
        url: 'test.php',
        data: {
            name: '职场',
            subject: '码上汇'
        },
        success: function(data){
            success(data);
        },
    });
},
```

由于 AJAX 请求数据时默认使用 get 方式，因此，服务器端的 test.php 程序使用 $_GET 全局数组变量来获取客户端传来的参数值。

客户端浏览器的运行效果如图所示。

**注意**

即使使用 loader 远程加载方式，href 的属性也不能为空，否则将无法启动远程访问，loader 属性自然无效；或者在页面的相应 DOM 元素中加上一个不为空的 href 属性也是可以的。

- 与远程加载相关的重要属性

○ extractor 属性

该属性用于定义如何在应答的远程数据中提取数据。该属性值为事件，并自带一个参数用于获取服务器端返回的数据。

假如，我们在子面板中设置 extractor 属性的事件代码如下：

```
extractor: function (data) {
    return data + '!';
},
```

浏览器运行时，不论是 href 还是 loader，都会在服务器返回的内容基础上加一个感叹号。

○ queryParams 属性

该属性用于设置请求远程数据时的附加参数，属性值为对象。

在请求远程数据的两种方式中，loader 属性可以在 AJAX 中发送请求参数，但 href 却不可以。有了 queryParams 后，href 也可以在远程请求时发送附加参数了。例如：

```
href: 'test.php',
queryParams: {
    name: '职场',
    subject: '码上汇'
}
```

运行效果与 loader 属性完全相同。

事实上，不论是 href 还是 loader，也不论它们请求的是 HTML 格式还是 PHP 格式的文件，只要使用了其中任意一种方式加载数据，queryParams 属性的值都是可用的。其中，loader 属性中传入的第一个参数就是 queryParams 属性的值。

因此，如果使用 loader 方式请求数据，那么，在使用 AJAX 发送 data 数据前，可以先做一下判断：如果在 queryParams 中已经定义了相应属性的值，就直接使用 queryParams 中的；否则再重新定义。这样就可以保证附加参数的统一，代码如下：

```
href: '#',
loader: function(param,success,error){    //这里的param就是queryParams参数对象的值
     var name = param.name || '职场';      //如果queryParams中没定义name，就用"职场"
     var subject = param.subject || '码上汇'; //如果queryParams中没定义subject，就用"码上汇"
     $.ajax({
          url: 'test.php',
          data: {
               name: name,
               subject: subject
          },
          success: function(data){
               success(data);
          },
     });
},
```

## 1.1.2　方法

面板提供的全部方法如下表。

| 方法名 | 参数 | 描述 |
| --- | --- | --- |
| options | none | 返回属性及事件对象。例如，获取子面板的标题：<br>`$('#sub').panel('options').title;` |
| panel | none | 返回整个面板对象。通过该方法获取对象后，可对之进行各种操作。<br>例如，将面板设置成弧度为 5 的圆角边框：<br>`$('#sub').panel('panel').css('borderRadius',5);` |
| header | none | 返回面板头对象 |
| footer | none | 返回面板页脚对象 |
| body | none | 返回面板主体对象 |
| setTitle | title | 设置面板头的标题文本。如：<br>`$('#sub').panel('setTitle','新标题');` |
| open | forceOpen | 参数设置为 true，打开面板时将跳过 onBeforeOpen 事件函数 |
| close | forceClose | 参数设置为 true，关闭面板时将跳过 onBeforeClose 事件函数 |
| destroy | forceDestroy | 参数设置为 true，销毁面板时将跳过 onBeforeDestory 事件函数 |

续表

| 方法名 | 参数 | 描述 |
|---|---|---|
| clear | none | 清除面板内容 |
| refresh | href | 刷新面板来装载远程数据。如果设置了新的参数，将自动重写旧的 href 属性。例如，打开面板且刷新面板内容：<br>`$('#sub').panel('open').panel('refresh');`<br>打开面板的同时用一个新的 URL 地址来刷新内容：<br>`$('#sub').panel('open').panel('refresh','new_content.php');` |
| resize | options | 重新设置面板大小和布局。不带参数时仅起到界面刷新效果<br>参数对象可以包含下列属性中的一个或多个。<br>width：新的面板宽度；height：新的面板高度；left：新的面板左边距位置；top：新的面板上边距位置。例如：<br>`$('#sub').panel('resize',{width: 200,height: 50});`<br>注意：left 和 top 必须设置定位方式才能有效 |
| doLayout | none | 重新绘制面板内子组件的大小。当使用 resize 方法重置面板大小或布局时，也会自动调用此方法。因此，一般直接使用 resize 方法 |
| move | options | 移动面板到一个新位置。参数对象包含以下属性：left、top。<br>和 resize 相类似，此方法必须同时设置定位方式才能有效 |
| maximize | none | 最大化面板到父容器大小 |
| minimize | none | 最小化面板 |
| restore | none | 恢复最大化面板回到原来的大小和位置 |
| collapse | animate | 折叠面板主体 |
| expand | animate | 展开面板主体 |

其中，panel 方法的示例代码如下：

```
$('#sub').panel('panel').css('borderRadius',5);
```

可能有的读者会说，$('#sub') 本来就是 jQuery 对象，直接用 CSS 方法不就行了？经测试，如果直接使用下面的代码：

```
$('#sub').css('borderRadius',5);
```

其作用效果仅限于面板的身体部分。只有加上 panel 方法才能返回，并作用于整个面板。

正是由于这个原因，才会有 panel、header、footer、body 这 4 个方法，分别用于返回面板的不同区域对象。

至于其他方法在项目中究竟如何运用，我们将结合事件示例一起讲述。

## 1.1.3 事件

全部事件列表如下所示。

| 事件名 | 参数 | 描述 |
|---|---|---|
| onBeforeOpen | none | 打开面板之前触发。返回 false 可取消打开操作 |
| onOpen | none | 打开面板时触发 |
| onBeforeClose | none | 关闭面板之前触发。返回 false 可取消关闭操作 |
| onClose | none | 面板关闭时触发 |
| onBeforeDestroy | none | 面板销毁之前触发。返回 false 可取消销毁操作 |
| onDestroy | none | 面板销毁时触发 |
| onBeforeCollapse | none | 面板折叠之前触发。返回 false 可取消折叠操作 |
| onCollapse | none | 面板折叠时触发 |
| onBeforeExpand | none | 面板展开之前触发。返回 false 可取消展开操作 |
| onExpand | none | 面板展开时触发 |
| onResize | width,height | 面板改变大小时触发<br>参数 width 和 height 分别指新的宽度和高度 |
| onMove | left,top | 面板移动时触发<br>参数 left 和 top 分别指新的左边距位置、上边距位置 |
| onMaximize | none | 面板最大化时触发 |
| onRestore | none | 面板恢复到原始大小时触发 |
| onMinimize | none | 面板最小化时触发 |
| onBeforeLoad | param | 加载数据内容之前触发，参数为 queryParams 属性的值<br>返回 false 将忽略该动作 |
| onLoad | none | 加载数据内容时触发 |
| onLoadError | none | 加载数据内容发生错误时触发 |

例如，在子面板中设置以下属性和事件代码：

```
closable: true,                    //在面板标题显示关闭按钮
onBeforeClose: function () {       //关闭面板前触发的事件
    return false;
},
```

则在客户端浏览器运行后，即使单击关闭按钮也是无效的，也就是面板无法关闭，如图所示。

如果在子面板中再加入以下事件代码：

```
closed: true,
onBeforeOpen: function () {
    return false;
},
```

则重新刷新页面后，这个子面板就无法打开了。怎么办？

正常情况下，方法、事件等操作都应该是通过按钮进行的。假如我们希望通过按钮来执行子面板的关闭和打开操作，可以在 tools 属性中设置 handler 事件代码。例如，以下就是新增加的工具栏按钮代码：

```
iconCls:'icon-reload',          //指定图标
handler:function(){             //单击后要执行的事件代码
    var p = $('#sub');                    //指定子面板dom元素对象，并赋给变量p
    if (p.panel('options').closed){    //通过options方法得到属性closed的值
        p.panel('open',true);
    }else{
        p.panel('close',true);
    };
    p.panel('resize');
},
```

上述代码的关键在于，根据子面板的 closed 属性值进行判断：如果处于关闭状态，就执行 open 方法，执行该方法时同时带了一个 true 参数，表示跳过 onBeforeOpen 事件代码；执行 close 方法时同理。

由于反复的关闭、打开操作可能会造成界面凌乱，因此最后又使用 resize 方法对该面板进行了重置。运行效果如图所示。

上述代码是通过 options 方法返回的属性对象，然后再从这个对象中获取 closed 属性的值来判断子面板是否打开。事实上，options 是个通用的方法，EasyUI 中几乎所有的组件都有这样的方法，使用频率非常高。我们知道，属性值的类型多种多样，如果通过 options 返回的内容是数字、字符串、布尔值或者是对象、数组，这些都很好理解，得到了它们的返回值以后可以继续用到其他的代码中，但如果是事件呢？例如，extractor 属性的值就是一个事件函数，代码如下：

```
    extractor: function (data) {
        return data + '!';
    },
```

这个事件函数也能通过 options 返回吗？返回后又有什么作用？

答案当然是肯定的。假如这个属性中定义的函数还要重用的话，一样可以返回。例如，在之前的图标按钮代码中增加这样两行：

```
    handler:function(){
        var p = $('#sub');
        if (p.panel('options').closed){
            p.panel('open',true);
            var str = p.panel('options').extractor('我的文本');
            alert(str);
        }else{
            p.panel('close',true);
        };
        p.panel('resize');
    },
```

这里就是调用了 extractor 属性中的函数，传入的值为“我的文本”，弹出的结果就是在后面加了一个感叹号。当然，也可以将这些函数赋给一个变量，需要使用时直接用变量名即可。

假如希望在打开或关闭子面板时带有动画效果，则可以使用 openAnimation、closeAnimation 等属性。例如，给子面板加上下列属性值：

```
    openAnimation:'show',
    openDuration:800,
    closeAnimation:'fade',
    closeDuration:800,
```

再次打开该面板时，是从左上到右下的逐步显示效果；关闭时则是逐渐变淡的动画效果。仔细观察这个面板的打开过程我们还会发现：远程加载的数据是在面板完全打开后才开始载入的，因此在创建延迟加载面板时，href 和 loader 属性非常有用。

总之，panel 作为本书第一个系统学习的 EasyUI 组件，读者一定要认真体会并掌握属性和事件的写法及其方法的作用，尤其是要多研习本书所提供的示例源码。

## 1.2　tabs（选项卡）

选项卡的作用就是显示一批面板，但在同一个时间它只会显示一个面板。每个选项卡面板还可以设置一些小的按钮工具菜单，如关闭按钮或其他自定义按钮。

例如，下面的页面代码，只需要指定 easyui-tabs 的 class 样式，并未使用任何的 JS 代码，即可直接生成选项卡：

```
<div id="t" class="easyui-tabs">
    <div title="选项卡1">内容1</div>
    <div title="选项卡2">内容2</div>
    <div title="选项卡3">内容3</div>
    <div title="选项卡4">内容4</div>
</div>
```

浏览器运行效果如下。

当然，如果要使选项卡发挥更好的性能，肯定还要用到属性、方法和事件。

## 1.2.1 属性

| 属性名 | 值类型 | 描述 | 默认值 |
|---|---|---|---|
| width | number | 选项卡容器宽度 | auto |
| height | number | 选项卡容器高度 | auto |
| plain | boolean | 为 true 时，将不显示控制面板背景 | false |
| fit | boolean | 是否铺满所在容器 | false |
| tabWidth | number | 标签条的宽度 | auto |
| tabHeight | number | 标签条的高度 | 27 |
| scrollIncrement | number | 选项卡滚动条每次滚动的像素值 | 100 |
| scrollDuration | number | 每次滚动动画持续的时间。单位：毫秒 | 400 |
| justified | boolean | 是否生成等宽标题选项卡 | false |
| narrow | boolean | 是否删除选项卡标题之间的空间 | false |
| pill | boolean | 是否将选项卡标题样式改为气泡状 | false |
| border | boolean | 是否显示容器边框（选项卡头部不受影响） | true |
| tabPosition | string | 选项卡位置。<br>可用值：top、bottom、left、right | top |
| headerWidth | number | 选项卡标题宽度。<br>仅在 tabPosition 为 left 或 right 时有效 | 150 |

续表

| 属性名 | 值类型 | 描述 | 默认值 |
|---|---|---|---|
| selected | number | 默认选中的标签页 | 0 |
| showHeader | boolean | 是否显示标签页标题 | true |
| tools | array,selector | 在选项卡头部设置工具栏 | null |
| toolPosition | string | 工具栏位置。可用值：left、right | right |

例如，在页面中引用 test.js 文件，然后在该文件中设置以下代码：

```
$('#t').tabs({
    width: 300,
    height: 100,
    plain: true,
    tabWidth: 60,
    tabHeigh: 20,
});
```

浏览器运行效果如图所示。

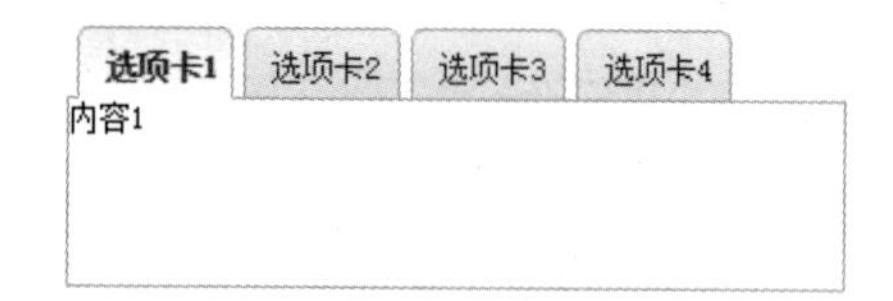


当 tabWidth 属性值设置的比较大、多个选项卡宽度之和超过选项卡容器的总宽度时，头部将出现左右按钮。如，将 tabWidth 设置为 100，运行效果如图所示。

这时可以另外设置 scrollIncrement 和 scrollDuration 属性，以控制单击左右按钮时的移动速度。实际上，tabWidth 基本上是不用重新设置的，直接使用默认的 auto 就好。如果实在觉得默认的宽度窄了，可以考虑使用 justified（等宽）、narrow（去除相邻空间）等属性，代码如下：

```
justified: true,
narrow: true,
pill: true,
```

运行效果如图所示。

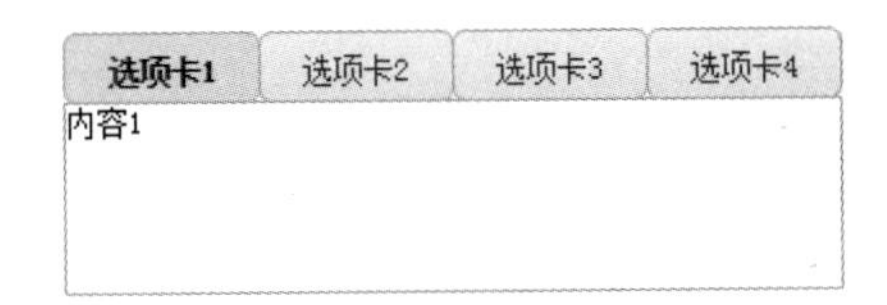


如果将 border 属性设置为 false，容器边框将不显示。注意，这里仅仅是指选项卡所对应的面板容器边框，选项卡头部不受影响，运行效果如下图所示。

如果在页面中引用的 EasyUI 主题是 bootstrap，即使将 border 设置为 true，选项卡容器边框仍然不显示！ bootstrap 就是这样的主题效果，其他主题样式正常。

tabPosition 属性用于设置选项卡位置，默认为 top，也就是在顶部。当位置为 left 或 right 时，还可以使用 headerWidth 属性设置宽度，代码写法如下：

```
tabPosition: 'left',
headerWidth: 65,
```

运行效果如图所示。

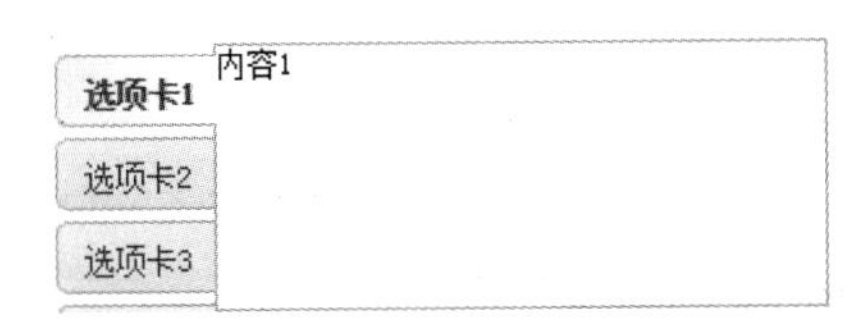


很显然，“选项卡 4”没有正常显示出来，这就需要再调整选项卡容器的 height 属性。因此，当使用 tabPosition 时，务必要事先考虑好容器的尺寸。

除此之外，还有 selected 属性用于初始化选中一个标签页，默认为 0，也就是第一个标签页；如果将其设置为 2，将默认选中第三个标签页。showHeader 用于设置是否显示标签页标题，当设置为 false 时，标签页标题将全部隐藏，这样就只能通过其他按钮的事件代码来控制选择不同的选项卡了。

现在重点来学习一下如何在选项卡头部设置工具栏。这个工具栏的设置方法与 panel 面板大致相同，一样可以通过数组或者选择器的方式设置。但由于这个工具栏中的选项是基于 EasyUI 中的另外一个组件 linkbutton 的，因而功能更加强大，linkbutton 组件支持的所有属性和方法在这里都可以使用，事件则通过 handler 属性触发。

数组定义方式的示例代码如下：

```
tools: [
    {
```

```
                iconCls:'icon-add',
                text: '增加',
                handler:function(){alert('这是增加按钮')}
            },
            {
                iconCls:'icon-edit',
                text: '编辑',
                handler:function(){alert('这是编辑按钮')}
            },
        ],
```

运行效果如图所示。

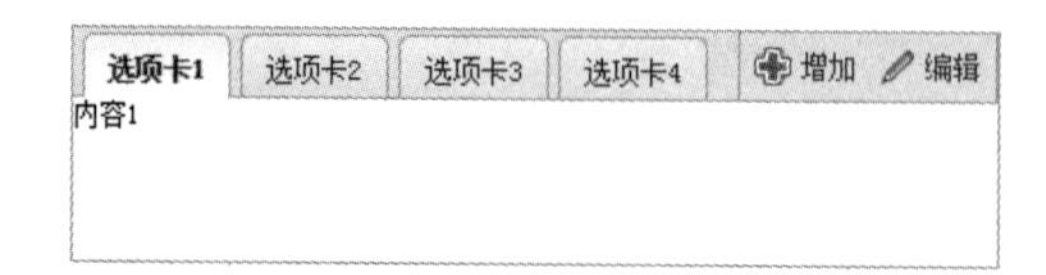


如果用选择器的方式定义，需要在页面中增加以下代码：

```
    <div id="bt">
            <a class="easyui-linkbutton" data-options="plain:true,iconCls:'icon-add'"
onclick="alert('这是增加按钮')"></a>
            <a class="easyui-linkbutton" data-options="plain:true,iconCls:'icon-edit'"
onclick="alert('这是编辑按钮')"></a>
    </div>
```

需要注意的是，这里的 a 标签写法与 panel 面板中所引用的元素写法有所不同：面板里引用的 class 是直接调用的图标 ID，而这里是 linkbutton 组件。虽然面板也可以使用 linkbutton 定义（事件能正常触发），但由于受面板头部各种默认样式的限制，工具栏的显示效果会非常差，而 tabs 选项卡的头部不受此影响。

为避免影响选项卡知识的学习，这里的 linkbutton 属性直接写在标签元素的 data-options 中，没有使用 JS 代码创建。页面中增加以上代码之后，JS 程序再使用以下一行代码即可：

```
    tools: '#bt',
```

工具栏定义好之后，还可以使用 toolPosition 属性设置工具栏显示在左边或右边。

## 1.2.2　方法

| 方法名 | 参数 | 描述 |
|---|---|---|
| options | none | 返回选项卡属性对象。如，返回选项卡容器的宽度：<br>`$('#t').tabs('options').width;` |

续表

| 方法名 | 参数 | 描述 |
| --- | --- | --- |
| resize | none | 重置（刷新）选项卡容器大小和布局 |
| showHeader | none | 显示选项卡的标签头 |
| hideHeader | none | 隐藏选项卡的标签头。例如：`$('#t').tabs('hideHeader');` |
| showTool | none | 显示工具栏 |
| hideTool | none | 隐藏工具栏 |
| tabs | none | 返回所有选项卡面板的对象 |
| getTab | which | 获取指定的选项卡面板对象，which 参数可以是选项卡面板的标题或者索引（其他指定 which 参数的方法，使用规则均与此相同）。<br>例如，获取第 3 个选项卡面板对象，并返回它的标题属性值：<br>`var tab = $('#t').tabs('getTab',2);`<br>`var title = tab.panel('options').title;`<br>`alert(title);` |
| getSelected | none | 获取当前选择的选项卡面板对象 |
| getTabIndex | tab | 获取指定选项卡面板的索引号。<br>如，获取当前选择的选项卡面板对象所对应的索引号：<br>`var tab = $('#t').tabs('getSelected');`<br>`var index = $('#t').tabs('getTabIndex',tab);`<br>`alert(index);` |
| select | which | 选择指定的选项卡面板，which 参数可以是选项卡面板的标题或者索引。<br>例如，选择第 3 个面板：<br>`$('#t').tabs('select',2);`<br>也可以这样：<br>`$('#t').tabs('select','选项卡3');` |
| unselect | which | 取消选择指定的选项卡面板。此方法很少使用，因为在选择某个选项卡面板之后，原来的会自动取消 |
| exists | which | 表明指定的面板是否存在。如：`$('#t').tabs('exists',4);`<br>返回值为 false，因为示例中没有第 5 个选项卡面板 |
| enableTab | which | 启用指定的选项卡面板 |
| disableTab | which | 禁用指定的选项卡面板。例如，禁用第 3 个选项卡面板：<br>`$('#t').tabs('disableTab',2);` |
| close | which | 关闭指定的选项卡面板 |
| scrollBy | deltaX | 滚动选项卡标题指定的像素数量，负值向右滚动，正值向左滚动 |
| add | options | 添加新的选项卡面板 |
| update | param | 更新指定的选项卡面板 |

这些方法中，有几个需要特别做出说明。

### ❶ tabs 方法

该方法用于返回所有选项卡面板对象。由于这是一个数组，就会涉及遍历的问题。比如，我们希望关闭所有的选项卡面板，代码如下：

```
var obj = $('#t').tabs('tabs');          //获取所有的选项卡面板对象
var i = obj.length-1;                    //使用length得到数组内的元素个数
for(i;i>=0;i--){                         //使用倒序循环
    $('#t').tabs('close',i);             //对指定的选项卡面板执行关闭操作
};
```

还可以使用 each 进行循环操作。例如，以下代码将输出所有的选项卡面板标题：

```
var obj = $('#t').tabs('tabs');
$.each(obj,function() {
    var title = this.panel('options').title;
    alert(title);
});
```

上述代码中，this 表示当前遍历到的对象。由于它们都是选项卡面板，因此可以使用 panel 的 options 方法获得指定的属性值。

### ❷ add 方法

该方法用于添加新的选项卡面板。选项参数是一个配置对象，在这里不仅可以使用 panel 中的所有属性（部分属性可能没有实际效果），而且还多了以下几个选项卡面板的独有属性。

selected：设置为 true 的时候，选项卡面板会被选中。实际上，新增面板默认就是排列在最后且被选中的。如果不需要选中，可将其设为 false（注意，tabs 组件本身也有 selected 属性，它用来指定默认选中的标签页，不要混淆了）。

disabled：设置为 true 的时候，选项卡面板会被禁用。

index：用于指定新增面板的排列位置。如要将新增面板排在第一个，只需将 index 的属性值设置为 0 即可。例如，以下代码将新增一个选项卡面板：

```
$('#t').tabs('add',{
    title:'新面板',
    iconCls: 'icon-open',
    closable: true,
    collapsible: true,
    content: '这是新增加的面板',
    style: {
```

```
            'text-align': 'center',
            'margin':'20px 0',
        },
        tools:[{
            iconCls:'icon-mini-refresh',
            handler:function(){
                alert('refresh');
            }
        }],
    });
```

浏览器运行效果如图所示。

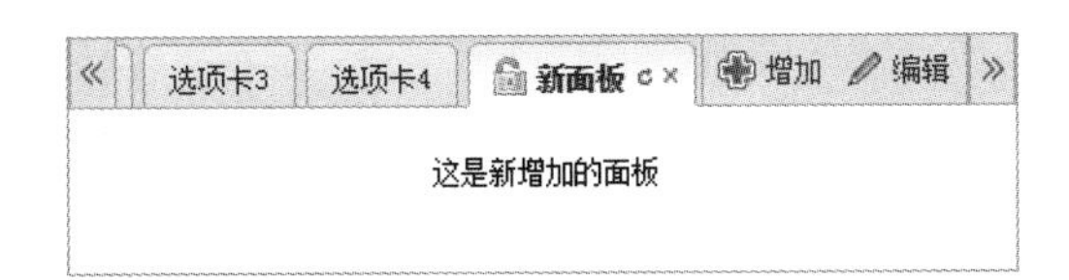


显而易见，配置对象中所用到的都是 panel 中的属性，但 collapsible 并没有显示出效果，因为页标签上无法生成折叠按钮。当然，由于这是往选项卡中添加面板，有些功能受到限制也是很正常的。

对于任何一个可以获取到的选项卡面板，都能使用 panel 中的方法对其进行操作。例如，对已经选择的面板执行数据刷新，代码如下：

```
var tab = $('#t').tabs('getSelected');
tab.panel('refresh');
```

### ❸ update 方法

该方法用于更新指定的选项卡面板。param 参数包含 3 个属性。

tab ：要更新的选项卡面板。

type ：更新类型。可选值有 header、body、all，此参数的作用在于限制更新范围，一般很少使用。

options ：要更新的配置对象参数。该参数的设置方法和 add 一致，同样可以使用 panel 面板中的所有属性及新增的 selected 和 disabled 属性，但不可以使用 index 改变面板位置。

例如下面的代码，就是对索引号为 2 的选项卡面板进行更新：

```
var tab = $('#t').tabs('getTab',2);
$('#t').tabs('update',{
    tab: tab,
    // type: 'body',
    options: {
```

```
            title: '新的标题',
            selected: true,
            style: {
                'padding': '10px',
            },
            href: 'test.php',
            queryParams: {
                name: '职场',
                subject: '码上汇'
            },
            extractor: function (data) {
                return data;
            },
        }
    })
```

运行效果如图所示。

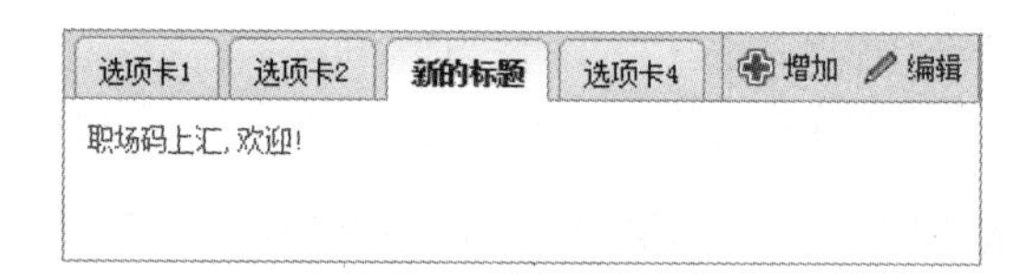


如果将上述代码中被注释掉的“type: 'body',”启用，则该面板的标题不会被更新。因为 type 指定的是 body，而标题属于 header，自然不会被更新。

请注意，如果不在以上代码中使用 update 方法，而是直接对变量 tab 使用 panel 属性进行设置，那么就只能更新面板内容，标题无法更新。例如：

```
    var tab = $('#t').tabs('getTab',2);
    tab.panel({
        title: '新的标题',
        href: 'test.html',
    });
```

有了 update 方法之后，其实页面中的代码可以继续简化，把相应的操作全部集中到 JS 程序中来处理。例如，将页面代码中的 title 属性全部删除，只保留 4 个选项卡面板所对应的 4 个空 div 标签，代码如下：

```
    <body>
        <div id="t" class="easyui-tabs">
            <div></div>
            <div></div>
            <div></div>
            <div></div>
```

```
    </div>
    <script type="text/javascript" src="test.js"></script>
</body>
```

然后在JS程序中使用以下代码，一样可以正常生成选项卡，代码如下：

```
var obj = $('#t').tabs('tabs');
$.each(obj,function (i) {
    $('#t').tabs('update',{
        tab: this,
        options: {
            title: '选项卡'+i,
            content: '内容'+i,
        },
    });
});
```

当然，如果你愿意，连页面中的4个空div标签都不用写，直接在JS程序中通过循环方式添加选项卡面板就行。例如：

```
for (var i = 0; i < 4; i++) {
    $('#t').tabs('add',{
        title:'新面板' + i,
        content: '这是新增加的面板' + i
    })
}
```

## 1.2.3 事件

| 事件名 | 事件参数 | 描述 |
| --- | --- | --- |
| onSelect | title,index | 选择选项卡面板时触发 |
| onUnselect | title,index | 取消选择选项卡面板时触发 |
| onBeforeClose | title,index | 关闭选项卡面板之前触发，返回false时取消关闭操作 |
| onClose | title,index | 关闭选项卡面板时触发 |
| onAdd | title,index | 添加新选项卡面板时触发 |
| onUpdate | title,index | 更新选项卡面板时触发 |
| onLoad | panel | 加载完成远程数据且选择该选项卡的时候触发 |
| onContextMenu | e,title,index | 右键单击选项卡页签时触发，一般用于弹出右键菜单 |

例如，下面的代码，当选择某个选项卡面板的时候，自动对该面板数据执行远程刷新。这个示例用的是onSelect事件，表中的前6个事件用法基本与此相同：

```
onSelect: function(title,index){
    var tab = $('#t').tabs('getSelected',index);
    tab.panel('refresh');
},
```

再如，以下代码在选择有远程数据加载的面板，而且在加载完成时，将给出提示信息（后续只要不做数据刷新，此信息就不再提示）。本示例使用的是 onLoad 事件：

```
onLoad : function (panel) {
    var title = panel.panel('options').title;
    alert('【'+title+'】数据加载完毕！');
}
```

至于 onContextMenu 事件，是在右键单击选项卡页签的时候触发，一般用于弹出右键菜单。由于菜单方面的知识暂时还未涉及，这里仅举个例子简单了解一下。以下是 JS 事件代码：

```
onContextMenu:function(e, title,index){
    e.preventDefault();    //阻止默认菜单
    $('#mm').menu('show', {
        left: e.pageX,
        top: e.pageY
    });
},
```

很显然，这个代码用到了 menu 菜单组件，它操作的 DOM 元素对象 id 名称为 mm。

假如页面中的 mm 内容如下：

```
<div id="mm" class="easyui-menu">
    <div>菜单1</div>
    <div>菜单2</div>
</div>
```

则浏览器运行后，在选项卡页签上单击鼠标右键时的效果如图所示。

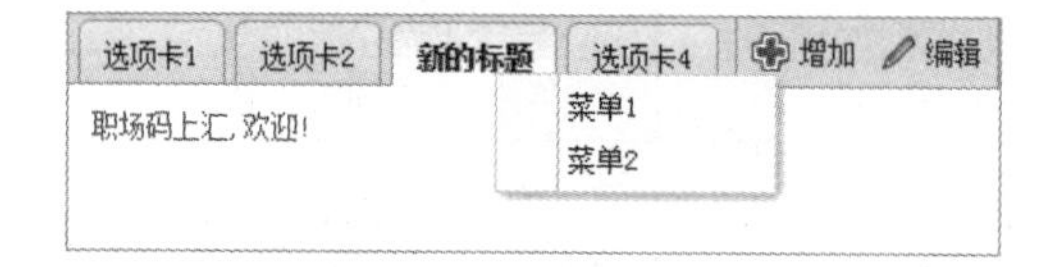


## 1.3　accordion（分类选项卡）

分类选项卡和 tabs 有点类似，都是允许用户使用多个面板。但从展示效果上来说，tabs 是横向展示，而 accordion 侧重于纵向展示。因此，accordion 和 tabs 相比，其最大的变化就是每个面板都内建支持了展开和折叠的功能。

同样的，只需在页面中指定 accordion 组件的 class 样式，无需任何 JS 代码，即可自动生成分类选项卡效果，代码如下：

```
<body>
    <div id="a" class="easyui-accordion">
        <div title="选项卡1">内容1</div>
        <div title="选项卡2">内容2</div>
        <div title="选项卡3">内容3</div>
        <div title="选项卡4">内容4</div>
    </div>
</body>
```

浏览器运行效果如图所示。

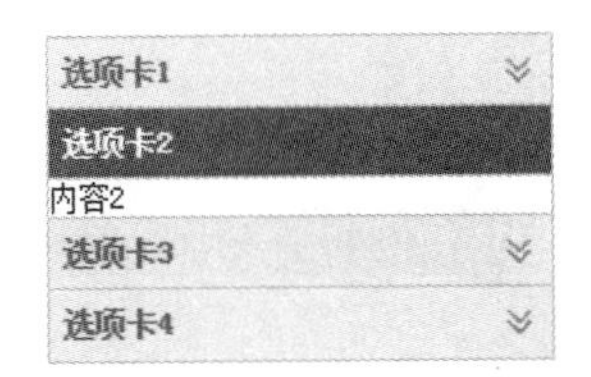


## 1.3.1 属性

| 属性名 | 值类型 | 描述 | 默认值 |
|---|---|---|---|
| width | number | 分类容器的宽度 | auto |
| height | number | 分类容器的高度 | auto |
| fit | boolean | 分类容器大小是否自适应父容器 | false |
| border | boolean | 是否显示边框 | true |
| halign | string | 将选项卡头部垂直显示，可选值：left、right | null |
| animate | boolean | 展开和折叠面板时是否显示动画效果 | true |
| multiple | boolean | 是否允许同时展开多个面板 | false |
| selected | number | 初始化时默认选中的面板索引号 | 0 |

这些属性都非常好理解，但有两点需要注意。

❶ **这里的宽度和高度实际上是指打开某个面板时所固定显示的宽度和高度，因此，当允许同时展开多个面板时，经常会因为高度的问题而导致余下的面板无法完整显示。**例如，以下 JS 代码：

```
$('#a').accordion({
    width: 200,
```

```
        height: 300,
        multiple: true,
    });
```

我们依次展开“选项卡 1”和“选项卡 2”时，由于“选项卡 1”打开在先，因此它会立即把 300 的固定高度给占用了；“选项卡 2”没有其他高度可用，只好占用“选项卡 3”和“选项卡 4”的标题高度，这就直接导致“选项卡 3”和“选项卡 4”被挤出可视空间之外。如果想将它们再“请”回来，只能选择将 1 或者 2 折叠起来一个。

浏览器运行效果如图所示。

因此，如果一定要使用 multiple 属性，可以不用设置高度。

❷ **如果将 halign 属性设置为 left 或 right，则选项卡头部将垂直显示。使用此属性时，必须设置高度，否则将造成页面效果的混乱。**如下面的代码：

```
    $('#a').accordion({
        width: 200,
        height: 100,
        halign: 'left',
    });
```

运行效果如图所示。

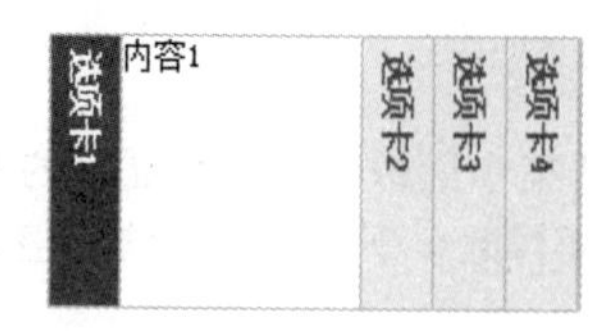


我们知道，与 halign 属性配套使用的还有 titleDirection 属性，该属性可以用来指定标题内容的显示方

向。这个属性只能用在面板中，写在 accordion 中无效。

## 1.3.2 方法

| 方法名 | 方法参数 | 描述 |
| --- | --- | --- |
| options | none | 返回分类组件的属性 |
| panels | none | 获取所有面板 |
| resize | none | 调整分类组件大小 |
| getSelected | none | 获取选中的面板 |
| getSelections | none | 获取所有选中的面板 |
| getPanel | which | 获取指定的面板，which 参数可以是面板的标题或者索引 |
| getPanelIndex | panel | 获取指定面板的索引 |
| select | which | 选择指定面板，which 参数可以是面板标题或者索引 |
| unselect | which | 取消选择指定面板，which 参数可以是面板标题或者索引 |
| add | options | 添加一个新面板 |
| remove | which | 移除指定面板，which 参数可以使面板的标题或者索引 |

和 tabs 相比，accordion 的方法少了很多。比如，允许面板可用还是不可用、显示或隐藏面板头部、判断指定面板是否存在、更新面板的配置属性对象等。那是不是就意味着 accordion 组件功能相对较弱？肯定不能简单地这样说。由于这两种选项卡的应用场景不同，因此功能上有一些差异是很正常的。实际上，accordion 在某些方面用起来更加简单、方便。

比如，tabs 有个 exists 方法用于判断指定的选项卡面板是否存在。accordion 虽然没有这个方法，但采用下面这样的示例代码来做判断一样简单：

```
var a = $('#a').accordion('getPanel',2);
if (a) {
    alert('面板存在！');
}else{
    alert('面板不存在！');
}
```

当然，tabs 用这种方法也是可以判断的。

请注意，尽管 tabs 和 accordion 都可以通过 getSelected、getTab 或 getPanel 等方法来获得面板对象，但 tabs 必须使用 update 方法才能更改标题信息，而 accordion 就不需要，可以直接使用 panel 中的所有属性和方法来对它进行操作。而且，它也同样扩展了一个 selected 属性，如果设置为 true，将直接展开面板。

例如，下面的代码，就是对第 3 个面板进行操作的：

```
var a = $('#a').accordion('getPanel',2);
a.panel({
    title:'新标题',
    iconCls: 'icon-open',
    selected: true,
    tools: [
        {
            iconCls:'icon-remove',
            handler:function(){
                $('#a').accordion('remove',3);
            },
        },
        {
            iconCls:'icon-edit',
            handler:function(){alert('这是编辑按钮')},
        },
    ],
});
```

浏览器运行结果如图所示（单击左边的工具栏按钮时，将移除第 4 个面板）。

同样的道理，panels 方法返回的是所有面板对象，我们可以使用 each 或 for 对这个数组进行遍历。例如，将所有面板的标题统一重新设置为“菜单项 X”字样，代码如下：

```
var obj = $('#a').accordion('panels');
for(var i=0;i<obj.length;i++){
    $('#a').accordion('getPanel',i).panel({
        title: '菜单项'+i,
    });
};
```

至于新增面板的 add 方法，它所用到的 options 参数完全参照 panel 面板中的属性来进行设置即可。默认情况下，新增的面板会自动变成当前展开的面板。如果要添加一个非选中面板，可以将 selected 属性设置为 false。

**注意**

本组件对面板进行更新或添加时，只扩展了一个 selected 属性，在 tabs 中扩展的 disabled 和 index 属性不能在本组件中使用。

例如：

```
$('#a').accordion('add',{
    title:'新增面板',
    iconCls: 'icon-reload',
    selected: false,
    closable: true,
    href: 'test.html',
    style: {
        'text-align': 'center',
    },
    extractor: function (data) {
        return '<br>我是后加上去的<br>' + data;
    },
});
```

由于上述代码将新增面板的 closable 属性设置为真，因此新增的面板将有一个关闭按钮；又因为设置了文字居中的 style 样式，且给获取的内容又加了一段文字，因此面板标题和内容都将水平居中，而且显示的内容比加载的 test.html 内容更丰富。

浏览器运行效果如图所示。

展开新增面板，显示内容如图所示。

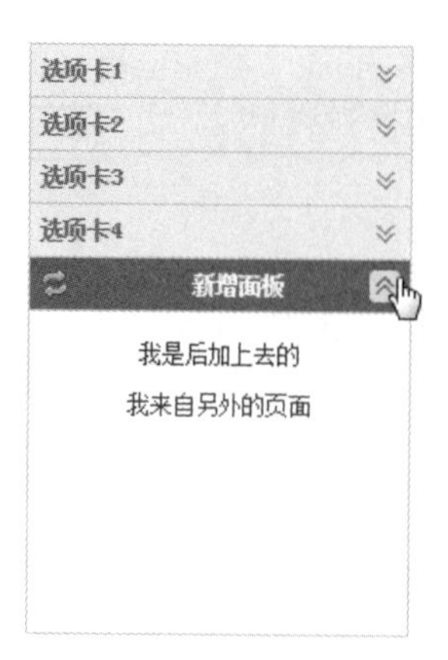


## 1.3.3　事件

| 事件名 | 事件参数 | 描述 |
| --- | --- | --- |
| onSelect | title,index | 面板被选中时触发 |
| onUnselect | title,index | 面板取消选中时触发 |
| onAdd | title,index | 添加新面板时触发 |
| onBeforeRemove | title,index | 移除面板之前触发。返回 false 可以取消移除操作 |
| onRemove | title,index | 面板被移除时触发 |

这些事件都非常简单，在之前 panel 和 tabs 组件的学习中都举了多个例子，这里不再赘述。

# 1.4　layout（布局）

布局容器用于展示完整的页面，按照上北、下南、左西、右东的方位顺序，共由这 4 个边缘面板及中间的 1 块内容面板组成。每个边缘区域面板都可以通过拖拽其边框来改变大小，也可以单击折叠按钮将面板折叠起来。

## 1.4.1　通过页面标签创建

例如，使用下面的页面代码即可创建一个标准结构的布局页面：

```
<body>
    <div id="l" class="easyui-layout">
        <div data-options="region:'north',title:'上面标题'">上面内容</div>
        <div data-options="region:'south',title:'下面标题',">下面内容</div>
        <div data-options="region:'west',title:'左边标题',">左边内容</div>
        <div data-options="region:'east',title:'右边标题',">右边内容</div>
```

```
        <div data-options="region:'center',title:'内容标题',">内容区域</div>
    </div>
</body>
```

其中，外层的 div 是布局容器，这个 div 必须用 class 指定 easyui-layout；里面的 5 个 div 分别对应 4 个边缘面板和中间的 1 块内容区域面板，这些 div 都通过 data-options 属性来指定具体的面板归属区域（region）和标题（title）。

此时我们发现，将该页面代码拖拽到浏览器运行，却看不到任何的输出内容！这是因为，布局容器还必须设置要输出的宽度或高度。例如，我们可以通过 style 属性给外围的 div 设置宽或高。

如果只设置宽度，仍不会有任何输出，代码如下：

```
<div id="l" class="easyui-layout" style="width: 400px">
```

如果只设置高度，可以输出，宽度会自适应，代码如下：

```
<div id="l" class="easyui-layout" style="height: 200px">
```

如果同时设置宽度和高度，则按指定的宽高输出布局效果，代码如下：

```
<div id="l" class="easyui-layout" style="width: 400px;height: 200px">
```

浏览器运行效果如图所示。

很显然，这种布局效果并不完美：首先，上、下两个区域的内容无法显示，因为没有指定高度；其次，左、右两个区域的面板标题也无法完整显示，因为没有指定宽度。

因此，完整的页面代码应该给外围的 div 同时指定高和宽，内部的上下两个边缘面板要指定高，左右两个要指定宽（中间的内容区域可以自动适应，无需指定）。例如：

```
<body>
    <div id="l" class="easyui-layout" style="width: 400px;height: 200px">
        <div data-options="region:'north',title:'上面标题'" style="height: 60px;">上面内容</div>
        <div data-options="region:'south',title:'下面标题'," style="height: 60px;">下面内容</div>
```

```
        <div data-options="region:'west',title:'左边标题',"  style="width: 80px;">左边内容</div>
        <div data-options="region:'east',title:'右边标题',"  style="width: 80px;">右边内容</div>
        <div data-options="region:'center',title:'内容标题',">内容区域</div>
    </div>
</body>
```

运行效果如图所示。

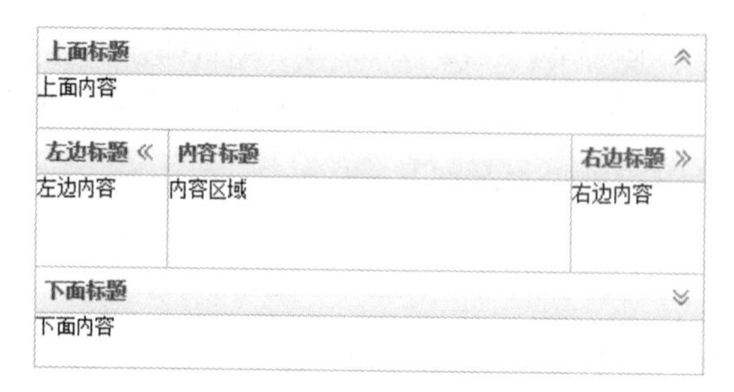


这样的页面布局默认显示在浏览器的左上角，如果要让它水平居中，只需再加上一个水平居中的样式即可，代码如下：

```
<div id="l" class="easyui-layout" style="width: 400px;height: 200px;margin: 0 auto;">
```

上述 5 个区域面板中，除了中间的内容区域面板是必须的，其他 4 块边缘面板都是可选的。而且，每个区域都可以再次嵌套布局，以构建任意复杂的页面结构。

例如，我们在原有的内容区域再嵌套一个 layout，这个嵌套的布局只有左、中、右 3 块面板，代码如下：

```
<body>
    <div id="l" class="easyui-layout" style="width: 400px;height: 200px;margin: 0 auto;">
        <div data-options="region:'north',title:'上面标题'" style="height: 60px;">上面内容</div>
        <div data-options="region:'south',title:'下面标题',"  style="height: 60px;">下面内容</div>
        <div data-options="region:'west',title:'左边标题',"  style="width: 80px;">左边内容</div>
        <div data-options="region:'east',title:'右边标题',"  style="width: 80px;">右边内容</div>
        <div data-options="region:'center'">
            <div id="sub" class="easyui-layout" data-options="fit:true">
                <div data-options="region:'west',title:'嵌套左边',"  style="width:
                80px;">左边内容</div>
                <div data-options="region:'east',title:'嵌套右边',"  style="width:
                80px;">右边内容</div>
                <div data-options="region:'center',title:'嵌套内容',"></div>
            </div>
        </div>
    </div>
</body>
```

请注意，这里用到了 layout 仅有的一个属性 fit（其他如 region 等是区域面板的属性，不是 layout 的属性）。该属性设置为 true 时，将自动适应父容器的大小。运行效果如图所示。

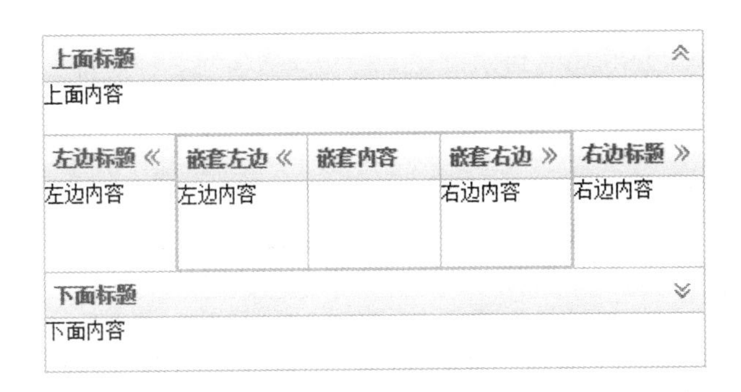


fit 属性在 layout 中是很常用的。当创建嵌套布局时，使用该属性可以使嵌套的 layout 自动适应父容器的大小；当创建需要铺满整个屏幕的布局时，同样只要将外围 div 中的 fit 属性设置为 true 即可，代码如下：

```
<div id="l" class="easyui-layout" data-options="fit:true,">
```

实际上，当需要将布局页面满屏显示时，还有一种更简便的方法：将外围的 div 去掉，直接将 body 的 class 设置为 layout。例如：

```
<body id="l" class="easyui-layout">
```

如果觉得嵌套的布局和原来的布局贴得太近（边线重合变粗了），想在它们之间添加一点距离的话，只需要在相应的 div 上增加样式即可。如，下面的代码就将内边距的 4 条边都设置了 5px 的距离：

```
<div data-options="region:'center'" style="padding: 5px">
```

运行效果如图所示。

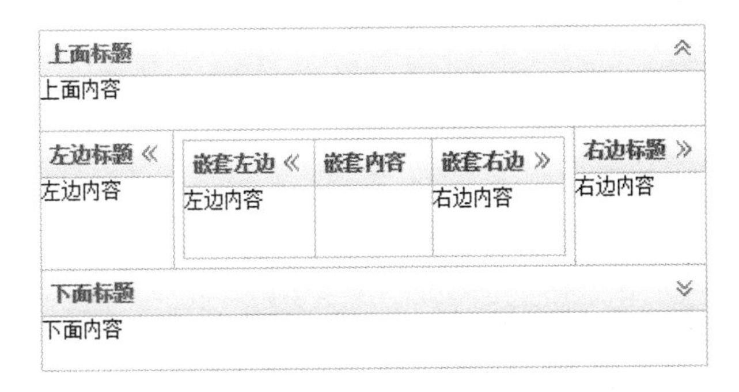

## 1.4.2　通过JS代码管理布局

### ❶ 属性

通过页面标签创建布局的示例代码可以看出，layout 只有一个属性，就是 fit。

### ❷ 方法

layout 有几种方法如表所示。

| 方法名 | 参数 | 描述 |
|---|---|---|
| resize | param | 重新设置布局大小，不带参数时，将刷新布局页面。<br>注意，此方法在直接将 body 作为布局对象或者 fit 属性为 true 时均无效。参数对象包含如下属性：width 和 height。例如：<br>`$('#1').layout('resize', {width:'80%',height:300})` |
| collapse | region | 折叠指定面板，参数可用值：north、south、east、west。<br>例如，折叠右边的区域面板：`$('#1').layout('collapse', 'east');` |
| expand | region | 展开指定面板，参数可用值：north、south、east、west |
| split | region | 给指定的区域面板增加分割线，参数可用值：north、south、east、west。例如：<br>`$('#sub'). layout('split','east');` |
| unsplit | region | 移除指定区域面板分割线，参数可用值：north、south、east、west |
| add | options | 添加指定面板，属性参数是一个配置对象 |
| remove | region | 移除指定面板，参数可用值：north、south、east、west |
| panel | region | 返回指定面板，参数可用值：north、south、east、west、center |

上述所有带 region 参数的方法中，只有 panel 方法的参数可用值为 5 个，其他都是只能使用 4 个边缘方向值。由于 panel 方法的返回值是面板对象，因此它可以有 5 个（包括中心内容区域面板），现在重点学习此方法以及相关的 add 方法。

- panel 方法

该方法得到的返回值是面板对象，与面板相关的所有属性、方法在这里都可以使用，从而可以对指定的区域面板进行各种操作。例如：

```
var p = $('#1').layout('panel','north');
p.panel({
     noheader: true,
});
```

以上代码就将顶部面板的头部给取消了。除 panel 中的属性外，区域面板还扩展增加了一些属性，如下表所示：

| 属性名 | 值类型 | 描述 | 默认值 |
| --- | --- | --- | --- |
| region | string | 定义布局面板位置，可用值：north、south、east、west、center | |
| split | boolean | 是否可以通过分割栏改变面板大小 | false |
| minWidth | number | 可拖拽到的最小面板宽度 | 10 |
| minHeight | number | 可拖拽到的最小面板高度 | 10 |
| maxWidth | number | 可拖拽到的最大面板宽度 | 10000 |
| maxHeight | number | 可拖拽到的最大面板高度 | 10000 |
| expandMode | string | 在单击折叠面板时候的展开模式 | float |
| collapsedSize | number | 折叠后的面板大小 | 28 |
| collapsedContent | string, function | 设置面板折叠后需要显示的内容信息 | |
| hideCollapsedContent | boolean | 是否隐藏面板折叠后的指定内容信息 | true |
| hideExpandTool | boolean | 是否隐藏面板上的折叠按钮扩展工具栏 | false |

○ expandMode 属性

该属性是指单击折叠面板时候的展开模式，可用值有 float、dock 和 null。这 3 种模式的作用包括以下几点。

float：区域面板展开并浮动在顶部，当鼠标焦点离开面板时会自动隐藏。采用此模式时，必须先单击折叠一次面板，然后鼠标焦点离开时才会自动隐藏。

dock：区域面板展开并钉在面板上，在鼠标焦点离开面板时不会自动隐藏。

null：什么也不会发生。

○ collapsedSize 属性

该属性是指折叠后的面板大小。对于上、下两种面板来说，该值指的是折叠后的高度；对于左、右两种面板来说，该值指的是折叠后的宽度。

○ collapsedContent、hideCollapsedContent 属性

collapsedContent 用于指定面板折叠后需要显示的内容信息；hideCollapsedContent 则用于设置是否隐藏折叠后的指定内容信息，由于其默认值为 true，要显示相关内容的话，必须将其设置为 false。

例如，下面的代码中，未标粗的部分使用的都是 panel 中的属性，标粗的则是新增属性：

```
$('#l').layout('split','south');              //给下方的边缘面板增加分割线
$('#l').layout('panel','south').panel({       //对下方的边缘面板设置属性
    iconCls:'icon-add',        //添加面板图标
    title: '新标题',            //修改面板标题
    closable: true,            //增加面板关闭按钮
    content: '这是新内容',      //指定面板内容
    tools: [                   //指定面板工具栏
```

```
        {
            iconCls:'icon-remove',
            handler:function(){
                $('#1').layout('remove','east');
            },
        },
        {
            iconCls:'icon-edit',
            handler:function(){alert('这是编辑按钮')},
        },
    ],
    expandMode: 'float',          //指定面板展开方式
    collapsedSize: 28,            //指定折叠后的面板大小
    collapsedContent: '面板已经折叠，请点击此处展开',    //指定折叠后的面板显示内容
    hideCollapsedContent: false,                     //不要隐藏折叠后的指定内容
});
```

浏览器运行后，下方的边缘面板显示效果如图所示。

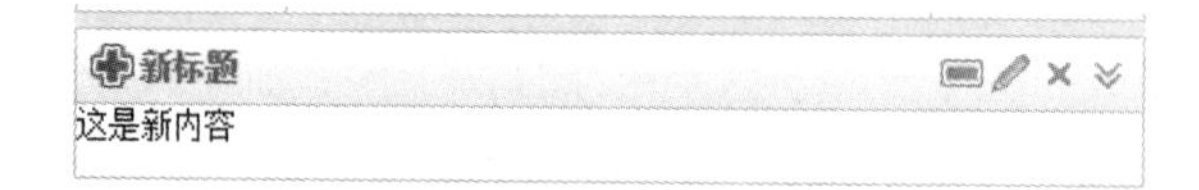


单击该面板的折叠按钮，则折叠后的效果如图所示。

上述代码中，如果没有使用 collapsedContent 属性重新指定内容，但同时又将 hideCollapsedContent 设置为 false，则面板折叠后自动以面板标题作为显示内容。

除了可以直接为 collapsedContent 属性设置字符串内容外，也可以通过函数指定返回一个 jQuery 对象，从而实现更加复杂的功能。例如：

```
$('#1').layout('split','west');              //在左侧边缘面板增加分割条
$('#1').layout('panel','west').panel({       //设置左侧边缘面板
    expandMode: null,                        //折叠展开方式为null
    hideCollapsedContent: false,             //不要隐藏折叠后的指定内容
    collapsedSize: 68,                       //折叠后的面板宽度为68
    collapsedContent: function(){            //通过函数指定折叠后的显示内容为jq对象
        return $('#titlebar');
    },
});
```

这个 jQuery 对象使用的选择器是 #titlebar，它在页面中对应的 DOM 元素代码如下：

```
<div id="titlebar" style="padding:2px">
    <a class="easyui-linkbutton" style="width:100%" data-options="iconCls:'layout-button-right'" onclick="$('#l').layout('expand','west'
    )">返回</a>
    <a class="easyui-linkbutton" style="width:100%" data-options="iconCls:'icon-large-picture',size:'large',iconAlign:'top'">图片</a>
    <a class="easyui-linkbutton" style="width:100%" data-options="iconCls:'icon-large-shapes',size:'large',iconAlign:'top'">外观</a>
    <a class="easyui-linkbutton" style="width:100%" data-options="iconCls:'icon-large-smartart',size:'large',iconAlign:'top'">素材</a>
    <a class="easyui-linkbutton" style="width:100%" data-options="iconCls:'icon-large-chart',size:'large',iconAlign:'top'">图表</a>
</div>
```

很显然，这个 id 为 titlebar 的 div 元素就是一组 linkbutton 按钮，关于该按钮组件，后面还将系统学习。

浏览器运行效果如图所示。

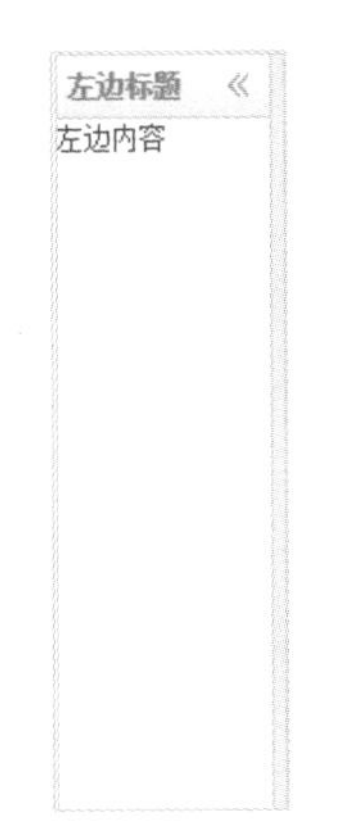


左侧面板未折叠时的效果

左侧面板折叠后的效果

由于我们已经在 id 为 titlebar 的 div 元素中，为第一个按钮设置了 onclick 事件，也就是单击后可以再次展开左侧面板，因此，该面板折叠后显示的“折叠按钮”图标就显得多余了，其位置如图所示。

如何处理？这就需要用到另外一个属性：hideExpandTool。

○ hideExpandTool 属性

该属性用于隐藏面板上的折叠按钮扩展工具栏。默认为 false，如要隐藏，只需设置为 true 即可，代码如下：

```
hideExpandTool: true,
```

- add 方法

该方法用于增加区域面板。具体用法和之前学习的 tabs、accordion 等组件增加面板的方法完全相同，可用的属性参数不仅包括 panel 中的所有属性，同时也包括上表所列出的全部扩展属性。例如：

```
$('#l').layout('remove','east');      //先删除右侧区域面板
$('#l').layout('add',{
    region: 'east',                   //添加面板指定为右侧
    title: '新增面板',                 //标题
    width: 80,                        //面板宽度
    collapsed: true,                  //默认折叠
    hideCollapsedContent: false,      //折叠后的面板内容不隐藏
});
```

上述代码中，由于将 hideCollapsedContent 属性值设置为 false，但同时又未设置 CollapsedContent 属性值，因此该面板折叠后会仍然显示面板标题。运行效果如图所示。

### ❸ 事件

布局方面的事件比较简单，只有 4 个，如下表所示。

| 事件名 | 事件参数 | 描述 |
| --- | --- | --- |
| onCollapse | region | 折叠区域面板时触发 |
| onExpand | region | 展开区域面板时触发 |
| onAdd | region | 新增区域面板时触发 |
| onRemove | region | 移除区域面板时触发 |

例如：

```
$('#l').layout({
    onAdd: function(region){
        alert('刚刚新增的区域面板是：' + region);
    }
});
```

# 第2章　基础工具类组件

本章的前 3 个组件（拖动、放置、改变大小）属于基础类组件，这些都是构建其他高级组件的基础，一般很少单独使用，学习初期可以先忽略；其他组件则属于工具类，它们不仅可以单独使用，而且使用频率还非常高。

## 2.1　draggable（拖动）

使用 draggable 组件可以创建能够拖动的元素。对于任何现有的元素，只要给其添加 draggable 的类属性就可以实现拖动了。为方便说明问题，同时也便于查看效果，我们在页面的头部预先设置了名称为 in 的 class 样式，主要是设置了 div 的宽、高、背景颜色和边框样式。代码如下：

```
.in{
    width:200px;
    height:150px;
    background:#fafafa;
    border:1px solid #ccc;
}
```

然后在 body 中创建一个可拖动的 div 元素。由于同一个元素可以使用多个 class 样式，因此直接将 in 和 easyui-draggable 写在一起，它们之间用空格隔开即可。代码如下：

```
<body>
    <div class="easyui-draggable in"></div>
</body>
```

浏览器运行时，只要将光标置于该 div 内，就会自动变为拖动样式，如图所示。

以上是直接创建一个可拖动元素的例子。对于现有的 DOM 元素，如何拖动？假如该页面中已经有了一个现成的面板，代码如下：

```
<body>
    <div class="easyui-panel" data-options="title:'这是面板',width: 200,height:150,"></div>
</body>
```

如何让这个面板实现拖动效果？是不是也可以简单地把 easyui-draggable 样式加上去？例如，将上面的 class 改为如下形式：

```
class="easyui-panel easyui-draggable"
```

运行后发现确实可以拖动了，但只能拖动面板的 body 部分，头部是拖动不了的。如图所示。

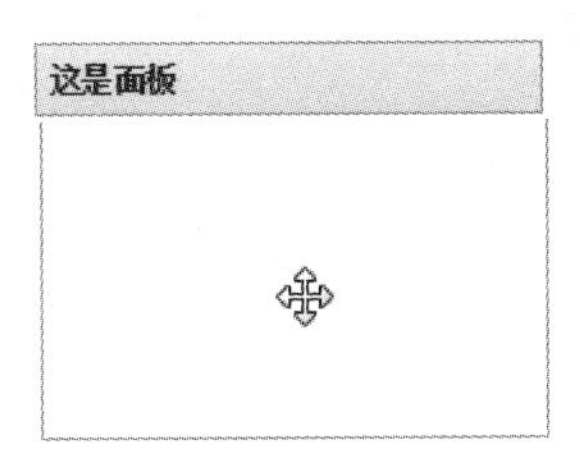


这就导致了身首分离的情况。很显然，这不是我们希望看到的。因此，完美的做法是，在面板的外面再包裹一个 div 元素，然后给它使用 draggable 拖动效果就可以了。代码如下：

```
<body>
    <div class="easyui-draggable">
        <div class="easyui-panel" data-options="title:'这是面板',width: 200,height:150,"></div>
    </div>
</body>
```

## 2.1.1 属性

| 属性名 | 值类型 | 描述 | 默认值 |
|---|---|---|---|
| cursor | string | 拖动时的指针样式，默认是 move，如上图中的效果 | move |
| axis | string | 可选值有 v 或 h，限定只能垂直或水平方向拖动 | null |
| edge | number | 设定在距离元素边距多宽的位置内可以拖动 | 0 |
| delay | number | 定义元素在多少毫秒后开始移动 | 100 |
| disabled | boolean | 设置为 true 时，则禁止拖动（也就是禁用拖动组件） | false |
| revert | boolean | 设置为 true 时，一旦停止拖动将返回起始位置 | false |
| proxy | string,function | 在拖动过程中所使用的代理元素 | null |
| deltaX | number | 被拖动元素相对于光标的位置 x，仅在使用代理时有效 | null |
| deltaY | number | 被拖动元素对对于光标的位置 y，仅在使用代理时有效 | null |
| handle | selector | 用来指定开始拖动的句柄 | null |

为方便讲解属性的作用，我们再将页面中的 body 代码做如下修改（在 div 中增加了一个 b 元素，同时引用 test.js 程序文件）：

```
<div id="drag" class="easyui-draggable in">
    <b>要拖动的div</b>
```

```
</div>
<script type="text/javascript" src="test.js"></script>
```

这个 body 中只有一个 div，它的 id 属性值是 drag，然后在 JS 程序代码中对该元素设置 draggable 属性。前面 6 个属性都很好理解，也非常简单，代码如下：

```
$('#drag').draggable({
    cursor: 'text',  //将拖动时的光标指针样式设置为文本
    axis: 'v',       //只能垂直方向拖动
    edge: 50,        //在距离元素边距50px的宽度内是不可以拖动的
    delay: 400,      //即使已经手工拖动也要等400毫秒后才有效果
    // disabled: true, //禁止拖动
    revert: true,    //允许停止拖动后回到原来位置
});
```

现在我们重点来学习后面 4 个属性。

### ❶ proxy 及 deltaX、deltaY 属性

proxy 属性用来指定在拖动元素的过程中所使用的代理元素，这个代理元素仅在拖动的过程中才可见。

它有两种设置方法。

一种是直接设置字符串 clone，也就是在拖动的时候，使用该元素的一个复制元素来作为替代元素。例如，我们在 JS 中增加如下代码：

```
proxy: 'clone',
```

那么，拖动过程中的效果如图所示。

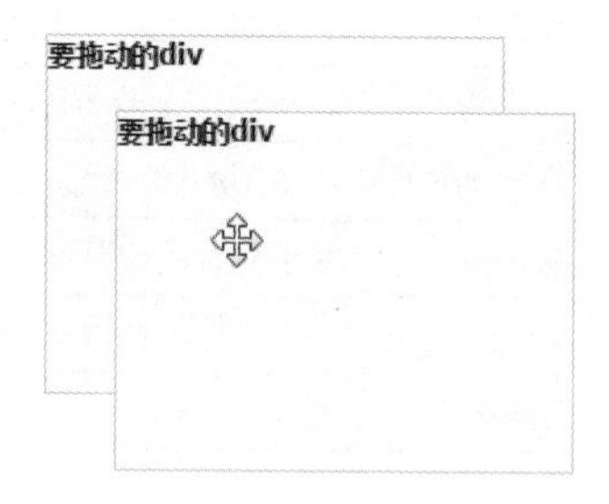


拖动光标所在位置的这个元素就是替代元素，一旦停止拖动，被拖动的元素将移到新位置，替代元素消失。

另一种方法是通过函数创建替代元素，这种方法更灵活，不像 clone 仅仅是复制原来的元素而已。

**注意**

函数必须有返回值，而且这个返回值只能是一个对象。

我们先在页面中为这个替代元素设置一个 class 样式：

```
.dp{
    border:1px solid #FB0404;
    width:200px;
    height:80px;
    opacity:0.5;        /*透明效果*/
    filter:alpha(opacity=50);
}
```

然后在设置替代元素时使用这个样式：

```
proxy: function(){
    var str = '<div class="dp">这是动态创建的代理元素</div>';
    var p = $(str);
    $('body').append(p);
    return p;
},
```

上述代码解析如下。

当用户拖动时，程序首先定义一个字符串变量 str，它的值实际上就是一段 HTML 代码（用 div 标签创建的区块，同时使用了刚刚设置的替代元素 class 样式 dp）；然后使用 $ 函数将这个字符串转为可操作的 jQuery 对象；接着再把这个对象添加到 body 中；最后再返回这个动态生成的 div，将其作为拖动时的替代元素予以显示。停止拖动时，该替代元素将自动从 body 中删除，用户看到的结果就是替代元素消失。

拖动过程中的运行效果如图所示。

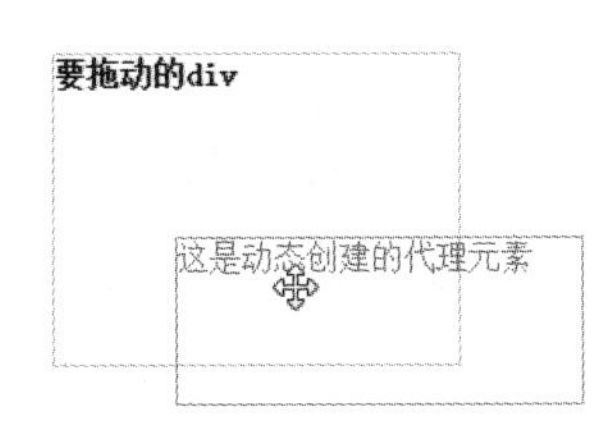


上述代码中的关键是将动态创建的 div 元素转为 jQuery 对象后添加到 body 中。如果少了这一步，页面的 body 中就不会包含这个 div，没有了这个 div 自然也就无法显示代理元素。

这里使用的是 append 方法进行添加的，appendTo 也可以起到同样的效果，代码如下：

```
p.appendTo('body');
```

除了可以动态添加 DOM 元素外，也可以动态添加样式。例如，上面的代码：

```
var str = '<div class="dp">这是动态创建的代理元素</div>';
var p = $(str);
```

也可以用 addClass 方法进行改写，效果是一样的，代码如下：

```
var str = '<div>这是动态创建的代理元素</div>';
var p = $(str).addClass('dp');
```

在通过函数创建拖动代理元素时，还可以传递一个参数 source，这个参数代表的就是被拖动的元素对象。假如我们希望在动态创建的代理元素中显示被拖动元素的内容，就可以用如下代码处理：

```
proxy: function(source){
    var str = '<div>这是动态创建的代理元素</div>';
    var p = $(str).addClass('dp');
    var sc = $(source).html();
    p.html(sc).appendTo('body');
    return p;
},
```

上述代码中最主要的是加粗的两行，这里用到了 html 方法。html 方法既可以获得指定元素的 HTML 代码，也可以重新设置指定元素的 HTML 代码。

$(source).html()：表示从被拖动的元素对象中获取 HTML 代码。这个被拖动的元素对象是 id 为 drag 的 div，其完整内容如图所示。

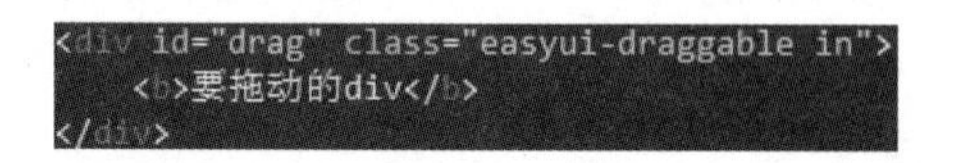


由于这个元素对象是用 div 双标签创建的，因此该元素所包含的 HTML 代码就只能是介于 <div> </div> 之间的部分，也就是这一行：<b> 要拖动的 div</b>。在获取该行字符串之后，再赋值给变量 sc。

p.html(sc).appendTo('body')：这行代码表示将 sc 变量的值，重新赋给 p 变量中所包含的 HTML 代码，也就是将原来的 HTML 代码替换掉，替换之后再添加到 body 中。

同样的道理，我们可以获知，变量 p 中原来所包含的 HTML 代码（元素内容）只有一行文本：这是动态创建的代理元素（这行文本将被替换掉）。

经过 p.html(sc) 处理之后，变量 p 所对应的完整 HTML 代码如下：

```
<div class="dp"><b>要拖动的div</b></div>
```

这样一来，拖动时动态生成的替代元素内容就替换成原来的内容了，如图所示。

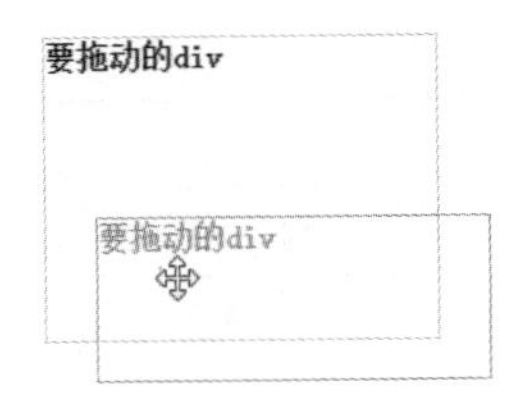


这段代码讲起来虽然有点绕，但它却是 jQuery 中很典型的 DOM 操作。

与 proxy 相关的还有两个属性：deltaX 和 deltaY，这两个属性用于指定在拖动过程中，光标位置与代理元素左上角的距离。代码如下：

```
deltaX: 20,
deltaY: 20,
```

运行效果如图所示。

很显然，拖动过程中，光标与代理元素左上角之间始终保持 20 的高宽距离。

### ❷ handle 属性

该属性用于指定拖动句柄，也就是说，光标点到哪个位置才能拖动。默认情况下，鼠标点到任何位置都是可以拖动的，如果指定了 handle，则只有点到指定的位置时才能拖动。

handle 的属性值为选择器，可以指定具体的 id、类名或标签名。例如，JS 中加入以下代码：

```
handle: 'b',
```

那么在运行之后，只有将光标放到 b 元素上才能拖动。

页面中只有一个 b 元素，就是“要拖动的 div”，那么，也就只有将光标放到这个文字上才可以拖动，其他所有位置全部无效。

## 2.1.2 方法

| 方法名 | 参数 | 描述 |
|---|---|---|
| options | none | 返回属性对象 |
| proxy | none | 如果设置了代理属性，则返回该拖动代理元素 |

续表

| 方法名 | 参数 | 描述 |
| --- | --- | --- |
| enable | none | 允许拖动 |
| disable | none | 禁止拖动 |

其中，proxy 方法只有在开始拖动及拖动的过程中才能有正确的返回值。

## 2.1.3　事件

| 事件名 | 参数 | 描述 |
| --- | --- | --- |
| onBeforeDrag | e | 在拖动之前触发，返回 false 将取消拖动 |
| onStartDrag | e | 在目标对象开始被拖动时触发 |
| onDrag | e | 在拖动过程中触发，当不能再拖动时返回 false |
| onEndDrag | e | 拖到结束时触发，触发在 onStopDrag 之前 |
| onStopDrag | e | 在拖动停止时触发 |

例如，以下事件代码，在开始拖动时将光标改为“not-allowed”形状，并同时给代理元素使用 dp 样式；停止拖动时将光标样式改为“auto”：

```
onStartDrag:function(){
     $(this).draggable('options').cursor='not-allowed';
     $(this).draggable('proxy').addClass('dp');
},
onStopDrag:function(){
     $(this).draggable('options').cursor='auto';
},
onDrag: function (e) {
     var obj = $(this).draggable('proxy');
     console.log(obj.html());
     console.log(e);
},
```

这里的 $(this) 表示被拖动的元素对象，也可以写成 $('#drag')。

由于拖动时将不断触发 onDrag 事件，因此这里使用 console.log 输出信息。以 qq 浏览器为例，点右键执行“检查”，可查看 console 输出结果，如图所示。

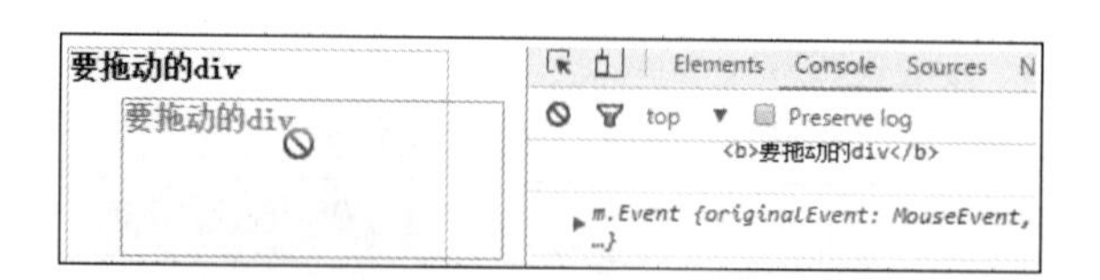

由上图可以看出，代理元素对象的内容可以正常获取并输出，同时也知道事件中的 e 参数就是 event 事件对象。在控制台单击展开，可以查看到该对象包含的所有信息。有了这个 e 参数之后，就可以完成更多的功能。例如，下面的代码，就限定横向或垂直拖动时，每次拖动的距离只能是 20 个像素：

```
onDrag: function(e){
    var d = e.data;
    d.left = repair(d.left);
    d.top = repair(d.top);
    function repair(v){
        var r = parseInt(v/20)*20;
        if (Math.abs(v % 20) > 10){
            r += v > 0 ? 20 : -20;
        }
        return r;
    }
},
```

这个事件代码中，设置了一个自定义函数 repair，用于返回指定的 left 和 top 值。这里用到的都是 JS 中的函数和运算符，如：parseInt 用于取整，abs 用于取绝对值，v%20 表示求余数，?: 表示三元运算符。

再比如，如果限定只能在指定的父容器中拖动，则代码如下：

```
onDrag: function (e){
    var d = e.data;
    if (d.left < 0){d.left = 0};
    if (d.top < 0){d.top = 0};
    if (d.left + $(d.target).outerWidth() > $(d.parent).width()){
        d.left = $(d.parent).width() - $(d.target).outerWidth();
    };
    if (d.top + $(d.target).outerHeight() > $(d.parent).height()){
        d.top = $(d.parent).height() - $(d.target).outerHeight();
    };
},
```

其中，$(d.target) 用于返回事件的目标节点对象；$(d.parent) 用于返回事件节点的父级对象；width、outerWidth、height、outerHeight 等都是 jQuery 获取 DOM 元素对象宽度、高度的方法。

采用这种方式限制拖动范围时，父容器必须设置为相对定位。代码如下：

```
<div class="out">
    <div id="drag" class="easyui-draggable in">
        <b>要拖动的div</b>
    </div>
</div>
```

父容器所对应的 out 样式代码如下：

```
.out{
    width:800px;
    height:500px;
    background:#CEDCFD;
    position:relative;
}
```

## 2.2 droppable（放置）

放置组件是和拖动组件相对应的，它可以将拖放的组件放置在当前容器中。

### 2.2.1 放置组件的属性、方法和事件

#### ❶ 属性

| 属性名 | 值类型 | 描述 | 默认值 |
| --- | --- | --- | --- |
| accept | selector | 确定哪些可拖动元素将被接受；未指定时都可以接受 | null |
| disabled | boolean | 如果为 true，则禁止放置 | false |

#### ❷ 方法

| 方法名 | 方法参数 | 描述 |
| --- | --- | --- |
| options | none | 返回属性对象 |
| enable | none | 启用放置功能 |
| disable | none | 禁用放置功能 |

#### ❸ 事件

| 事件名 | 事件参数 | 描述 |
| --- | --- | --- |
| onDragEnter | e,source | 在被拖拽元素到放置区内的时候触发 |
| onDragOver | e,source | 在被拖拽元素经过放置区的时候触发 |
| onDragLeave | e,source | 在被拖拽元素离开放置区的时候触发 |
| onDrop | e,source | 在被拖拽元素放入到放置区的时候触发 |

其中，e 表示事件对象，source 表示被拖拽的标签元素。

### 2.2.2 综合实例

虽然放置组件的属性、方法和事件都不多，但它是需要和拖动组件配合使用的，因此我们就用一个具

体的实例来详细讲解它们的用法。

首先，我们需要在页面中分别创建拖动和放置两个 div 区块，代码如下：

```
<div id="source" class="out" style="width:72px;">
    <div class="title">选择项</div>
    <div class="dragitem">苹果</div>
    <div class="dragitem">香蕉</div>
    <div class="dragitem">桔子</div>
    <div class="dragitem">菠萝</div>
</div>
<div class="easyui-droppable out" style="width:220px;height: 326px;">
</div>
```

其中，id 为 source 的区块是拖动区，这里又有 5 个 div 子元素：第 1 个是标题，其他 4 个都是供用户选择拖动的。div 父元素使用了类名为 out 的样式，由于这个 out 样式同时也用于放置区，就没有指定宽度，因此这里又加了 style 属性用于指定拖动区的宽度为 72px；div 子元素中，标题使用的样式类名为 title，其他 4 个拖动项都用了同一个样式 dragitem。

放置区只有一个 div，里面没有包含任何内容。因为它是用来接受拖动过来的元素的，所以不需要内容。放置区使用的样式有两个：easyui-droppable 和 out，另外又用 style 属性指定了放置区的宽度和高度。

各个 class 样式代码如下：

```
.out{      /*拖动区与放置区的外围样式*/
    float:left;
    margin:20px;
    border:1px solid #ccc;
}
.title{     /*拖动区的标题样式*/
    margin: 10px;
}
.dragitem{        /*拖动元素样式*/
    border:1px solid #ccc;
    width:50px;
    height:50px;
    line-height: 50px;
    text-align: center;
    background: #DEDCDC;
    float:left;  /*方便拖到放置区顺序排列*/
    margin: 10px;
}
```

由于 easyui-droppable 样式是放置组件自带的，因此这里无需再为此样式做出声明。

浏览器运行效果如图所示。

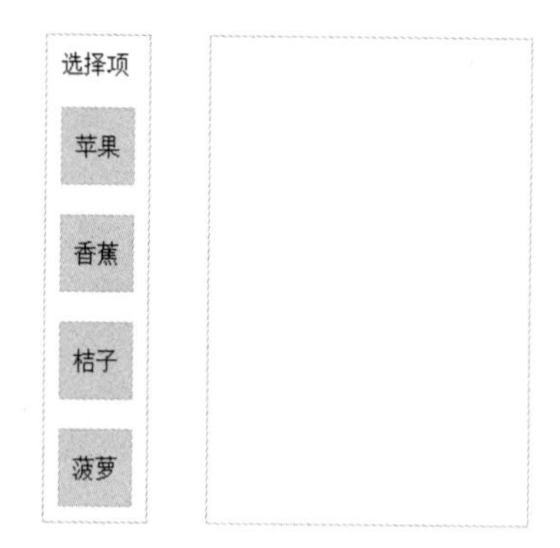


这个示例要实现的效果是，可以从左边拖拽任意的选择项到右边的放置区，已经拖到放置区的元素还可以再拖回来。现在我们开始编写拖动与放置的 JS 程序代码。

### ❶ 拖动代码

关于拖动组件在之前的章节中已经讲得非常详细，这里的代码就尽量精简一些。代码如下：

```
$('.dragitem').draggable({
     revert:true,      //必须设置为true，否则拖到任意位置都会停下来
     proxy:'clone',
});
```

有两点需要注意。

第一点，要搞清楚拖动对象是什么。这里的拖动对象是用 class 类名选择器来指定的。在页面代码中，类名为 dragitem 的只有 4 个带有水果名称的 div 元素，因此，也就只有这 4 个水果项可以拖动。如果将对象指定为 $('.title,.dragitem')，则连标题都能拖动；如果在选择器里再加上 #source，则整个选择区都能作为一个整体被拖动了！

第二点，revert 属性一定要设置为 true，否则，每个选择项都能拖放到屏幕的任何一个地方，那岂不乱套了？！

### ❷ 放置代码

放置区由于没有设置 id 属性，因此不能使用 id 选择器来指定。那么，如果用类名指定呢？

放置区使用的 class 样式类名有两个：easyui-droppable 和 out，由于这里的 out 类名同时也用在了拖放区，如果用 out 的话，将会把拖放、放置两个区块都选择了，因此只能用 easyui-droppable 类名来指定。

我们先来做个简单一点的事件代码，具体如下：

```
$('.easyui-droppable').droppable({
    accept: '.dragitem',
    onDragEnter:function(e,source){
        $(this).html('已经拖进来了！');
    },
    onDragLeave:function(e,source){
        $(this).html('已经离开了！');
    },
    onDrop:function(e,source){
        $(this).html('[' + $(source).text() + '] 已被选择！');
    },
});
```

上述代码中，首先用 accept 属性指定哪些元素可以被放置。由于这里仅限定了 class 类名为 dragitem 的元素，因此，即使标题等其他元素可以被拖动，但到了这里却无法放置。

接着设置了 3 个事件代码：当拖动元素进入放置区时，当前的这个放置区仅用一行字“已经拖进来了”来代替原有的 HTML 代码。如图所示。

此时，如果按住拖动元素不放，再移出放置区时，又会触发移出事件，显示“已经离开了”；如果将拖动元素拉进放置区并松开鼠标，则触发放入事件。效果如图所示。

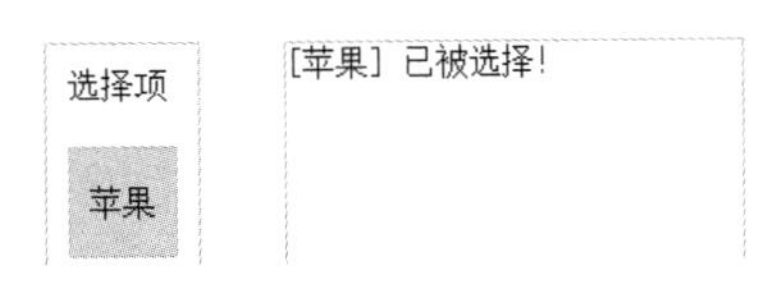


当然，以上代码还比较简陋，仅仅只是演示了最常用的 3 个事件的功能。现在我们对它做进一步的完善，代码如下：

```
$('.easyui-droppable').droppable({
    accept: '.dragitem',
    onDragEnter:function(e,source){
        $(this).addClass('over');
        $(source).draggable('proxy').addClass('assigned');
    },
    onDragLeave:function(e,source){
        $(this).removeClass('over');
        $(source).draggable('proxy').removeClass('assigned');
    },
    onDrop:function(e,source){
```

```
            $(this).removeClass('over');
            $(this).append($(source).addClass('assigned'));
        },
    });
```

上述代码的意思是：当被拖动的元素进入当前放置区时，给放置区元素添加一个名称为 over 的 class 样式，同时对被拖动的代理元素添加名称为 assigned 的 class 样式。这两个样式的代码如下：

```
    .over{              /*拖拽进放置区的背景样式*/
        background:#FBEC88;
    }
    .assigned{          /*进入或放置完成后的元素样式*/
        border:1px solid #BC2A4D;
    }
```

使用以上代码，被拖拽元素进入放置区时的运行效果如图所示。

很显然，over 样式就是给放置区的元素加了黄色背景，assigned 样式是给被拖拽的元素加了红色边框，这样的界面就比刚开始时的代码效果友好了很多；同样的，当离开放置区时，添加的这两个样式又被移除，恢复成原来的样子；完成放置时，放置区的元素背景复原，但放置进来的元素仍被添加了 assigned 样式（也就是加了红色边框）。

把 3 个选择项陆续拖拽进入放置区之后的效果如图所示。

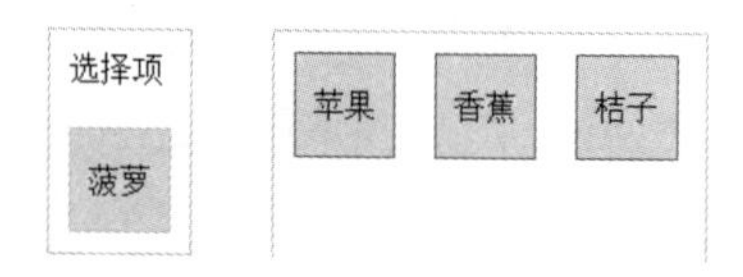


以上这种方法，拖拽一个元素，选择区就会少一个。如果希望选择区的元素始终保持不变，而且同一个元素可以多次放置，怎么处理？

这个其实也不复杂，只要放置时做一下复制就可以了。onDrop 事件代码如下：

```
    onDrop:function(e,source){
        $(this).removeClass('over');
        if (!$(source).hasClass('assigned')){
            var c = $(source).clone().addClass('assigned');
            $(this).append(c);
            c.draggable({
```

```
                revert:true,
                proxy:'clone',
            });
        }
    },
```

以上代码在添加被拖动的元素时首先进行判断：该元素是否具有 assigned 样式。如果该元素没有 assigned 样式，就先用 clone 方法复制一个，然后对这个复制后的元素添加样式，样式添加完毕后再追加到当前的放置元素中。由于追加到放置元素中的这个对象是复制过来的，它并不具备原来 source 的拖动功能，为了方便后期将放置过来的元素再拖动出去，可以接着将 draggable 的组件功能应用在它身上，使这个已经被添加到放置组件中的复制元素同样具有拖动效果。

浏览器运行效果如图所示。

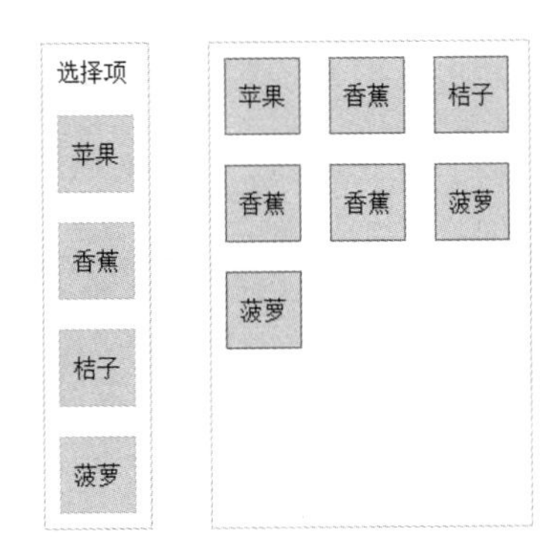


很显然，由于放置进去的元素都是采用 clone 方式生成的，因此，左边的选择项元素始终保持不变，而右边的放置区可以随意拖动进去多个元素。在拖动放置时，可能还会碰到以下多种情况。

- 怎样保证放置过去的元素不重复？

如上图，放置进去的“香蕉”“菠萝”都出现了重复。如果想控制每个选择项只能放置进去一次，可以在 append 之前，加入判断。代码如下：

```
var t = $(this).find(":contains('"+ c.text() +"')");
if (t.length==0) {
    $(this).append(c);
    c.draggable({
        revert:true,
        proxy:'clone',
    });
}
```

这里先是在放置区查找有没有包含被拖动元素文本内容的元素。如果查找到的元素长度为 0，表示不存在要查找的元素，这时就可以使用 append 添加；否则就不添加。

但这种处理方法是有问题的。jQuery 中关于元素内容匹配方面的选择器只有 contains、empty、has 等几种，并没有精确的内容匹配选择器。假如，被拖动元素的内容有“苹果”和“红富士苹果”，那么按以上代码，在“苹果”添加成功之后，“红富士苹果”就无法拖入了，这是因为 contains 对文本内容的判断依据为是否包含。

要解决这个问题，需将上述代码再作如下修改：

```
var t = $(this).find(":contains('"+c.text()+"')");
var mark = (t.length == 0);
if (t.length) {
    $.each(t,function(){
        if ($(this).text() == c.text()) { //这里的this是指t中循环到的DOM元素
            mark = false
        }else{
            mark = true
        }
    });
}
if (mark) {
    $(this).append(c);
    c.draggable({
            revert:true,
            proxy:'clone',
    });
}
```

重点在加粗的部分代码，这里先声明了变量 mark，用于记录是否添加元素的布尔值。初始先根据查找结果进行赋值，如果放置区没有包含被拖动元素的文本内容，其值为 true；否则为 false。当包含的时候（t.length 的值大于 0），再对查找结果进行循环比较。如果循环到的文本内容和被拖动的文本内容完全一致，mark 为 false；否则为 true。最后再根据 mark 的值决定是否添加。

- 怎样实现覆盖式的元素放置？

如果想将新拖入的元素始终覆盖原有元素，可在 append 之前先做一个清空处理。代码如下：

```
$(this).empty().append(c);
```

这样的话，就可以参考拖动区的处理方式，将这一个大的放置区通过多个 div 子元素重新生成一个个独立的小的放置区，每个放置区都采用覆盖方式添加，就会很容易实现类似于“课程表”这样的排课功能。

**❸ 取消放置代码**

对于已经添加到放置区的元素，也可以将不需要的部分再拖出去。怎么拖？一样简单，在“拖动区”同时加上“放置”功能就可以了。代码如下：

```
$('#source').droppable({
    accept:'.assigned',
    onDragEnter:function(e,source){
        $(this).addClass('over');
    },
    onDragLeave:function(e,source){
        $(this).removeClass('over');
    },
    onDrop:function(e,source){
        $(this).removeClass('over');
        $(source).remove();
    }
});
```

请注意，以上代码并不是将原来以 class 类名为 dragitem 的多个 div 选择项作为放置区的，而是以包裹它们的父元素 div（id 名称为 source）作为放置区域。这个放置区域只接受 class 类名为 assigned 的元素，也就是已经被选择并放置到右侧区域的元素。放置过来时，同样设置了触发的 3 个事件代码。我们先来看一下浏览器运行效果图。

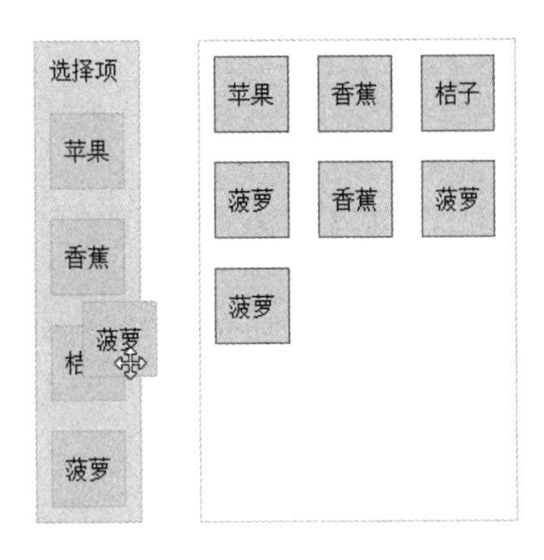


上图中处于拖动状态的“菠萝”元素是从右侧的放置区拖过来的，当把它拖进左侧的放置区时，左侧自动加上 over 样式，也就是背景变为黄色；一旦松开拖动鼠标，将执行 onDrop 事件，该事件并没有对拖动的元素进行复制，而是直接执行了 remove 删除操作。这样一来，右侧区域就没有了这个被拖放出来的元素，而左侧区域也没追加这个元素，因此选择项没有任何变化。这就相当于把已经放置的元素又给拖动回去了。

## 2.3 resizable（调整大小）

调整大小组件很少独立使用，它一般是作为其他组件的基础组件来应用的。

比如，之前学习的 layout 组件，就是基于 panel 和 resizable 的，当对布局中的某个区域面板进行大小调整操作时，即可触发该面板所对应的 onResize 事件。而且，布局中的面板属性还做了很多扩充，基本涵盖了 resizable 组件中的各种常用属性。

例如，以下页面代码中只有一个 div，但给它同时设置了 3 种 easyui 中的样式，使它同时具备了面板、大小调整及拖动效果：

```
<div class="easyui-panel easyui-resizable easyui-draggable">
    随便的拖拽或者改变我的大小吧!
</div>
```

然后直接在页面中设置 panel 和 resizable 两个组件样式的 JS 程序代码（因为实在太简单，没必要再单独建立另外的 JS 文件了）：

```
<script type="text/javascript">
    $('.easyui-panel').panel({
        noheader: true,
        width: 200,
        height: 200
    });
    $('.easyui-resizable').resizable({
        minWidth:100,
        minHeight:100,
        onResize: function () {
            console.log('当前宽度: '+$(this).width()+' 高度'+$(this).height());
        }
    });
</script>
```

浏览器运行效果如图所示。

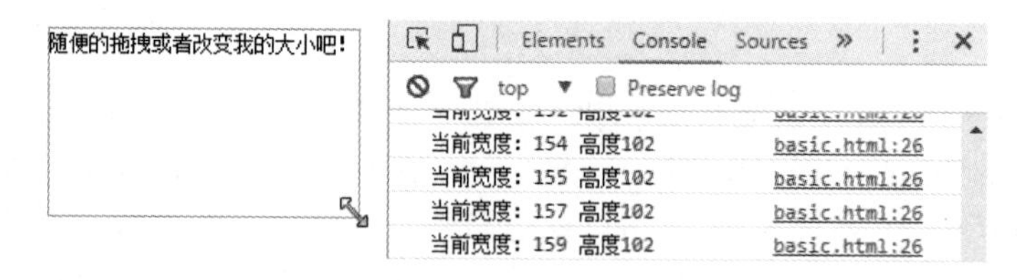


以下就是 resizable 组件的全部属性、方法和事件。

## 2.3.1　属性

| 属性名 | 值类型 | 描述 | 默认值 |
| --- | --- | --- | --- |
| disabled | boolean | 如果为 true，则禁用大小调整 | false |

续表

| 属性名 | 值类型 | 描述 | 默认值 |
| --- | --- | --- | --- |
| handles | string | 调整方位，如：n= 北、s= 南、w= 西、e= 东 | n,e,s,w,ne,se,sw,nw,all |
| minWidth | number | 调整大小时的最小宽度 | 10 |
| minHeight | number | 调整大小时的最小高度 | 10 |
| maxWidth | number | 调整大小时的最大宽度 | 10000 |
| maxHeight | number | 调整大小时的最大高度 | 10000 |
| edge | number | 允许拖动改变大小的边框边缘厚度 | 5 |

### 2.3.2 方法

| 方法名 | 参数 | 描述 |
| --- | --- | --- |
| options | none | 返回调整大小的属性对象 |
| enable | none | 启用调整大小功能 |
| disable | none | 禁用调整大小功能 |

### 2.3.3 事件

| 事件名 | 参数 | 描述 |
| --- | --- | --- |
| onStartResize | e | 在开始改变大小的时候触发 |
| onResize | e | 在调整大小期间触发。当返回 false 的时候，不会实际改变元素大小 |
| onStopResize | e | 在停止改变大小的时候触发 |

## 2.4 window（窗口）

窗口是指可以浮动于页面之上，并能对其进行拖拽移动或展开折叠的应用程序操作面板。其本质虽然仍是 panel 面板，但又同时具备 draggable、resizable 等其他基础组件的功能。

基于 panel，窗口具备了头部标题及折叠、最大化、最小化、关闭等功能。

基于 draggable，窗口具备了拖动功能。

基于 resizable，窗口具备了可改变大小的功能。

例如，以下简单的一行代码，无需使用任何的 JS 程序设置，即可自动生成一个窗口，并同时具备了上述的各种功能：

```
<div id="w" class="easyui-window" title="我的窗口"></div>
```

运行效果如图所示。

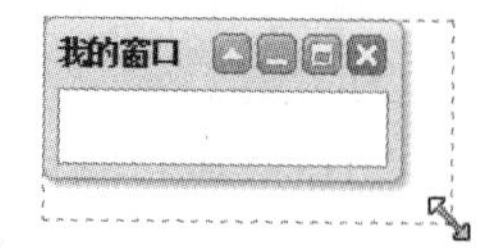


## 2.4.1 属性

窗口具备 panel（面板）的全部属性。以下是新增或重新定义的属性。

| 属性名 | 值类型 | 描述 | 默认值 |
|---|---|---|---|
| draggable | boolean | 是否允许拖拽窗口 | true |
| resizable | boolean | 是否允许改变窗口大小 | true |
| shadow | boolean | 是否给窗口增加显示阴影 | true |
| border | boolean,string | 是否显示边框，该属性也可以定义边框样式 | true |
| modal | boolean | 是否为模式窗口 | true |
| inline | boolean | 是否将窗口显示在父容器中 | false |
| constrain | boolean | 是否限制窗体的显示位置 | false |
| zIndex | number | 窗口在页面元素中的层叠顺序，数值越大，越靠上层 | 9000 |

例如，以下代码中，除了最后一个是使用新增加的属性外，其他都是沿用 panel 中的属性：

```
$('#w').window({
    title: '我的窗口',
    width:200,
    height:100,
    collapsible:false,
    minimizable:false,
    maximizable:false,
    closable:true,
    resizable: false,
});
```

运行效果如图所示（只有一个关闭按钮，且在运行后不能改变大小）。

部分属性重点说明如下。

### ❶ border 属性

此属性继承自 panel。但 panel 面板中的 border 属性值只有两个：true 为显示边框，false 为隐藏边框。沿用到 window 后，此属性做了增强，不仅可以显示或隐藏边框，还可以改变边框的样式。可用值有 true、false、thin、thick。其中，前两个值是 boolean 数据类型，后两个值是 string 类型。

默认情况下，window 的边框是可见的，样式为 thick。如增加设置代码如下：

```
border:'thin',
```

运行效果如图所示。

### ❷ modal 属性

该属性用于设置是否为模式窗口。模式窗口状态下，将无法操作页面其他内容，除非将窗口关闭。

### ❸ inline 属性

该属性用于设置是否将窗口显示在父容器中。

默认情况下，窗口是浮动显示在所有的页面元素上面的。即使这个窗口隶属于其他元素，仍然正常浮动。代码如下：

```
<div id="p" class="easyui-panel" title="这是父面板容器" style="width:300px;height:200px">
    <div id="w" class="easyui-window"></div>
</div>
```

窗口组件对应的是 id 为 w 的 div 元素，它外面又包裹了 id 为 p 的面板元素。尽管 w 是 p 的父容器，但在浏览器运行时，窗口依然可以浮动于面板之外，运行效果如图所示。

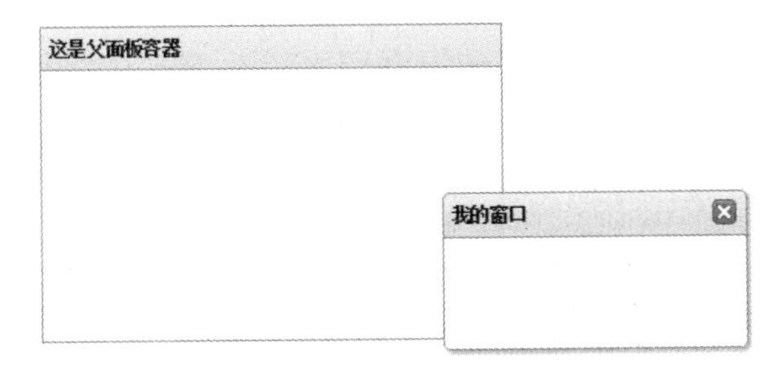


如果将窗口的 inline 属性设置为 true，则窗口就会显示在父容器中。

### ❹ constrain 属性

对于有父容器的窗口，尽管可以通过 inline 将它显示在父容器中，但这仅仅只是初始状态下的。如果该窗口允许拖动，照样可以拉到父容器之外。如果要限制窗口只能在父容器中显示，还需要做以下两步事情。

第一，在父容器中设置相对定位。窗口之所以能够浮动，是因为默认采用了绝对定位方式。如果要将它固定显示在父容器中，必须在父容器添加 style 样式，代码如下：

```
position:relative;
```

第二，将窗口的 constrain 属性设置为 true。

以上两步做完之后，在浏览器中运行，这个窗口就怎么也无法“逃离”父容器了。运行效果如图所示。

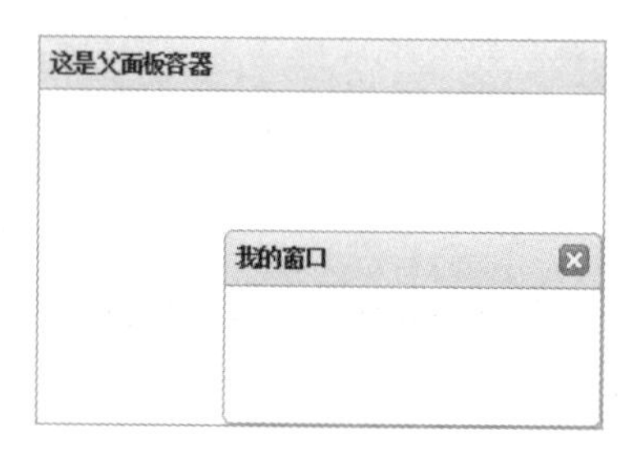


事实上，即使没有父容器，将 constrain 属性设置为 true 也有其他意想不到的好处。默认情况下，用鼠标按住窗口头部是可以将其拖拽到屏幕的任何地方的。假如，我们将窗口的头部拖拽到了不可见区域（如下图所示，窗口的头部完全被浏览器的收藏栏或者菜单遮挡住了），当松开鼠标时，窗口便会停留在拖动到的位置。如图所示。

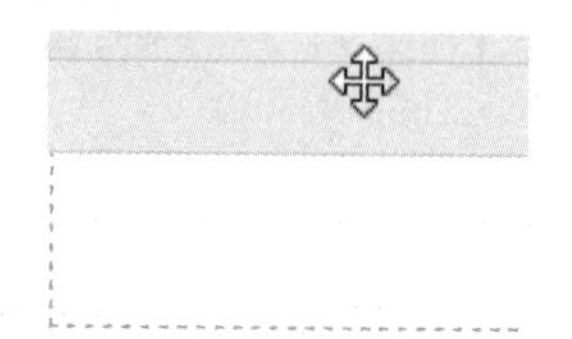

此时，窗口头部已经完全被遮挡了，就没有办法通过手工方式将它拖拽回来。当 constrain 属性设置为 true 时，就会避免因窗口被拖拽到区域之外而导致无法被拖回的情况。

## 2.4.2 方法

窗口的方法扩展自 panel（面板）。下表列出了窗口新增的方法。

| 方法名 | 方法参数 | 描述 |
|---|---|---|
| window | none | 返回窗口对象 |
| hcenter | none | 仅水平居中窗口 |

续表

| 方法名 | 方法参数 | 描述 |
| --- | --- | --- |
| vcenter | none | 仅垂直居中窗口 |
| center | none | 将窗口绝对居中 |

例如，以下代码输出了当前窗口的 window 对象、body 对象及 resizable 的参数值：

```
console.log($('#w').window('window'));
console.log($('#w').window('body'));                //body是panel中的方法
console.log($('#w').window('options').resizable);   //options是panel中的方法
```

### 2.4.3 事件

窗口的事件完整继承自 panel（面板），不再赘述。

## 2.5 dialog（对话框）

对话框扩展自窗口，它实际上就是在窗口的基础上做了一些定制而已。

这些定制表现在两个方面。

第一，窗口左上角默认只保留了一个关闭按钮，且不允许改变窗口大小。如需显示最大化、最小化、折叠等其他按钮，或者允许改变大小，可通过 window 继承的 panle 面板相关属性进行设置。

第二，可在窗口顶部增加工具栏，在窗口底部增加按钮栏。

该组件新增的属性、方法及事件如下。

### 2.5.1 属性

从属性上说，对话框组件只是比窗口增加了两个，window 的新增属性以及继承自 panel 的所有属性在对话框组件中仍可正常使用。以下是两个新增属性。

#### ❶ toolbar 属性

该属性用于设置对话框窗口的顶部工具栏，属性值可以是数组，也可以是选择器。

例如，页面中仅有以下代码：

```
<div id="d" class="easyui-dialog"></div>
<script type="text/javascript" src="test.js"></script>
```

然后在 JS 中设置，代码如下：

```
$('#d').dialog({
    title:'我的对话框',
    width: 300,
    height:150,
    toolbar: [{
        text:'增加',
        iconCls:'icon-add',
        handler:function(){alert('这是增加按钮')},
    },'-',{
        text:'保存',
        iconCls:'icon-save',
        handler:function(){alert('这是保存按钮')},
    }],
});
```

以上代码中，前 3 个属性都是继承自面板的，只有 toolbar 才是对话框的新增属性，这里的值是数组形式。其中，'–' 表示在工具栏中增加一个分割符。运行效果如图所示。

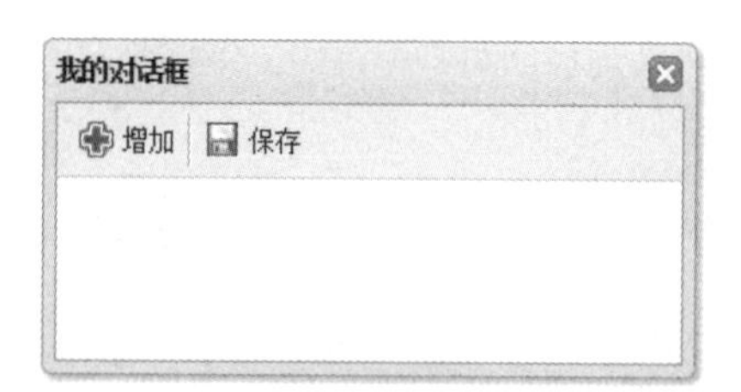


如果在页面中事先定义好了工具栏，也可以使用选择器。例如，在页面中增加以下代码：

```
<div id="tb">
    <a class="easyui-linkbutton" data-options="iconCls:'icon-add',plain:true">增加</a>
    <a class="easyui-linkbutton" data-options="iconCls:'icon-save',plain:true">保存</a>
</div>
```

然后将 JS 程序中 toolbar 的值设置为选择器即可，代码如下：

```
toolbar:'#tb',
```

很显然，以数组的方式定义工具栏要比选择器方式更方便，也更灵活（可以设置按钮之间的分隔条）。

虽然，在指定的选择器 DOM 元素中，可以使用 <div class="dialog-tool-separator"></div> 来添加分隔条，但还需要对其他的两个标签元素进行样式上的调整，否则该分隔条并不会自动显示在两个按钮之间。既然这么麻烦，不如直接使用数组方式好了！

### ❷ buttons 属性

该属性用于设置对话框窗口的底部按钮栏。和 toolbar 一样，它的值也有数组、选择器两种形式。以下是数组方式的示例：

```
buttons: [{
      text:'确定',
      iconCls:'icon-ok',
      handler:function(){alert('这是确定按钮');}
},{
      text:'取消',
      iconCls:'icon-cancel',
      handler:function(){alert('这是取消按钮');}
}],
```

运行效果如图所示。

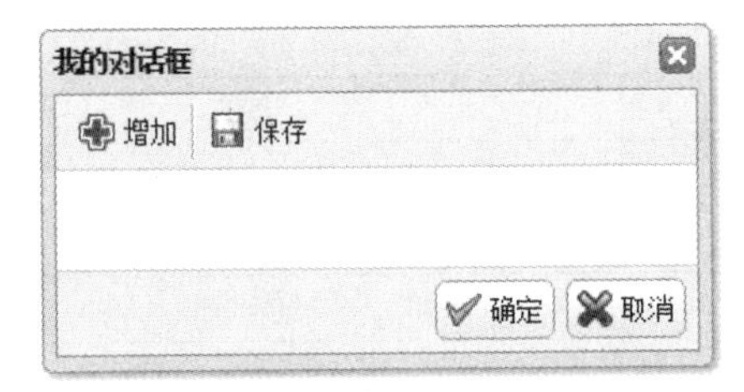


以选择器方式设置按钮栏的方法与 toolbar 属性相同。

**注意**

panel 面板本身也有个 tools 属性可以用于设置工具栏，但它只能显示在面板的头部，且采取选择器方式定义时只能使用图标按钮；而对话框中的工具栏和按钮栏都是显示在面板的 body 中，一个在 body 的顶部，一个在 body 的底部，采用选择器方式定义时可以使用 linkbutton 按钮，可实现的功能更多、功能更强。

## 2.5.2 方法

对话框窗口的方法扩展自 window（窗口），window 的新增方法以及继承自 panel 的所有方法在对话框组件中都可正常使用。

本组件的新增方法只有一个 dialog，用于返回对话框窗口对象。

## 2.5.3 事件

对话框窗口事件完全继承自 window（窗口），而 window 又完全继承自 panel（面板），因此，panel

中的所有事件在对话框中同样可以触发。

## 2.6　progressbar（进度条）

进度条用于显示操作进度，让用户知道当前的操作进展。

例如，下面的一行页面代码即可实现进度条效果：

```
<div id="p" class="easyui-progressbar"></div>
```

请注意，div 元素中不要添加任何内容，即使添加也不会输出。运行效果如图所示。

0%

### 2.6.1　属性

| 属性名 | 值类型 | 描述 | 默认值 |
| --- | --- | --- | --- |
| width | string | 进度条宽度 | auto |
| height | number | 进度条高度 | 22 |
| value | number | 进度值 | 0 |
| text | string | 显示的进度值模板 | {value}% |

例如，我们对指定的元素对象设置以下属性值：

```
$('#p').progressbar({
    width: 300,
    height: 30,
    value:70,
    text:'当前进度：{value}%'
});
```

运行效果图如下所示。

当前进度：70%

### 2.6.2　方法

| 方法名 | 方法参数 | 描述 |
| --- | --- | --- |
| options | none | 返回属性对象 |
| resize | width | 刷新或重新设置进度条的宽度 |

续表

| 方法名 | 方法参数 | 描述 |
|---|---|---|
| getValue | none | 返回当前进度值 |
| setValue | value | 设置新的进度值 |

例如，我们在JS程序中定义了一个函数，代码如下：

```
function start(){
    var v = $('#p').progressbar('getValue');
    if (v < 100){
        v += 1;
        $('#p').progressbar('setValue', v);
        setTimeout(arguments.callee, 50);   //rguments.callee相当于start()
    }
};
```

然后在页面代码中添加一个按钮标签元素，代码如下：

```
<button style="margin-top: 20px" onclick="start()">点击此处试试</button>
```

在这里设置了onclick属性，单击时将执行上面的start函数。

浏览器运行时，单击此按钮，进度条中的数值将顺序加1，直到100结束。

## 2.6.3 事件

进度条组件可触发的事件只有一个onChange。

该事件在进度值更改的时候触发，它有两个事件参数：newValue、oldValue。当只使用一个参数时，返回的是newValue。例如下面的事件代码：

```
onChange: function (v1,v2) {
    alert(v1 + ',' +v2);
}
```

当使用setValue方法设置新的进度值时，将触发上述事件，代码如下：

```
$('#p').progressbar('setValue',99);
```

这时页面将弹出信息，将新、旧两个值同时输出。

## 2.7 slider（滑动条）

滑动条允许用户从一个有限的范围内选择一个数值。当滑块控件沿着轨道移动的时候，将会显示一个提示来表示当前值。用户可以通过设置其属性自定义滑块。

例如，下面的一行页面代码即可实现滑动条效果：

```
<div id="s" class="easyui-slider"></div>
```

和 progressbar 一样，div 元素中不要添加任何内容，即使添加也不会输出。运行效果如图所示。

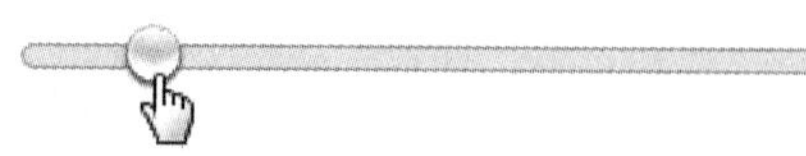

### 2.7.1 属性

| 属性名 | 属性类型 | 描述 | 默认值 |
|---|---|---|---|
| mode | string | 滚动条类型。可用值有 h（水平）、v（垂直） | h |
| width | number | 滑动条宽度，仅在 mode 为 h 时有效 | auto |
| height | number | 滑动条高度，仅在 mode 为 v 时有效 | auto |
| showTip | boolean | 是否显示值信息提示 | false |
| min | number | 允许的最小值 | 0 |
| max | number | 允许的最大值 | 100 |
| step | number | 滑动步长 | 1 |
| reversed | boolean | 是否对调最小值和最大值的位置 | false |
| value | number | 默认值 | 0 |
| range | boolean | 是否显示并定义数值范围 | false |
| rule | array | 刻度尺 | [] |
| disabled | boolean | 是否禁用滑动条 | false |
| tipFormatter | function | 返回格式化的滑动提示信息 | |
| converter | function | 转换器函数，如何将值转为进度条位置或进度条位置值 | |

例如，我们对指定的元素对象设置属性，代码如下：

```
$('#s').slider({
    width: 300,
    showTip: true,
    min: 20,
```

```
        max: 80,
        value: 40,
        range: true,
        rule: [20,'|',40,'|',60,'|',80],
        tipFormatter: function(value){
            return '值是'+value;
        },
    });
```

运行效果如下图所示。

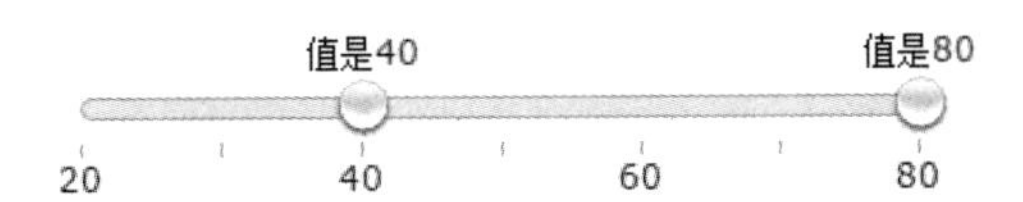


当拖动滑块左右移动时，提示信息中的值会跟着变化。

需要说明的一点是，value 用来设置默认值，它既可以是一个具体的数字，也可以是两个数字的数组。如上例，就是将 value 的默认值设置为 40。如果使用数组作为默认值，可以这样设置，代码如下：

```
    value: [30,70],
```

两个数字中，较大的数表示默认的最大值，较小的数表示默认的最小值；默认值不能超过 min 和 max 规定的允许范围。仍以上述代码为例，假如将默认值设为 [10,90]，由于它们超过了规定的允许范围，其默认的 value 值将自动调整为 [20,80]。

那么，滑动条最终的 value 值是什么？跟默认值数组是不是有关系？这个我们留到方法中再做详细说明。除此之外，还有最后一个 converter 属性，它在项目开发应用中很少用到，有兴趣的读者可自行参考官方提供的 demo 示例文件。

## 2.7.2 方法

| 方法名 | 方法参数 | 描述 |
|---|---|---|
| options | none | 返回滑动条属性 |
| getValue | none | 获取滑动条的值 |
| getValues | none | 获取滑动条的值数组 |
| setValue | value | 设置滑动条的值 |
| setValues | value | 设置滑动条的值数组 |
| clear | none | 清除滑动条的值 |
| reset | none | 重置滑动条的值 |

续表

| 方法名 | 方法参数 | 描述 |
| --- | --- | --- |
| enable | none | 启用滑动条对象 |
| disable | none | 禁用滑动条对象 |
| destroy | none | 销毁滑动条对象 |
| resize | param | 刷新或重置滑动条大小。param 参数包含 width 和 height 属性 |

上述方法中，最常用的就是取值与赋值的 4 个方法。我们先来看一下取值。

滑动条最终的值是和 range 属性密切相关的。当 range 属性设置为 false 时，不论 value 属性的值是单个数字，还是两个数字的数组，滑动条的返回结果都是一个数字（在没有通过滑动改变数值时，如果 value 属性值为数组，则返回的是较小的数字）；当 range 属性设置为 true 时，不论 value 是数字还是数组，则返回值全部是数组。例如上面的示例代码，value 属性值为 40，range 为 true，通过以下方法得到的滑动条的值都是 [40,80]：

```
$('#s').slider('getValue');
$('#s').slider('getValues'); //此方法是专门用来获取数组的，但实际效果与getValue相同
```

再来看下赋值。赋值有两个方法，setValue 只能用来给滑动条设置单个数值，setValues 则既能设置单个数值，也能设置数组。代码如下：

```
$('#s').slider('setValue',30);
$('#s').slider('setValues',[30,60]);
```

表面上来看，setValue 和 setValues 的赋值方法与 value 属性的作用是一样的，但在获取返回值时则略有不同：当通过方法给滑动条设置单个数值，且 range 属性为 true 时，如果没有经过任何的人工滑动，则返回值为单个数字的数组。除此之外，其他地方均没有任何的不同。

当然，从应用的角度来说，我们无需掌握这么多琐碎的规则，只要记住以下两点即可。

第一，如果只需要获取滑动条的单个值，赋值就写单个数字，range 为 false。

第二，如果需要获取两个值，赋值就写两个值的数组，range 为 true。

## 2.7.3　事件

| 事件名 | 事件参数 | 描述 |
| --- | --- | --- |
| onSlideStart | value | 在开始拖拽滑动条的时候触发 |
| onSlideEnd | value | 在结束拖拽滑动条的时候触发 |
| onChange | newValue, oldValue | 在数值发生改变的时候触发 |
| onComplete | value | 在完成滑动的时候触发，不论是拖动，还是单击滑块 |

onChange 和 onComplete 事件有相似之处，但也有显著的不同：onChange 只要数值发生改变就会触发，比如在滑动的过程中，数值就一直在改变，该事件也就一直被触发；而 onComplete 只有松开滑动或者停止单击时才触发。为说明它们之间的区别，我们先在页面中增加一个 div 元素，代码如下：

```
<div id="ff" style="margin-top:50px;font-size:20px">职场码上汇</div>
```

这其实就是在屏幕上输出了一个字符串。现在我们通过 onChange 事件来动态改变它的字体大小，代码如下：

```
onChange: function(value){
    $('#ff').css('font-size', value);
},
```

浏览器运行时，只要按住滑动块不放，左右移动时，字体会不断地改变大小，整个过程很流畅，运行效果如图所示。

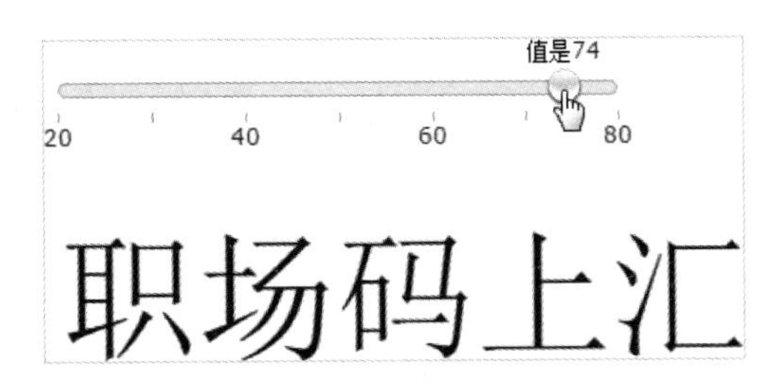


如果改为 onComplete 事件运行同样的代码，则只有松开鼠标或停止单击时，字体才会发生改变，整个过程的卡顿感非常明显。

## 2.8 tooltip（提示框）

在 HTML 中，任何一个标签元素都可以使用 title 属性，用于弹出提示信息。换句话说，title 作为全局属性，所有的标签都可以使用。例如：

```
<a href="#" title="我是a链接的提示信息">这是a链接</a>
<p title="我是p段落的提示信息">这是p段落</p>
<button title="我是按钮的提示信息">这是按钮</button>
```

当浏览器运行时，将光标移动到任何一个标签元素上，都将弹出提示信息。运行效果如图所示。

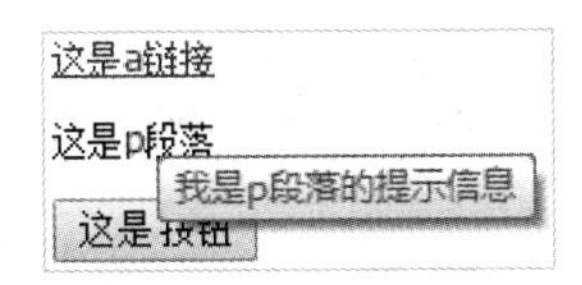


很显然，当需要使用标签的 title 属性弹出信息时，a 标签和 button 标签的效果是最好的，因为从外观

上就能直接看出这是一个链接或者按钮，把鼠标移上去或者单击就能执行下一步的操作；而 p、div 等其他标签虽然也能弹出信息，但外观上和普通文本内容无异，无法引起用户的注意（当使用 a 标签时，必须设置 href 属性，否则，它的外观也就变成普通文本了）。

HTML 自身提供的这个 title 属性功能非常有限，只能做简单的文字内容提示，样式无法做出修改。tooltip 组件就是用来做这方面的功能扩充的，使用了这个组件之后，不仅可以修改提示信息的样式，还可以将操作按钮、指定的网页内容甚至远程读取的数据都能作为提示信息被展示出来。例如，我们只是简单地给其中任何一个标签加上 class 属性，代码如下：

```
<button title="我是按钮的提示信息" class="easyui-tooltip">这是按钮</button>
```

运行效果如图所示。

当然，这还仅仅只是显示样式的变化。假如，这是列表中的一个按钮或者链接标签，我们希望在光标移动上去时，可以显示一张图片，那么，只需要将 title 中的内容改成包含各种标签的 HTML 代码就可以了：

```
<b>该员工入职照片：</b><br><img src='test.jpg' width='200px'>
```

这个提示信息是用 3 种标签组合而成的，代码如下：

<b> 该员工入职照片：</b>：这相当于图片的文字说明，使用 b 标签可以有加粗效果。

<br>：这是换行标签。由于 b 标签属于行内内联类型，不会自动换行，因此 <br> 可以显示换行效果。

<img src='test.jpg' width='200px'>：这是图片标签。src 属性用于指定图片路径和名称，width 指定图片显示的宽，height 指定显示的高。width 和 height 不指定时，按原图大小显示；当指定其中之一时，另一个属性按比例自动缩放。

浏览器运行效果如图所示。

如果在页面中不指定 easyui-tooltip 样式，则上述以标签组合而成的 title 内容只能以文本显示。运行效果如图所示。

这是按钮

<b>该员工入职照片：</b><br><img src='test.jpg' width='200px'>

由此可见，tooltip 是个功能非常强大的组件，在企业级的项目开发中很常用。为方便学习，我们在页面的 body 中只保留以下两行代码，其他的操作都在 test.js 程序文件中完成：

```
<a href="#" id="tt">鼠标移到我身上试试? </a>
<script type="text/javascript" src="test.js"></script>
```

## 2.8.1 属性

| 属性名 | 值类型 | 描述 | 默认值 |
|---|---|---|---|
| content | string | 消息框内容，相当于标签中的 title 属性中的值 | null |
| position | string | 消息框位置。可用值：left、right、top、bottom | bottom |
| showEvent | string | 当激发什么事件的时候显示提示框 | mouseenter |
| hideEvent | string | 当激发什么事件的时候隐藏提示框 | mouseleave |
| showDelay | number | 延时多少秒显示提示框 | 200 |
| hideDelay | number | 延时多少秒隐藏提示框 | 100 |
| trackMouse | boolean | 为 true 时，允许提示框跟着鼠标移动 | false |
| deltaX | number | 水平方向提示框的位置 | 0 |
| deltaY | number | 垂直方向提示框的位置 | 0 |

以上属性其实都很好理解，有几个重点说明如下。

### ❶ 提示框默认都是在鼠标进入时显示，鼠标离开时隐藏

在 tooltip 中可通过 showEvent 和 hideEvent 对此进行改变。例如，以下代码就是单击的时候显示，双击的时候隐藏的（两个事件名称不能相同，一般只需修改 showEvent，hideEvent 仅在特殊情况下使用）：

```
$('#tt').tooltip({
    content: '我是通过tooltip显示的提示信息',
    position: 'top',
    showEvent: 'click',
    hideEvent: 'dblclick',
});
```

### ❷ deltaX、deltaY 属性值的作用效果与 trackMouse 属性密切相关

当 trackMouse 为 false，也就是提示框不跟随鼠标移动时，deltaX、deltaY 所表示的位置是提示框箭头到元素对象之间的距离；否则就是提示框箭头到鼠标之间的距离。

deltaX、deltaY 既可以是正数，也可以是负数。为正数时向右、向下，为负数时向左、向上。这两个属性一般很少使用，默认为 0 即可。

## 2.8.2 方法

| 方法名 | 方法参数 | 描述 |
| --- | --- | --- |
| options | none | 返回 tooltip 属性对象 |
| tip | none | 返回 tip 元素对象 |
| arrow | none | 返回箭头元素对象 |
| show | e | 显示提示框 |
| hide | e | 隐藏提示框 |
| update | content | 更新提示框内容 |
| reposition | none | 重置提示框位置 |
| destroy | none | 销毁提示框 |

例如，使用以下代码，即使鼠标不用移入或单击，也可使用 show 方法强制使提示框显示：

```
$('#tt').tooltip('show');
```

**注意**

其他各种方法，如 tip 用于返回提示框元素对象、arrow 用于返回提示框中的箭头对象、update 用于更新提示框的显示内容等，都是在提示框生成之后才能生效，因此，这些方法一般都需要配合事件来使用。

## 2.8.3 事件

| 事件名称 | 事件参数 | 描述 |
| --- | --- | --- |
| onShow | e | 在显示提示框的时候触发 |
| onHide | e | 在隐藏提示框的时候触发 |
| onUpdate | content | 在提示框内容更新的时候触发 |
| onPosition | left,top | 在提示框位置改变的时候触发 |
| onDestroy | none | 在提示框被销毁的时候触发 |

现在我们通过方法与事件的结合，来实现一些项目开发中经常用到的效果。

### ❶ 在提示框中显示其他指定的 DOM 元素内容

之前的示例代码都是以字符串方式为 content 属性赋值的。通过一些变通方法，content 还可以显示页面中指定的元素内容。

例如，我们在页面中加入以下代码：

```
<div style="display:none">
    <div id="toolbar">
        <a href="#" class="easyui-linkbutton easyui-tooltip" title="增加" data-options="iconCls:'icon-add',plain:true"></a>
        <a href="#" class="easyui-linkbutton easyui-tooltip" title="剪切" data-options="iconCls:'icon-cut',plain:true"></a>
        <a href="#" class="easyui-linkbutton easyui-tooltip" title="移除" data-options="iconCls:'icon-remove',plain:true"></a>
        <a href="#" class="easyui-linkbutton easyui-tooltip" title="取消" data-options="iconCls:'icon-undo',plain:true"></a>
        <a href="#" class="easyui-linkbutton easyui-tooltip" title="重做" data-options="iconCls:'icon-redo',plain:true"></a>
    </div>
</div>
```

这些代码其实就是生成一组 linkbutton 操作按钮，之所以在外面又包了一个 div，是为了不让这些按钮在页面初始化时显示。请注意，父元素中 display 为 none 的设置，不能用在 id 为 toolbar 的 div 中，否则，提示框中将无法显示这个工具栏。具体是因为什么，各位可以仔细想一想。

JS 中加入的代码如下：

```
content: function(){
    return $('#toolbar');
},
hideEvent: 'none',
```

这里的 content 内容是以函数返回对象的方式设置的。由于显示的是工具栏，还必须将 hideEvent 属性设置为 none，也就是说，工具栏显示以后，没有任何事件类型可以让它隐藏。否则的话，鼠标一旦从 a 标签元素中离开，这个工具栏也就自动隐藏掉了，那还怎么单击按钮再做其他操作？

运行效果如图所示。

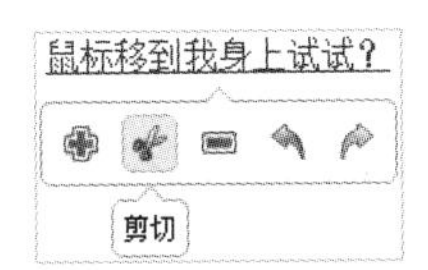


现在问题来了：虽然光标移入到 a 标签上可以显示工具栏，把光标移到按钮上也能正常显示提示框信息，但不论怎么操作，这个工具栏始终隐藏不掉。为解决这个问题，需要在 onShow 事件中使用以下代码：

```
onShow: function(){
    var t = $(this);
    t.tooltip('tip').focus().blur(function(){
        t.tooltip('hide');
    });
},
```

上述代码的意思是，在提示框显示之后，先让提示框对象获取到焦点，接着再设置该对象失去焦点时的执行事件代码，即当提示框失去焦点时，将执行 hide 方法将提示框隐藏。

### ❷ 修改提示框显示样式

为方便说明问题，我们暂且将上述的工具栏提示框注释掉。之前的示例代码显示效果如图所示。

当然，在设置显示内容时，可以使用一些标签和样式，让提示框的显示内容更加丰富一些。例如，将 content 属性设置如下所示：

```
<div style="padding:5px;background:#eee;color:#000">我是通过tooltip显示的提示信息</div>
```

这里在文字外面包裹了 div 标签，还设置了内边距、背景色及字体颜色。运行效果如图所示。

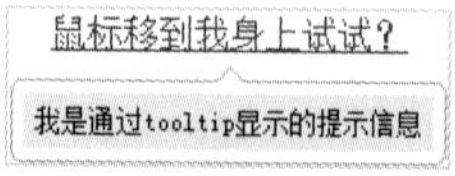

是不是还觉得不太完美？应该把整个提示框的背景融为一体才比较好，是吧？这就又要用到 onShow 事件了，代码如下：

```
onShow: function(){
    $(this).tooltip('tip').css('background','#eee');
},
```

上述代码的意思是，当显示提示框时，先通过 $(this).tooltip('tip') 获得提示框对象，然后再对这个对象使用 CSS 方法，将它的背景颜色改为 #eee。运行效果如图所示。

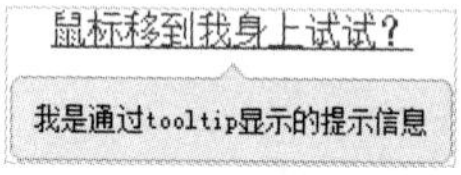

如果想把这里的边框再改一改呢？那就是使用多个样式，把 CSS 方法中的参数改为参数对象即可，代码如下：

```
onShow: function(){
    $(this).tooltip('tip').css({
        background: '#eee',
        border: '3px solid #ff0000',
        boxShadow: '3px 3px 5px #292929',
        left: $(this).offset().left
    });
},
```

以上代码中，背景颜色样式保持不变，然后又增加了 3 个样式：边框的厚度颜色、阴影、左边位置使用 a 元素对象偏移值中的 left 属性（也就是提示框的左边位置和 a 元素对象的左边位置相同，实际上就是左对齐）。运行效果如图所示。

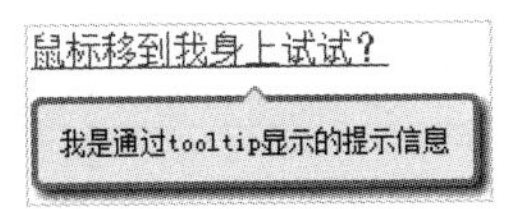


以上设置的是提示框的整体样式。提示框中的箭头对象也是可以返回的，同样可以对它进行处理。例如，在上面的代码中加上一行，具体如下：

```
$(this).tooltip('arrow').css('left', 20);
```

意思是将箭头放在左边 20px 的位置（默认箭头居中的），效果如图所示。

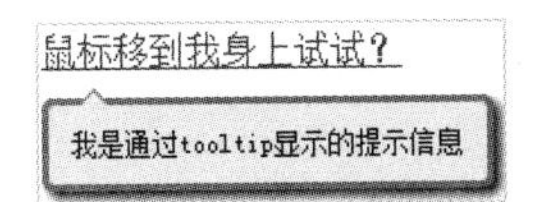


关于位置样式，不仅可以设置 left，还可以设置 top、right 或 bottom，这些都是 CSS 中的定位知识。重新设置位置的代码也可以写在 onPosition 事件中，例如：

```
onPosition: function(){
    $(this).tooltip('tip').css('left', $(this).offset().left);
    $(this).tooltip('arrow').css('left', 20);
}
```

如果要重置复原提示框位置，可使用 reposition 方法，例如：

```
$('tt').tooltip('reposition');
```

### ❸ 加载其他页面

tooltip 不仅可以加载当前页面中指定的标签元素，还可以加载其他页面中的内容。有了此功能之后，页面的数据交互能力将大大增强。例如，在表格中将鼠标移动到任意的单元格，即可弹出与之相关的关联数据或统计报表，从而带来非常棒的用户体验。

加载其他页面文件，需要使用 onUpdate 事件。在设置该事件的同时，还应该将提示框的显示内容设置为一个空的 div 标签元素。实际上，onUpdate 事件就是将这个空的 div 元素当做面板来处理，因为面板有 href 属性，自然也就可以加载其他页面的内容了。示例代码如下：

```
content: $('<div></div>'),
onUpdate: function(cc){
    cc.panel({
```

```
                width: 200,
                border: false,
                href: 'test.html'
            });
        },
```

该事件传递的参数为 content，也就是提示框原有的显示内容，这里就表示空的 div 标签元素，然后对这个空元素应用 panel 面板效果，关于面板的所有属性和方法在这里都可以使用。

运行效果如图所示。

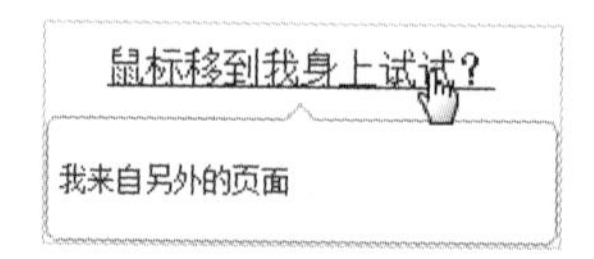


如果想将加载的其他页面内容以面板的形式显示出来，只需再加上标题和边框属性即可。代码如下：

```
    onUpdate: function(cc){
        cc.panel({
            title: '其它页面内容',
            width: 200,
            border: true,
            href: 'test.html'
        });
    },
```

浏览器运行效果如图所示。

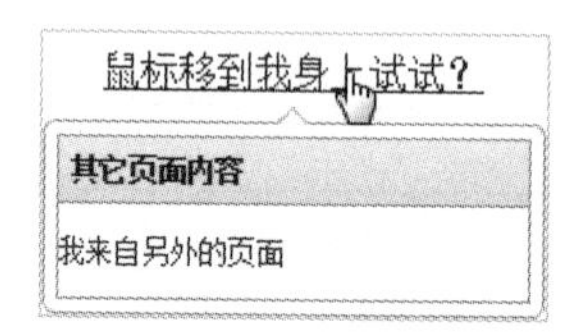


## 2.9　messager（消息框）

和提示框不同，消息框仅用于弹出系统消息，因此，消息框可以不依赖于任何具体的 jQuery 元素对象。具体来说，消息框共有以下五种类型：

消息框、警告框、确认框、输入确认框和进度消息框。

### 2.9.1　消息框

消息框在屏幕右下角显示一个消息窗口。它通过 show 方法弹出，方法参数是一个可配置的对象。具体包括以下 8 个属性。

title：消息窗口的标题文本内容。

msg：要显示的消息文本。

showType：显示消息的方式，可用值有 null、slide、fade、show，默认为 slide。其中，null 没有任何动画效果；slide 为从下到上弹出显示；fade 为渐进显示；show 为从右下角到左上角弹出显示。

showSpeed：窗口显示的过渡时间，默认为 600 毫秒。

width：消息窗口的宽度，默认为 250px。

height：消息窗口的高度，默认为 100px。

style：设置消息窗口的自定义样式。

timeout：消息窗口关闭时间。如果设置为 0，消息窗口将不会自动关闭（除非手工关闭）；如果定义成其他任何非 0 的数字，消息窗口将在预设的时间后自动关闭，默认为 4 秒。

例如：

```
$.messager.show({
    title:'我的消息',
    msg:'消息将在5秒后关闭！',
    showType:'fade',
    timeout:5000,
})
```

浏览器运行后将在屏幕右下角弹出消息框。运行效果如图所示。

如果再加上以下 style 属性：

```
style:{
    top:0,
}
```

消息框将在顶部显示。

除此之外，官方还提供了一个通过 style 属性将消息框显示在上中下、左中右等各种位置的实例，项目开发需要时可作参考（position.html）。

## 2.9.2 警告框

警告框用于显示警告窗口。它通过 alert 方法弹出，可设置以下 4 个参数。

title：警告框标题文本。

msg：警告框要显示的消息文本。

icon：要显示的警告框图标，可用值有 error、question、info、warning。

fn: 关闭警告框时触发的回调函数。

例如：

```
$.messager.alert('警告','该数据即将被追加到后台数据库中！','info',function () {
    alert('警告框即将关闭！');
});
```

运行效果如图所示。

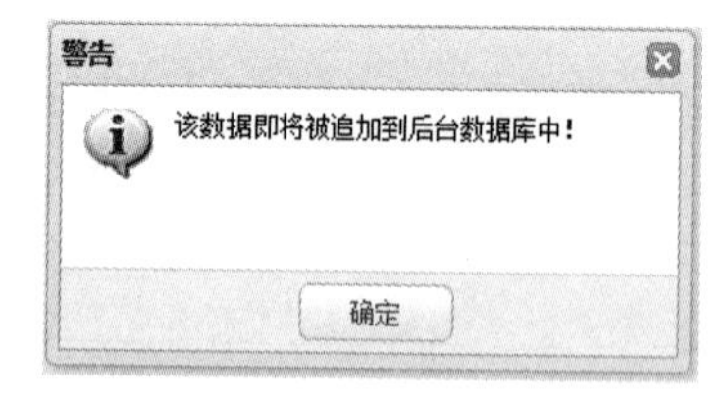


单击“确定”按钮，弹出提示信息后，关闭警告框。

## 2.9.3 确认框

确认框用于显示包含了“确定”和“取消”两个按钮的确认窗口。它通过 confirm 方法弹出，可设置以下 3 个参数。

title：确认框标题文本。

msg：确认框要显示的消息文本。

fn：单击按钮时触发的回调函数。该函数传递一个布尔值，单击“确定”时为 true，否则为 false。

例如：

```
$.messager.confirm('提示', '您确定要删除吗？', function(r){
    if (r) {
```

```
            alert('数据已被删除! ');
        }
    });
```

运行效果如图所示。

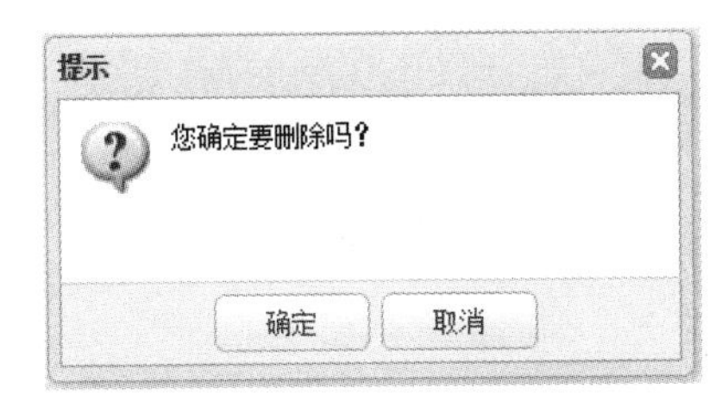


当单击“确定”按钮时，将弹出提示信息；否则直接关闭确认框。

### 2.9.4 输入确认框

输入确认框用于显示一个可以输入文本，同时又包含“确定”和“取消”两个按钮的确认窗口。它通过 prompt 方法弹出，可设置以下 3 个参数。

title：输入确认框标题文本。

msg：输入确认框要显示的消息文本。

fn：单击“确定”按钮时触发的回调函数。该函数传递的值就是输入的内容。

例如：

```
    $.messager.prompt('输入窗口', '请输入您的工作单位: ', function(r){
        if (r){
            alert('您输入的内容是: '+r);
        }
    });
```

运行效果如图所示。

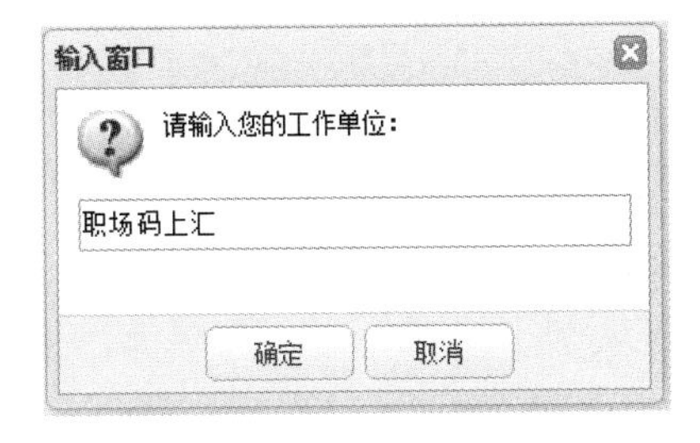

当单击“确定”按钮时，将输出相关的信息；单击“取消”按钮时，直接关闭。

但是，官方的 prompt 有个缺陷，就是无法设置默认值。我们曾经尝试通过选择器使用 val 赋值的方法来实现，但始终无效。经过对 jquery.easyui.min.js 源代码的分析，尽管关键部分都加密了，但基本逻辑还是能大致明白的。可通过以下步骤修改源代码。

- 搜索 prompt:function，可快速定位到 prompt 方法的代码位置。
- 增加一个参数名称，可自定（这里为 value）。
- 在文本框获得焦点的代码后面再使用 val 方法赋值：val(value)。

具体修改的位置如图所示（1.5.3 版本，其他版本可参考）：

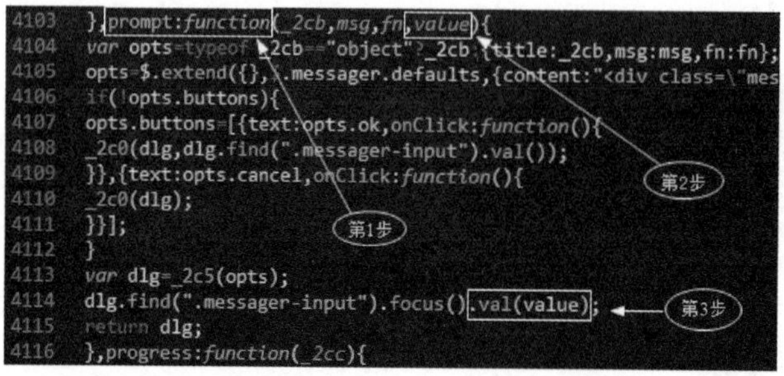

```
4103  },prompt:function(_2cb,msg,fn,value){
4104  var opts=typeof _2cb=="object"?_2cb:{title:_2cb,msg:msg,fn:fn};
4105  opts=$.extend({},$.messager.defaults,{content:"<div class=\"mes
4106  if(!opts.buttons){
4107  opts.buttons=[{text:opts.ok,onClick:function(){
4108  _2c0(dlg,dlg.find(".messager-input").val());
4109  }},{text:opts.cancel,onClick:function(){
4110  _2c0(dlg);
4111  }}];
4112  }
4113  var dlg=_2c5(opts);
4114  dlg.find(".messager-input").focus().val(value);
4115  return dlg;
4116  },progress:function(_2cc){
```

第1步
第2步
第3步

请注意，4116 行之后已经是 progress 方法的代码了，不要去动它。新加的 value 参数可以放在 function 的任意位置，调用时的传参必须与此位置相对应。

例如，我们是将 value 放在最后的，那么调用时的默认值也要写在最后，代码如下：

```
$.messager.prompt('输入窗口', '请输入您的工作单位：', function(r){
    if (r){
        alert('您输入的内容是：'+r);
    }
},'职场码上汇');
```

弹出确认框时，将直接显示此默认值。

## 2.9.5　进度消息框

进度消息框用于显示一个进度消息窗口。它通过 progress 方法弹出，可设置以下 4 个参数。

title：进度消息框标题文本，默认为空。

msg：要显示的消息文本，默认为空。

text：进度条上显示的文本，默认为 {value}%。

interval：进度更新的间隔时间，默认为 300 毫秒。

例如：

```
$.messager.progress({
    title:'请稍候',
    msg:'数据加载中...'
});
```

运行效果如图所示。

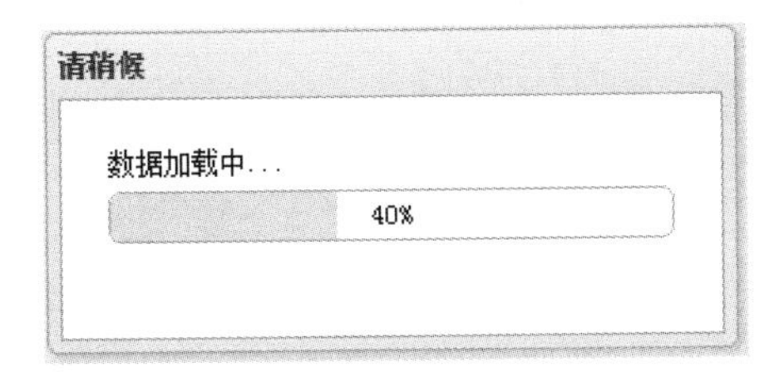


进度消息窗口还有两个方法。

bar：用于获取进度条对象。

close：关闭进度窗口。

例如，5 秒钟后关闭进度消息框。代码如下：

```
setTimeout(function(){
    $.messager.progress('close');
},5000)
```

**知识补充**

对于确认框和输入确认框中的“确认”“取消”按钮，可以通过修改默认值对象的方式来修改它的默认值。

例如：

```
$.messager.defaults = {
    ok:'是',
    cancel:'否'
};
```

则原来的“确认”和“取消”按钮就变成了新设置的属性值。运行效果如图所示。

## 2.10　calendar（日历）

日历组件用于显示一个月的具体日期，它允许用户选择日期或移动到某月、某年。

例如，在页面中使用如下一行代码，即可自动创建一个日历：

```
<div class="easyui-calendar"></div>
```

默认情况下，该日历每周的第一天是星期天，我们可通过 firstDay 属性来更改其设置。

运行效果如图所示。

### 2.10.1　属性

| 属性名 | 值类型 | 描述 | 默认值 |
|---|---|---|---|
| width | number | 日历宽度 | 180 |
| height | number | 日历高度 | 180 |
| fit | boolean | 是否自适应父容器 | false |
| border | boolean | 是否显示边框 | true |
| showWeek | boolean | 是否显示周别（年内的第几周） | false |
| weekNumberHeader | string | 周别的标签显示内容 | |
| firstDay | number | 第一列从周几开始。其中：<br>0 为周日，1 ～ 6 分别为周一到周六 | 0 |

续表

| 属性名 | 值类型 | 描述 | 默认值 |
|---|---|---|---|
| weeks | array | 周标题列表内容 | |
| months | array | 月标题列表内容 | |
| year | number | 默认显示的年份 | 当前年 |
| month | number | 默认显示的月份 | 当前月 |
| current | Date | 默认日期 | 当前日 |
| getWeekNumber | function(date) | 用于自定义返回的周别值 | |
| styler | function(date) | 设置日期显示样式，且只能返回样式 | |
| formatter | function(date) | 格式化日期显示内容，必须同时返回日期值 | |
| validator | function(date) | 日期选择验证器。返回 false 时将被禁止选择 | |

例如，在JS中设置以下代码：

```
    $('#c').calendar({
        width:300,
        height:250,
        showWeek:true,
        weekNumberHeader:'周别',
        firstDay:2,
        weeks:['日','一','二','星期三','四','五','六'],
        months:['01月份','02月份','03月份','04月份','05月份','06月份','07月份','08月份','09
月份','10月份','11月份','12月份'],
        year:2018,
        month:8,
        current: new Date(2018,8,23),
    });
```

由于将 showWeek 设置为 true，因而在左侧会多显示“周别”列；又因为将 firstDay 设置为 2，因此将把星期二作为日历的首列。

运行效果如图所示。

**注意**

如果仅仅设置默认日期，而不设置默认显示的年份或月份，则日历仍然显示系统当前的年份或月份数据。

如果 current 属性中的 date 不带参数值，则直接取系统当前日期。

由于 weeks 属性将周三设置为“星期三”，故周三列的标题与其他不同；months 列表属性也重新做了设置，当单击月份时，将按新设置的内容显示，动行效果如图所示。

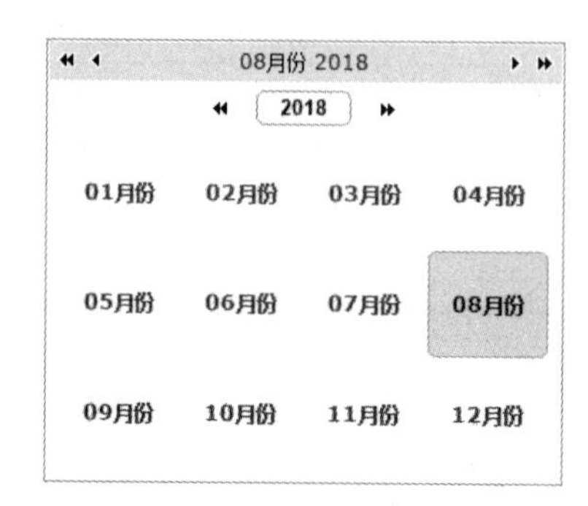


再次单击在顶部的月份处将返回日历选择界面。

weeks 和 months 一般无需重新设置，使用默认值即可。

另外有 4 个需设置事件代码的属性需要重点学习。

### ❶ getWeekNumber 属性

该属性用于自定义返回的周别值。

calendar 组件本身只要将 showWeek 设置为 true，日历就会自动显示周别。如果你有特殊的周别计算方法，也可以在这里自行设置。

例如，以下代码就是按照常规周别的计算方法设置的：

```
getWeekNumber: function (date) {
    var d = new Date(date.getFullYear(), 0, 1);
    var dt = Math.round((date - d) / 86400000);
    return Math.ceil(dt/7);
},
```

其中，变量 d 用于保存当前所在年度的元旦日期。

第 2 行代码的意思是，以当前日期减去元旦日期，得到的值为从年初到目前总共的毫秒数，然后用这个值除以一天的毫秒数（24 小时 *60 分 *60 秒 *1000 毫秒 =86400000 毫秒），这就得到从年初到目前的总天数，并以 round 四舍五入取整。

第 3 行代码的意思是，将得到的天数除以 7，再用 ceil 向上取整，得到当前周别。

如果需要考虑元旦所在星期的因素，可以在返回周别时加上 d.getDay()。代码如下：

```
return Math.ceil((dt + d.getDay()) / 7);
```

这里的 getDay() 用于得到星期数：1 ～ 6 分别表示星期一到星期六，0 表示星期日。

#### ❷ styler 属性

该属性用于设置日期的显示样式。代码如下：

```
styler: function(date){
    if (date.getDay() == 1){
        return 'color:blue';
    }
},
```

上述代码对日期进行判断：如果 getDay() 的值为 1，也就是星期一的话，则显示为蓝色。

styler 的返回值也可以写为变量对象的形式。代码如下：

```
return {
    style:'color:blue'
};
```

这样的话，不仅可以返回 style 样式，也可以同时返回 class 样式。以上代码运行效果如图所示。

很显然，凡是星期一的日期都变为了蓝色。

#### ❸ formatter 属性

该属性用于格式化日期的显示内容。它和 styler 的区别在于，styler 只能返回样式，而 formatter 在返回样式的同时还必须返回具体的日期数字。

例如：

```
formatter: function (date) {
    var d = date.getDate();       //得到具体的日期数字，返回值为1-31
    if (date.getDay() == 1){
        return '<div style="color:red">'+d+'</div>';
    }
    return d;
},
```

以上代码的意思是，如果是星期一，就动态创建一个前景色为红色的 div 元素，并将日期数字作为该 div 的内容予以返回；如果不是星期一，就直接返回日期数字。运行效果为，星期一的列全部是红色。

同时设置该属性和 styler 时，formatter 的同类样式属性将覆盖 styler 的。

例如，将 styler 返回的样式属性值设为：

```
return 'color:blue;font-weight:bold';
```

formatter 仍然只使用一个 red 前景色样式，则运行效果为加粗红色。

#### ❹ validator 属性

该属性用于设置日期选择验证器，对于不符合要求的日期将会被禁止选择。

例如：

```
validator: function(date){
    return date.getDay() == 1;
},
```

该代码的运行效果为，只有星期一的日期才能选择，非星期一的日期根本就无法单击（被禁用）。

再如，假定只能选择指定日期前后 10 天，可以这样设置，代码如下：

```
validator: function(date){
    var d = new Date(2018,8,23);   //指定日期
    var d1 = new Date(d.getFullYear(), d.getMonth(), d.getDate()-10);
    var d2 = new Date(d.getFullYear(), d.getMonth(), d.getDate()+10);
    return d1<=date && date<=d2;
},
```

请注意，使用此种验证方式时，还必须用 moveTo 方法将日历移动到指定的日期才能看到效果。

## 2.10.2 方法

| 方法名称 | 方法参数 | 描述 |
|---|---|---|
| options | none | 返回参数对象 |
| resize | none | 调整日历大小 |
| moveTo | date | 移动日历到指定日期 |

例如，将日历移动到 2018 年 8 月 23 日，代码如下：

```
$('#c').calendar('moveTo', new Date(2018,8,23));
```

## 2.10.3 事件

| 事件名 | 事件参数 | 描述 |
|---|---|---|
| onSelect | date | 选择日期时触发 |
| onChange | newDate,oldDate | 更改日期时触发 |

例如，以下代码当用户选择日期时，将弹出提示：

```
onSelect: function(date){
    var str = date.getFullYear()+'年'+(date.getMonth()+1)+ '月'+date.getDate()+'日';
    $.messager.alert('提示','您选择的日期是：'+str,'warning');
}
```

由于 getMonth 方法得到的月份是 0 ～ 11，因此这里需要加 1。

运行效果如图所示。

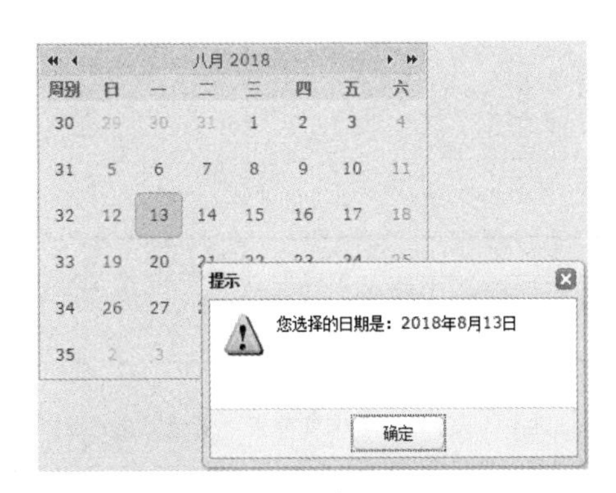


如果需要将返回的月份固定为两位数，可使用三元运算符进行处理。而获取指定格式日期，是项目开

发中很常见的操作，我们专门为此写了一个函数 dateFmt，代码如下：

```
function dateFmt(date,p) {          //第1个参数为传入日期，第2个参数为获取的格式类型
    var y = date.getFullYear();     //获取年份
    var m,d,h,M,s,str;              //m-月、d-日、h-时、M-分、s-秒、str-返回字符串
    $.each(['m','d','h','M','s'],function (i,v) {
        switch (v) {
            case 'm':
                value = date.getMonth()+1;
                break;
            case 'd':
                value = date.getDate();
                break;
            case 'h':
                value = date.getHours();
                break;
            case 'M':
                value = date.getMinutes();
                break;
            case 's':
                value = date.getSeconds();
                break;
        }
        //使用eval函数对5个变量的值进行三元运算
        eval(v + '=("' + value + '".length==1)?"0' + value + '":"' + value + '";');
    });
    switch (p) {
        case 'd':   //返回年月日字符串
            str = y + '-' + m + '-' + d;
            break;
        case 't':   //返回年月日和时间字符串
            str = y + '-' + m + '-' + d + ' ' + h + ':' + M + ':' + s;
            break;
        //其他格式可自行扩展
    }
    return str;
}
```

有了该函数后，之前的 onSelect 事件代码可改为：

```
onSelect: function(date){
    var str = dateFmt(date,'d');   //d参数表示仅返回年月日
    $.messager.alert('提示','您选择的日期是：'+str,'warning');
}
```

由于 calendar 仅仅只是一个普通的工具类组件，因此这里所有的属性、方法、事件中传递的 date 参数都不含具体的时间。为测试 dateFmt 函数的运行效果，我们在 onSelect 事件中临时使用一个新的 date，代码如下：

```
onSelect: function(date){
    date = new Date(2018,7,23,12,45,30);
    var str = dateFmt(date,'t');   //t参数表示同时返回日期和时间
    $.messager.alert('提示','您选择的日期是：<br>'+str,'warning');
}
```

请注意，上述代码中的 date 变量已经使用一个新声明的日期代替，它不再是组件传递过来的选择日期。此时，不论选择哪个日期，弹出的窗口都是固定的。运行效果如图所示。

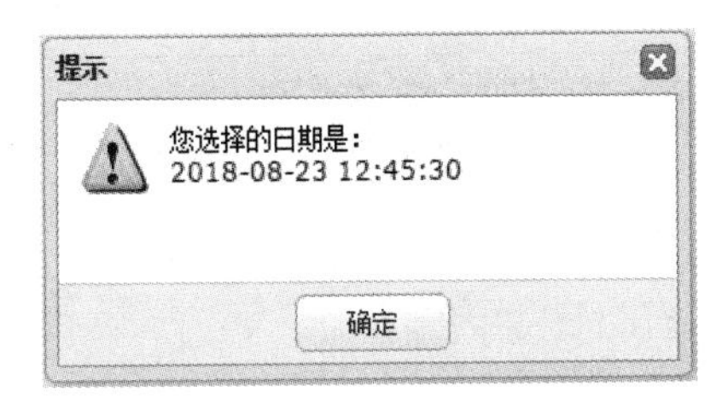


## 2.10.4 实例扩展

本节提供的源程序代码中还扩展了一个 fomatter 的应用实例。

该实例通过两个随机生成的日期数字，在日历中找到当前月与之对应的日期，并应用设定好的 class 样式。

实例代码如下：

```
var d1 = Math.floor((Math.random()*30)+1);  //第1个随机日期数字
var d2 = Math.floor((Math.random()*30)+1);  //第2个随机日期数字
$('#c').calendar({
    …其他代码略…
    formatter: function (date) {
        var m = date.getMonth()+1;
        var d = date.getDate();
        var opts = $(this).calendar('options');
        if (opts.month == m && d == d1){
            return '<div class="icon-ok md">' + d + '</div>';
        } else if (opts.month == m && d == d2){
            return '<div class="icon-search md">' + d + '</div>';
        }
        return d;
```

```
        }
    });
```

其中，random 用于生成 0 ～ 1 之间的随机数，floor 为向下取整。

浏览器运行时，每刷新一次页面，两个随机生成的日期数字都会发生变化，那么，通过 formatter 属性返回的日期也会变化。

名为 md 的 class 样式代码就不贴了，具体请查看源文件。

为什么还要专门再扩展这个例子？因为这种场景在企业级应用中比较常见。经进一步拓展后，可以通过读取后台数据库，以实现员工生日提醒、日程安排、日产量数据实时统计等功能。

例如，我们把第 2 个日期数字的样式再改一下。代码如下：

```
    var tt = "员工生日提醒：<br><img src='ep.jpg'>";
    return '<div class="icon-search md easyui-tooltip" title="'+tt+'">' + d + '</div>';
```

这里先是设置一个标签字符串，然后在返回的样式中添加使用 easyui-tooltip 样式。tooltip 是一个提示框组件，其提示内容就是变量名为 tt 的元素内容。

运行效果如图所示。

# 第3章 树、菜单与按钮类组件

# 3.1　tree（树）

“树”是企业级项目应用中使用频率非常高的组件，它可在 Web 页面中将具有分层结构的数据以树形目录样式进行展示，同时还提供了展开、折叠、拖拽、编辑及异步加载等功能。

在 HTML 网页中可使用 <ul> 标签元素创建树。之所以使用 <ul>，是因为该标签能够定义分支和子节点，节点都定义在 <ul> 列表内的 <li> 元素中。例如以下代码，只需在父元素的 ul 标签上使用一次 easyui-tree 样式即可，它下面的每个 li 都代表着一个节点：

```
<ul class="easyui-tree">
    <li>江苏省<li>
    <li>浙江省</li>
    <li>广东省</li>
    <li>山东省</li>
    <li>福建省</li>
</ul>
```

无需任何的 JS 代码，直接实现如下图所示的“树”效果。

当然，这还仅仅只是创建了“根级”的目录树，如果需要增加分支，可在对应的 li 中再次嵌套使用 ul 标签元素。比如，需要将“江苏省”改为一个分支，并在这个分支里增加下级子节点，就必须在如下一行代码中嵌套使用 ul 标签：

```
<li>江苏省<li>
```

也就是说，需要嵌套的 ul 必须写在这个 li 元素中！

如以下代码加粗的部分，就是嵌套进去的内容：

```
<li>江苏省<ul><li>南京市</li><li>苏州市</li><li>无锡市</li><li>常州市</li></ul></li>
```

为让代码看起来更清晰，将其改成如下格式：

```
<li>
    江苏省
    <ul>
        <li>南京市</li>
        <li>苏州市</li>
```

```
            <li>无锡市</li>
            <li>常州市</li>
        </ul>
    </li>
```

放到浏览器中运行，虽然实现了分支效果，但节点内容显示混乱，还需要使用 span 标签将父元素 li 中的内容包裹起来。这是 EasyUI 的样式，它的要求就必须这样处理，具体如下：

```
    <li>
        <span>江苏省</span>
        <ul>
            …略…
        </ul>
    </li>
```

运行效果如图所示。

江苏省
南京市
苏州市
无锡市
常州市
浙江省
广东省
山东省
福建省

如果需要在“江苏省”下面的每个市再创建分支，同样的道理，在对应的 li 中再嵌套 ul 标签元素即可。例如，以下就是多层树结构的显示效果，单击分支节点还可以实现下级节点的折叠或展开。

用这种方法创建目录树，虽然原理简单、操作也不复杂（无非就是多进行几次复制与粘贴而已），但代

码量很大，而且不利于后期维护。因此，在实际项目开发中，我们一般更常使用 tree 组件的属性来进行创建。

### 3.1.1　静态树的创建

所谓的静态树，就是所有的节点内容都是事先定义好的。在定义节点内容之前，还要先了解每个树节点具体都有哪些自带的属性。

id：该属性对于静态树来说无所谓，可用可不用，但对于动态树很重要。

text：用来显示的节点文本。

iconCls：用来指定节点显示的图标。

state：节点状态。有两个可选值，open 表示展开，这也是默认值；closed 表示关闭（折叠）。这个属性非常重要，将在创建动态树的时候再作讲述。

checked：表示该节点是否被选中。该属性需要 tree 组件的其他属性配合使用才有效。

attributes: 该属性值为对象，表示添加到该节点的自定义属性。

children: 该属性值为数组，用于声明包含的下级若干节点。

除了上述 EasyUI 自带的各种节点属性之外，我们还可以根据需要，另外给节点添加各种自定义的属性，以方便后期使用。例如，给需要的节点增加标记属性，属性名称可以定义为 bj 或者 biaoji 等。

定义节点时，直接将每个节点当成参数对象来写即可（用花括号包起来的一个个键值对，分别表示属性与属性值），不同节点之间用半角逗号分开。当全部节点定义结束时，外面要用中括号包起来，表示这是一个参数对象数组。

当其中的某个父节点需要使用 children 属性定义下级节点时，也一样需要使用中括号，里面的每个节点同样是对象。例如：

```
[{
      text: '江苏省',
      iconCls: 'icon-save',
      children: [
            {text: '南京市',iconCls: 'icon-open',bj:0},
            {text: '苏州市'}
      ]
},{
      text: '浙江省',
      state: 'open',
      bj:0,
      attributes: {
            py: 'zhejiangsheng',
            area: 0.5
```

```
        }
    }]
```

在上述代码中，我们将“浙江省”节点的 state 属性设置为 open，也就是展开，这本身就是该属性的默认值，可以省略；另外还设置了该节点的 attributes 属性，至于该属性有什么作用，到后面的方法或事件中再来学习。

节点内容组织好以后，可通过 tree 组件的以下两个属性来创建静态树（请注意，之前讲的都是树里面的节点属性，现在开始学习的才是树本身的属性。节点和树是两种不同的对象，千万不要混淆）。

#### ❶ data 与 filter 属性

假如，我们只在页面的 body 中使用以下两行代码：

```
<body>
    <div id="tt"></div>
    <script type="text/javascript" src="test.js"></script>
</body>
```

那么，可以在 JS 程序中作如下设置：

```
$('#tt').tree({
    data: …将上面设置好的参数对象数组放在这里即可，此处略…
});
```

运行效果如图所示（如果将上述代码中“浙江省”节点的 state 设置为 closed，除了该节点左边的图标发生改变之外，单击该节点依然不会有任何变化）。

与 data 属性相关的还有 filter 属性，该属性用于定义事件代码，以确定如何过滤需要在树中展示的数据，返回 true 时将允许节点进行展示。

filter 属性事件可传两个参数：q 表示 doFilter 方法中的参数，node 表示节点。例如，上述代码中的加粗部分，是我们自定义的 bj 属性。如果只想显示这两个节点，可以将 filter 属性作如下设置：

```
filter:function(q, node){
    return node.bj == 0 ? true : false;
},
```

运行结果如图所示。

除了可以使用自定义的属性进行过滤外，其他各个自带的节点属性也都可以作为过滤条件使用。

**注意**

该属性必须和doFilter方法一起配合使用，否则没有过滤效果。在使用filter属性定义过滤条件时，必须同时应用以下代码：

```
$('#tt').tree('doFilter','');
```

关于doFilter方法的具体说明，后面将有详细介绍。

### ❷ url属性

如果将上述设置的节点内容代码（这里是指data属性值所对应的代码）保存到文本文件中（例如，test.json），还可以使用url属性生成静态树。

需要特别注意的是，JSON的数据格式规范非常严谨，有任何错误都会导致数据无法被解析。关于JSON方面的知识，可参考笔者编写的《B/S项目开发实战》一书。

以上述data属性值为例，其JSON格式内容如下（保存文件名为test.json）：

```
[{
    "text": "江苏省",
    "iconCls":"icon-save",
    "children": [
        {"text":"南京市","iconCls":"icon-open","bj":0},
        {"text":"苏州市"}
    ]
},{
    "text":"浙江省",
    "state":"open",
    "bj":0,
    "attributes": {
        "py": "zhejiangsheng",
        "area": 0.5
    }
}]
```

这样修改之后，即可在url属性中使用该JSON格式的文件。例如：

```
$('#tt').tree({
    url: 'test.json',
});
```

生成的树效果与 data 属性完全相同。

在这里，我们可以再尝试将 test.json 中“浙江省”节点的 state 属性改为 closed，刷新后就会发现一个非常怪异的现象：“浙江省”节点居然可以展开，而且是无限级的展开。

如图所示。

很显然，这样的树不是我们想要的。为什么在 data 属性中把 state 改为 closed 就正常，现在换到 url 中就出现问题？要搞清楚这种情况，就需要了解动态树方面的知识。

除此之外，与 data 属性相关的 filter 属性，在改用 url 创建树时也失效了。事实上，url 的功能远比 data 强大得多，它有多个类似 filter 的属性可以实现更多、更灵活的功能。

## 3.1.2 动态树的创建

之前创建静态树的时候，用到了 url 属性，其值就是一个具体的 JSON 格式的数据文件名称。但这里碰到了一个怪异的现象：当某个节点并没有分支，但它的 state 属性为 closed 的时候，单击该节点展开时会自动将所有的父级节点作为它的子节点，并且可以一直无限级地展开下去。这个现象看起来怪异，但却又是一个活生生的“创建动态树”的例子。

动态树的创建原理是：对于 url 方式读取的树数据，只要节点的 state 属性为 closed，那么，当用户单击展开这个封闭的节点时，都会自动从指定的 url 地址或文件中去加载子节点信息。

具体的加载方式为，将当前节点的 id 值作为 http 的请求参数并命名为 id，然后通过 url 发送到服务器上面去检索子节点。子节点信息加载完毕后，再单击这个节点时将不会再次请求加载。

现在再回到刚才说的那个怪异现象上来：由于这里的 url 指定的是一个具体的 JSON 格式数据文件，当“浙江省”的节点 state 属性值为 closed 时，它并没有办法到服务器上去检索子节点信息，只好再次把 JSON 文件作为完整的子节点数据信息予以返回，因此就导致了可以无限级展开下去的奇怪现象。

要避免此种现象的发生，当把 url 作为创建静态树的一种方法使用时，务必将没有分支的节点 state 属性值设置为 open，或者根本就不要设置（默认值就是 open）!

如要创建真正的动态树，则必须使用后台数据库。

现仍以省市区的目录树为例，在 MySQL 后台数据库中建立一个名为 test 的数据库，并在这个库里创建名为 test 的数据表。

该数据表包含以下 4 列。

id：这是自动编号性质的主键列。

text：字符列，宽度 20，用于存放目录节点文本内容。

state：字符列，宽度 20，用于存放目录节点的初始状态。

pid：这是整数类型的数值列，用于存放对应父节点的 id 号。

数据表 test 结构如图所示。

栏位 | 索引 | 外键 | 触发器 | 选项 | 注释 | SQL 预览

| 名 | 类型 | 长度 | 小数点 | 不是 null | |
|---|---|---|---|---|---|
| id | int | 11 | 0 | ☑ | 1 |
| text | varchar | 20 | 0 | ☐ | |
| state | varchar | 10 | 0 | ☐ | |
| pid | int | 11 | 0 | ☐ | |

数据表 test 内容如图所示。

| id | text | state | pid |
|---|---|---|---|
| 1 | 江苏省 | closed | 0 |
| 2 | 浙江省 | closed | 0 |
| 3 | 南京市 | closed | 1 |
| 4 | 苏州市 | open | 1 |
| 5 | 无锡市 | open | 1 |
| 6 | 常州市 | open | 1 |
| 7 | 鼓楼区 | open | 3 |
| 8 | 玄武区 | open | 3 |
| 9 | 杭州市 | closed | 2 |
| 10 | 宁波市 | open | 2 |
| 11 | 上城区 | open | 9 |
| 12 | 西湖区 | open | 9 |

在上图中，所有 state 列内容为 closed 的数据行，都是表示包含子节点的。例如，“江苏省”和“浙江省”都是 closed，因为它们都有下级节点，也就是各个市；“南京市”和“杭州市”也为 closed，因为在这个表中它们还有相应的区；其他都为 open，表示没有下级节点。

pid 列用来标识每个节点所对应的父节点。如，“江苏省”和“浙江省”是根级节点，pid 为 0；“南京市”“苏州市”“无锡市”“常州市”对应的父节点是“江苏省”，因此 pid 都为 1；“杭州市”“宁波市”对应的父节点是“浙江省”，因此 pid 都为 2。同理，“鼓楼区、玄武区”和“上城区、西湖区”对应的父节点分别是“南京市”和“杭州市”，因此它们的 pid 各为 3、9。

### ❶ 使用 url 属性动态创建树

既然是从后台数据库中读取数据，那么，我们就需要编写服务器端的数据处理代码。

创建的 test.php 程序代码如下：

```
<?php
    //获取客户端数据
    $id = 0;
    if (isset($_POST['id'])) {
        $id = $_POST['id'];
    }
    //后台为MySQL数据库
    $link = mysqli_connect('localhost','root','','test');
    mysqli_set_charset($link,'utf8');
    $sql = "SELECT * FROM test WHERE pid = $id";
    $result = mysqli_query($link,$sql);
    while ($row = mysqli_fetch_assoc($result)) {
        $data[] = $row;
    }
    echo json_encode($data);
    mysqli_close($link);
?>
```

PHP 程序代码完成之后，JS 中的 url 地址就要修改为如下形式：

```
url: 'test.php',
```

当在浏览器初始运行时，由于用户没有任何的展开操作，因此 url 在访问 test.php 时就不会发送任何的数据，这时 id 变量的值为 0，sql 检索后只会返回 pid=0 的数据，也就是“江苏省”和“浙江省”（返回的数据中同时包含这两条数据记录的 id、text、state 等信息）；当用户单击“江苏省”展开时，由于该节点的 state 值为 closed，因此会把该节点对应的 id 值发送到服务器，然后 PHP 程序再根据 pid=1 来检索数据，这时返回的就是 4 条数据。其他以此类推。

逐级展开之后，子节点信息都会缓存下来。再次展开时不会再重复读取加载。运行效果如图所示。

与动态加载相关的其他属性有。

- method 属性

该属性用于指定请求方式，可选值为字符型的 post 和 get，默认为 post。

之前的代码中，由于没有使用 method 属性，因此请求方式默认为 post，PHP 中就用 $_POST 全局数组获取客户端的值；如果将 method 属性设置为 get，例如：

```
method: 'get',
```

则 PHP 程序必须使用 $_GET 来获取客户端的值。

- queryParams 属性

该属性用于设置在请求数据时增加发送的查询参数，属性值为对象。

例如，之前的 PHP 代码中，我们先声明了变量 id，并将其初始值设置为 0。现在我们可以将这行代码注释掉，改用 queryParams 属性实现一样的效果，代码如下：

```
queryParams: {
    id: 0,
},
```

这样在向服务器请求数据时，会同时将 id 和 0 传过去，PHP 中的 $_POST['id'] 可以一直获取到值。

### ❷ 使用 loader 属性动态创建树

该属性用于定义如何通过 AJAX 从远程服务器加载数据，返回 false 可取消加载操作。其使用方法和 panel 面板中的 loader 属性完全一样，同样可以传入以下 3 个参数。

param：发送给远程服务器的参数对象。

success(data)：在检索数据成功的时候调用的回调函数。

error()：在检索数据失败的时候调用的回调函数。

请注意，这里 AJAX 请求的返回数据类型 dataType 必须为 json。例如：

```
loader: function(param,success,error){
    var id = param.id || 0;
    // if (id == 2) {return false}   //如果id为2，则取消加载
    $.ajax({
        url: 'test.php',
        dataType: 'json',
        method: 'post',
        data:{
```

```
                id: id,
            },
            success: function(data){
                $('#tt').tree('loadData',data);
            },
        });
    },
```

上述代码中，param 表示发送给远程服务器的参数对象，具体包括 queryParams 属性设置的参数以及展开分支节点时自动发送的 id 参数。其中，第一行代码的意思为，如果在 queryParams 属性中附加了 id 参数，变量就取它的设置；如果没有附加，变量的值为 0。

有了这个变量值之后，就可以在 AJAX 请求数据时将它作为参数发送给服务器，服务器再按条件返回数据。数据请求成功时，执行 loadData 方法加载。运行效果如图所示。

江苏省
浙江省

当单击展开“江苏省”节点时，由于该节点的 id 值为 1，这时 AJAX 发送到服务器的 id 值就变成了 1，那么 PHP 程序就会将 pid=1 的数据返回。

请注意，由于这是直接使用自定义的 AJAX 方式请求的，使用 loadData 方法也就只能加载返回的现有数据。运行效果如图所示。

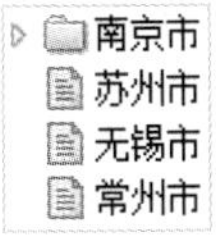

南京市
苏州市
无锡市
常州市

这就相当于把原来的 tree 数据覆盖了。如果这时再展开“南京市”节点，则返回的数据又会把现在的节点覆盖。很显然，这种效果并不是我们想要的。

要想实现和 url 一样的动态加载效果，最好的办法是将获取的返回数据作为下级节点添加到当前分支中。这就需要对 AJAX 中的 success 事件作一些修改，代码如下：

```
    success: function(data){
        if (id==0) {
            $('#tt').tree('loadData',data);
        }else{
            var node = $('#tt').tree('find',id);
            $('#tt').tree('append',{
                parent:node.target,
                data:success(data)      //这里的data属性值不能直接写data!
            })
```

```
        }
    },
```

以上代码增加了节点 id 值的判断：如果为 0，表明返回的数据是根节点数据，可以直接使用 loadData 方法加载；如果不为 0，就通过 find 方法得到当前展开节点，然后使用 append 方法将返回的数据添加到当前节点。

这里的 loadData、find 和 append 都是 tree 组件中的方法。

经测试，上述代码运行正常，运行效果和 url 方式完全相同。

除此之外，也可以修改 PHP 端的程序，将全部的节点数据一次性返回。完整代码如下：

```
$link = mysqli_connect('localhost','root','','test');
mysqli_set_charset($link,'utf8');       //避免中文导致的问题
$sql = "SELECT * FROM test WHERE pid = 0";
$result = mysqli_query($link,$sql);     //执行SQL语句，得到结果集
while ($row = mysqli_fetch_assoc($result)) {      //省级循环
     $province['id'] = $row['id'];
     $province['text'] = $row['text'];
     $province['state'] = $row['state'];
     $p = mysqli_query($link,'SELECT * FROM test WHERE pid = '.$row['id']);
     $citys = [];
     if ($p->num_rows > 0) {
          while ($c = mysqli_fetch_assoc($p)) {  //市级循环
               $city['id'] = $c['id'];
               $city['text'] = $c['text'];
               $city['state'] = $c['state'];
               $ct = mysqli_query($link,'SELECT * FROM test WHERE pid = '.$c['id']);
               $qu = [];
               if ($ct->num_rows > 0) {
                    while ($d = mysqli_fetch_assoc($ct)) {   //区级循环
                         $qu[] = $d;
                    }
                    $city['children'] = $qu;
               }else{
                    $city['children'] = null;
               }
               $citys[] = $city;
          }
          $province['children'] = $citys;
     }
     $data[] = $province;
};
echo json_encode($data);
mysqli_close($link);
```

以上代码看起来挺长，其实逻辑很简单：由省、市、区三级循环得到 children，然后再由数组生成 JSON 格式数据返回。由于这个代码是完整的数据输出，客户端 id 参数已经不再起作用，无论使用 url 还是 loader 方式都可正常加载。

#### ❸ 使用 loadFilter 属性过滤数据

该属性用于返回过滤后的数据进行展示。我们知道，有个与 data 属性相关的属性叫 filter，但它仅对 data 中的本地数据有效；loadFilter 就不一样了，它不仅对通过 url 或 loader 方式动态生成的树有过滤效果，对 data 生成的静态树一样有效。

该属性的事件代码中可以传一个参数 data，表示树加载的原始数据。例如：

```
    loadFilter:function(data){
        var newData = [];
        for(var i=0; i < data.length; i++){
            if(data[i].text=="江苏省"){
                newData.push(data[i]);
            }
        };
        return newData;
    },
```

以上代码执行后将只显示根节点内容为“江苏省”的树型数据。实际上，由于有了 url 这种可以动态加载树数据的强大功能，类似于 filter、loadFilter 的过滤属性在项目开发中已经很少使用。

### 3.1.3 属性列表

以下是已经学习过的树属性，都和数据相关。

| 属性名 | 值类型 | 描述 | 默认值 |
|---|---|---|---|
| data | array | 本地方式加载数据 | null |
| filter | function(q,node) | 过滤本地数据，返回 true 将允许节点进行展示 | |
| url | string | JSON 数据文件或 URL 地址 | null |
| method | string | 数据请求方式：POST 或 GET | post |
| queryParams | object | 请求数据时的附加参数 | {} |
| loader | function | 自定义 AJAX 方式加载数据，返回 false 可忽略 | |
| loadFilter | function(data) | 对数据过滤后再显示 | |

还有一部分属性，就非常简单了。如下表所示。

| 属性名 | 值类型 | 描述 | 默认值 |
|---|---|---|---|
| animate | boolean | 节点在展开或折叠时是否显示动画效果 | false |
| checkbox | boolean,function | 是否在节点之前显示复选框 | false |

续表

| 属性名 | 值类型 | 描述 | 默认值 |
| --- | --- | --- | --- |
| cascadeCheck | boolean | 是否为层叠选中状态 | true |
| onlyLeafCheck | boolean | 是否只在末级节点前显示复选框 | false |
| lines | boolean | 是否显示树控件上的虚线 | false |
| dnd | boolean | 是否启用拖拽功能 | false |
| formatter | function(node) | 如何渲染节点文本 | false |

例如以下代码：

```
animate: true,
checkbox: true,
lines: true,
cascadeCheck: true,
dnd: true,
```

浏览器运行时，展开或折叠节点时会产生动画效果，而且每个节点都带有复选框和连接虚线；拖拽功能则要求使用 tree 组件的 DOM 元素对象是用 ul 标签创建的，否则将不支持拖拽效果（如本例，tree 对应的 HTML 元素为：<div　id="tt"></div>，由于它是用 div 创建的，因此不支持拖拽；但如果改为 ul 就可以了）。

运行效果如图所示。

由于 casecadeCheck 属性设置为 true（这也是默认值），因此，在选择下级节点时，相对应的父级节点也会自动选中，这就是层叠选中效果。如果不希望和父级节点有这样的关联，可以将 casecadeCheck 属性设置为 false，或者将 onlyLeafCheck 属性设置为 true（只在末级节点显示复选框）。

运行效果如图所示。

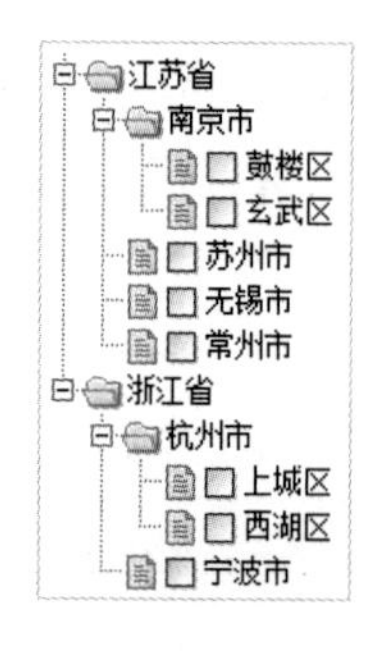

checkbox 属性也可以采用类似于下面这样的代码，仅让符合条件的节点显示复选框。例如，只有 id 值为 4 或 5 的节点才有复选框：

```
checkbox:function(node){
    if (node.id == 4 || node.id == 5){
        return true;
    }
},
```

根据数据表内容可以知道，符合该条件的只有苏州市和无锡市，因此只有这两个节点才会显示复选框。

formatter 属性用于定义如何渲染节点文本的事件代码，它有一个参数 node，用于返回当前的节点对象。例如：

```
formatter:function(node){
    var s = node.text;
    if (node.children){
        s += ' <span style=\'color:blue\'>(' + node.children.length + ')</span>';
    }
    return s;
}
```

该代码的意思是，如果当前节点存在 children 属性，就在当前节点的文本内容后面添加以下 DOM 元素：先是一个空格（` `），接着放上一对 span 标签，同时给该标签的内容设置了 style 属性样式为蓝色（`style=\'color:blue\'>`），具体内容为该节点下所包含的子节点数量（`node.children.length`）。

请注意这行代码：`style=\'color:blue\'`。由于整个字符串是用单引号括起来的，如果 style 的属性值还用单引号就会出现错误。“\”在这里的作用相当于还义符，就是在运行时可以将紧跟在后面的单引号还原为本来的意思。

当然，如果不希望这样麻烦，也可以直接改成双引号，代码如下：

```
s += ' <span style="color:blue">(' + node.children.length + ')</span>';
```

运行效果如图所示。

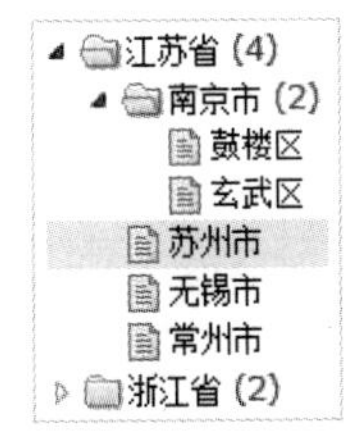

## 3.1.4 方法列表

tree 中的方法一般都是对节点（node）进行操作的。关于节点对象，在刚开始学习创建树的时候，就已经知道了它有 id、text、children 等各种属性（请务必注意，node 属性与 tree 属性是不一样的，不要搞混淆了），实际上，节点对象还有一个很常用的属性 target，该属性用于返回指定节点在页面中所对应的标签元素（也就是目标 DOM 对象）。

在正式学习 tree 的方法之前，还有一点需要特别注意：对于动态加载生成的树，应将所有节点数据都加载完毕后再使用相关的方法来执行节点操作，否则，将可能因为无法获取到指定节点对象而导致代码无效甚至出现错误。例如，在上述通过读取后台数据库所生成的动态树示例中，初始只生成了“江苏省”和“浙江省”两个根级节点，它们的 id 属性值分别是 1 和 2。运行效果如图所示。

“测试”按钮的事件代码如下：

```
$('button').click(function(){
    var node = $('#tt').tree('find', 4);      //查找id为4的节点，并返回该节点对象
    $('#tt').tree('select', node.target);    //然后再选择该节点
});
```

上述代码的意图在于，通过节点属性 id=4 来查找“苏州市”并选中它；但执行结果往往是无效的。这是因为，id 为 4 的节点属于下级节点，在单击“测试”按钮之前，该下级节点数据还没加载。如要正确执行该代码，需要手工单击或者通过事件代码将全部下级节点数据加载才行。关于事件的处理方法，后面再详细举例说明。

### ❶ 获取节点对象的方法

| 方法名 | 参数 | 描述 |
|---|---|---|
| getRoots | none | 获取所有的根节点对象数组 |
| getRoot | nodeEl | 获取根节点的第一个节点对象，也可根据参数获取指定对象 |
| getNode、getData | target | 获取指定节点对象（包含子节点） |
| find | id | 根据 id 查找指定节点并返回节点对象 |
| getSelected | none | 获取已经选择的节点对象，如果未选择，则返回 null |
| getParent | target | 获取指定节点的父节点对象 |
| getChildren | target | 获取指定节点的所有子节点对象数组 |
| getChecked | state | 获取所有选中的节点对象数组 |

- getRoots 与 getRoot

这两个方法都用来获取根节点对象。其中，getRoot 方法在不带参数时，仅获取根节点的第一个节点对象；带参数时，则可获取指定的节点对象，参数类型为 nodeEl（也就是指定节点的 DOM 元素）。

例如，获取第 2 个根节点对象，代码如下：

```
var el = $('#tt>li:eq(1)').html();
var node = $('#tt').tree('getRoot',el);
$('#tt').tree('select',node.target);
```

请注意上述选择器的写法：由于每个节点都是一个 li 标签元素，#tt>li:eq(1) 就表示选择 id 为 tt 的标签元素下面的第 2 个 li。也可以根据内容来选择，例如：

```
var el = $('#tt>li:contains("浙江省")').html();
```

关于选择器方面的知识，请参考笔者编写的《B/S 项目开发实战》一书。

当然，如果你对选择器不熟悉，也可通过 getRoots 方法得到的根节点对象数组来获取指定的节点对象。如下面的代码，同样可以获取第 2 个根节点对象：

```
var node = $('#tt').tree('getRoots')[1];
```

- getNode、getData 与 find

例如，选择内容为“宁波市”的节点对象，代码如下：

```
var el = $('#tt li li:contains("宁波市")').html();
var node = $('#tt').tree('getNode',el);
// var node = $('#tt').tree('getData',el);
// var node = $('#tt').tree('getRoot',el);
$('#tt').tree('select',node.target);
```

上述 3 种方法输出的都是同一个节点对象。这时，getRoot 方法的作用就与 getNode 和 getData 完全相同。如果一定要获取指定子节点所对应的根节点，可以直接使用选择器，代码如下：

```
var node = $('#tt').tree('getRoot','#tt li li:contains("宁波市")');
```

请注意，这种写法只能用于通过子节点获取根节点的情况，如果要直接获取指定的根节点，还是必须使用该选择器所对应的 DOM 元素（也就是使用 html 方法返回的代码）；这种写法同样不能用于 getNode 和 getData。

当然，对于 getNode 和 getData 来说，它们更常用于事件代码中，因为可以通过事件传参直接获取指定的节点对象。

find方法则只能通过id来获取节点对象，它仅对设置了id属性的节点有效，对于未设置id号的节点是无法获取到的。

- getSelected与getChecked

getSelected中的选择，是指通过单击节点内容进行的选择；而getChecked仅返回带有复选框的节点对象，参数state的可用值有checked（选中）、unchecked（未选中）、indeterminate（不确定），默认值为checked。

如下例，只有两个节点带复选框。

当使用`$('#tt').tree('getChecked')`时，由于没有复选框被选中，返回值为空的数组。

当使用`$('#tt').tree('getChecked','unchecked')`时，仅返回苏州、无锡两个节点对象数组。

如果要输出所有选择的复选框节点内容，可以使用以下示例代码：

```
var nodes = $('#tt').tree('getChecked');
var s = '';
for(var i=0; i < nodes.length; i++){
    if (s != '') s += ',';
    s += nodes[i].text;
}
alert(s);
```

其中，`if (s != '') s += ','`是单分支判断的简写，相当于：`if (s != '') {s += ','};`

再比如，之前在学习静态树时，给其中的一个节点设置了attributes自定义属性，代码如下：

```
"text":"浙江省",
"state":"open",
"attributes": {
    "py": "zhejiangsheng",
    "area": 0.5
}
```

如果要输出或者使用这里的自定义属性，代码如下：

```
var node = $('#tt').tree('getSelected');
if (node){
    var s = node.text;
    if (node.attributes){
        s += "," + node.attributes.py + "," + node.attributes.area;
    }
    alert(s);
}
```

当选择没有定义 attributes 属性的节点时，仅输出当前节点的显示文本；当选择含有该属性的节点时，会同时把 attributes 中的属性值拼接成字符串输出。

- getChildren

该方法用于获取指定节点的所有子节点对象数组。

例如，通过 getRoots 和 getChildren 方法的结合，可以遍历所有节点，代码如下：

```
var roots=$('#tt').tree('getRoots');
for(i=0; i<roots.length; i++){
    alert(roots[i].text);
    var children = $('#tt').tree('getChildren',roots[i].target);
    for(j=0; j<children.length; j++) alert(children[j].text);
};
```

### ❷ 操作节点对象的方法

| 方法名 | 方法参数 | 描述 |
| --- | --- | --- |
| select | target | 选择指定节点 |
| check | target | 选中指定节点的复选框 |
| uncheck | target | 取消选中指定节点的复选框 |
| collapse | target | 折叠指定节点下的所有子节点 |
| expand | target | 展开指定节点下的所有子节点 |
| collapseAll | target | 折叠指定节点下的所有节点。不带参数时，折叠所有节点 |
| expandAll | target | 展开指定节点下的所有节点。不带参数时，展开所有节点 |
| expandTo | target | 展开从根节点到指定节点之间的所有节点 |
| scrollTo | target | 滚动到指定节点。它和 expandTo 一样，仅在节点很多时适用 |
| toggle | target | 分支节点触发器，也就是在展开与折叠之间切换 |
| append | param | 追加若干子节点到一个父节点 |
| insert | param | 在一个指定节点之前或之后插入节点 |

续表

| 方法名 | 方法参数 | 描述 |
| --- | --- | --- |
| update | param | 更新指定节点 |
| remove | target | 移除指定节点（如有子节点也一并移除） |
| pop | target | 功能跟 remove 一样，但同时返回被移除的节点数据 |
| doFilter | text | 过滤操作，和 filter 属性功能类似 |

上述方法中，前 10 个都很简单。当使用 expand 等展开方法时，如果展开的是动态树，当节点处于关闭状态或没有子节点时，仍将同时向服务器发送 id 参数以请求子节点的数据。

例如，展开到指定节点后同时选择它，代码如下：

```
var node = $('#tt').tree('find',4);
$('#tt').tree('expandTo', node.target).tree('select', node.target);
```

现重点讲解后面 6 个方法的使用。

- append 方法

该方法参数对象中需要用到两个属性。

parent：用于指定被追加子节点的父节点。如果不指定，子节点将被追加至根节点。

data：数组，表示要追加的节点数据。例如：

```
var node = $('#tt').tree('getSelected');
$('#tt').tree('append', {
    parent: node.target,
    data: [{
        text: '扬州市'
    },{
        text: '镇江市',
        state: 'closed',
        children: [{
            text: '句容市'
        },{
            text: '丹阳市'
        }]
    }]
});
```

以上代码先通过 getSelected 方法获得选择的节点对象，然后在该对象的父级节点下添加节点。假如选中的节点是“江苏省”，那么就会在它下面添加“扬州市”和“镇江市”两个子节点。运行效果如图所示。

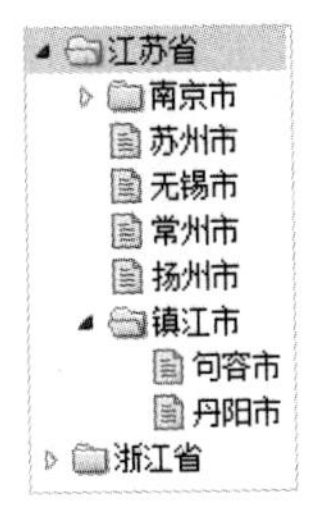


很显然，这里的父节点是根据用户的选择来确定的。为保证所添加的父节点正确，还可使用 find 等方法来指定节点对象。

- insert 方法

该方法参数对象中可包含如下属性。

before：DOM 对象，在某个节点之前插入。

after：DOM 对象，在某个节点之后插入。

data：对象数组，表示要插入的节点数据。

例如，下面的代码就展示了如何将一个新节点插入到所选择的节点之前：

```
var node = $('#tt').tree('getSelected');
if (node){
    $('#tt').tree('insert', {
        before: node.target,
        data: [{
            text: '徐州市'
        },{
            text: '南通市',
            state: 'closed',
            children: [{
            text: '启东市'
            },{
                text: '海门市'
            }]
        }]
    });
};
```

- update 方法

该方法用于更新指定节点，参数为对象，node 中的所有常用属性值都可使用该方法进行修改更新，如 id、text、iconCls、checked、state 等。

示例代码如下：

```
var node = $('#tt').tree('getSelected');
if (node){
    $('#tt').tree('update', {
        target: node.target,
        text: '这是修改后的'
    });
};
```

- remove 和 pop 方法

例如，将选择的节点删除，代码如下：

```
var node = $('#tt').tree('getSelected');
$('#tt').tree('remove', node.target);
```

如果希望节点删除后仍然能返回节点对象数据的话，可以使用 pop 方法。例如：

```
var node = $('#tt').tree('getSelected');
var newnode = $('#tt').tree('find',5);
var movenode = $('#tt').tree('pop', node.target);
$('#tt').tree('insert', {
    after: newnode.target,
    data: movenode,
});
```

上述代码就是将当前节点删除后，又把它添加到了 id 为 5 的节点后面，变相实现了节点移动的功能。

- doFilter 方法

该方法是和属性 filter 配套使用的，仅对本地数据有效。

如果在 filter 属性中设置了过滤条件，则 doFilter 中必须将参数设置为空字符串，以清除过滤器。如：`$('#tt').tree('doFilter', '');`

如果没有在 filter 属性中设置过滤条件，可以在本方法中设置，然后在 filter 中引用。例如：

```
$('#tt').tree('doFilter', '南京市');
```

然后在 filter 中做一些设置，代码如下：

```
filter:function(q, node){
    return node.text == q ? true : false;
},
```

这里的 q 返回的就是 doFilter 方法中的参数值。执行后，仅显示内容为“南京市”的节点数据。

**❸ 其他方法**

| 方法名 | 方法参数 | 描述 |
| --- | --- | --- |
| options | none | 返回树控件属性 |
| isLeaf | target | 判断指定的节点是否为叶子节点，返回 false 时表示含有下级节点 |
| loadData | data | 以覆盖方式加载树控件数据 |
| reload | target | 重新载入树控件数据，类似于刷新效果 |
| enableDnd | none | 启用拖拽功能 |
| disableDnd | none | 禁用拖拽功能 |
| beginEdit | target | 开始编辑指定节点 |
| endEdit | target | 结束编辑指定节点 |
| cancelEdit | target | 取消编辑指定节点 |

例如，执行以下代码后，原有的树控件数据将被自动覆盖为只有一个子节点的数据：

```
$('#tt').tree('loadData', [
    {
        text : '加载'
    }
]);
```

再比如，之前学习 loader 属性时，在 AJAX 远程读取 JSON 数据成功后也是使用此方法重新加载树控件数据的。

## 3.1.5 事件列表

| 事件名 | 事件参数 | 描述 |
| --- | --- | --- |
| onClick | node | 单击节点的时候触发 |
| onDblClick | node | 双击节点的时候触发 |
| onBeforeLoad | node,param | 请求加载远程数据之前触发。返回 false 取消加载 |
| onLoadSuccess | node,data | 数据加载成功后触发 |
| onLoadError | arguments | 数据加载失败时触发 |
| onBeforeExpand | node | 节点展开之前触发。返回 false 可取消展开 |
| onExpand | node | 节点展开时触发 |
| onBeforeCollapse | node | 节点折叠前触发。返回 false 可取消折叠 |
| onCollapse | node | 节点折叠时触发 |
| onBeforeCheck | node,checked | 勾选复选框之前触发。返回 false 可取消选择 |

续表

| 事件名 | 事件参数 | 描述 |
| --- | --- | --- |
| onCheck | node,checked | 勾选复选框时触发 |
| onBeforeSelect | node | 选择节点前触发。返回 false 可取消选择 |
| onSelect | node | 选择节点时触发 |
| onContextMenu | e,node | 右键单击节点时触发，一般用于弹出右键菜单 |
| onBeforeDrag | node | 拖动节点前触发。返回 false 可取消拖动 |
| onStartDrag | node | 开始拖动时触发 |
| onStopDrag | node | 停止拖动时触发 |
| onDragEnter | target,source | 拖动进入到目标释放时触发，返回 false 取消拖动 |
| onDragOver | target,source | 拖动并经过目标释放时触发，返回 false 取消拖动 |
| onDragLeave | target,source | 拖动并离开目标释放时触发，返回 false 取消拖动 |
| onBeforeDrop | target,source,point | 放置节点前触发，返回 false 可取消放置 |
| onDrop | target,source,point | 放置节点时触发 |
| onBeforeEdit | node | 编辑节点前触发 |
| onAfterEdit | node | 编辑节点后触发 |
| onCancelEdit | node | 取消编辑时触发 |

上述事件中，除极个别外，都会将触发事件的当前节点对象传入。

onBeforeLoad 事件的 param 参数对象中，一般只有属性 id 及对应的值。这是因为，只有在节点状态为 closed，且在展开时才远程加载树控件数据，加载时会向服务器发送当前节点的 id 值。

onLoadError 事件中的 arguments 参数和 AJAX 里面的 error 回调函数的参数相同。

onBeforeCheck 和 onCheck 事件仅对勾选复选框有效。

onBeforeSelect 和 onSelect 仅对选择节点有效。

拖动节点进入、经过或离开目标节点时，触发的事件都有两个参数：target 是指释放的目标节点元素，它是 DOM 对象；source 是指被拖动过来的源节点，它是 node 对象。放置时还会传入 point 参数，表示哪一种的拖动操作，具体包括 append、top、bottom。

这些事件都不复杂，但一定要搞清楚传参都是些什么内容，这样才方便后期进行处理。例如，我们在 onDragEnter 事件中使用以下代码，浏览器运行时单击右键选择“检查”（QQ 浏览器）或“查看元素”（火狐浏览器），即可直观地看到这些参数的类型：

```
onDragEnter: function(target,source){
    console.log(target);
    console.log(source);
},
```

通过截图可以清楚看到，target 是页面中的标签元素，source 就是被拖动的 node 节点对象。

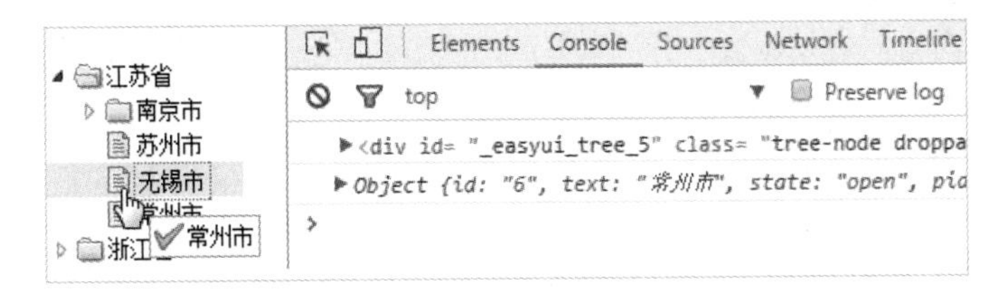


现在我们再以几个简单的实例来说明事件代码的作用。

### ❶ 动态树数据加载完成后展开全部节点

对于动态树，如果数据没有全部加载完毕，那么在使用 find 等方法时可能就会无法获取到指定的节点对象。之前用的都是手工单击加载，现在有了事件之后就简单了。

如下面的代码：

```
    onLoadSuccess : function (node, data) {
        $(this).tree('expandAll');
        console.log(node);                    //输出加载数据的节点对象
        for(i=0; i<data.length; i++){
            console.log(data[i].text);        //输出已加载数据中的每个节点文本值
        };
    },
```

上述代码之所以加上两行 console，是为了观察事件代码的运行过程。

浏览器运行效果如图所示。

结果显示，动态树默认仅加载根节点数据。加载完成后触发 onLoadSuccess 事件，事件代码的第一行就是展开所有节点。展开节点时，只要节点 state 为 closed，就会将当前节点的 id 发送到服务器，请求相应子节点的数据。由于后台数据表中有 4 个节点的状态为 closed，因此就请求了 4 次数据，请求成功后都会执行本事件中的代码，因此也就输出了相应的内容。

实际使用时，上述事件中只要保留一行此代码即可：`$(this).tree('expandAll');`

### ❷ 动态树的另外一种加载方式

tree 组件默认的动态加载方式是通过发送 id 来完成的。但在实际应用中，这种方式可能并不是特别方便，尤其是在编辑后台数据表时，必须考虑子节点与父节点的 id 对应关系，一不小心就会出错。

比如，类似于下面这样的数据表，在实际应用中就是很常见的。

| id | area | city | code | postcode |
|---|---|---|---|---|
| 189 | 河北省 | 武强县 | 318 | 53300 |
| 190 | 河北省 | 饶阳县 | 318 | 53900 |
| 191 | 河北省 | 安平县 | 318 | 53600 |
| 192 | 河北省 | 故城县 | 318 | 53800 |
| 193 | 河北省 | 景县 | 318 | 53500 |
| 194 | 河北省 | 阜城县 | 318 | 53700 |
| 195 | 山西省 | 太原市 | 351 | 30000 |
| 196 | 山西省 | 古交市 | 351 | 30200 |
| 197 | 山西省 | 清徐县 | 351 | 30400 |
| 198 | 山西省 | 阳曲县 | 351 | 30100 |

该数据表名称为 area，保存在 MySQL 的 test 数据库中。

很显然，由于同一个省可能对应很多个 id，通过 id 来实现动态加载是行不通的。现在就要考虑使用一种变通方式来实现。

我们已经知道，只要节点的状态为 closed，那么，在展开该节点时就会向服务器请求数据。因此，可以在展开节点之前的事件中使用以下代码：

```
onBeforeExpand:function(node){
    $(this).tree('options').queryParams = {text:node.text};
},
```

其中，options 是 tree 中的方法，用于返回 tree 组件的属性对象。该代码的意思是，在展开节点之前，将当前节点的 queryParams 属性值设置为 `{text:node.text}`。

queryParams 属性是用来在请求远程数据时增加查询参数的。这样设置之后，就相当于在请求远程数据时，会同时把当前节点的文本内容发送过去。其中，text 是自定义的参数名称，node.text 是具体的参数值，表示当前节点的文本内容。

然后，再对 url 所请求的 test.php 程序文件作如下修改：

```
if (!isset($_POST['text'])) {
    $sql = "SELECT distinct 0 as id,area as text,'closed' as state FROM area";
}else{
    $text = $_POST['text'];
    if($_POST['id']==0){
        $sql = "SELECT distinct 1 as id,code as text,'closed' as state FROM area where
        area='$text'";
    }else{
        $sql = "SELECT 2 as id,city as text,'open' as state FROM area where code=$text";
    }
}
$link = mysqli_connect('localhost','root','','test');
mysqli_set_charset($link,'utf8');
$result = mysqli_query($link,$sql);
while ($row = mysqli_fetch_assoc($result)) {
    $data[] = $row;
}
echo json_encode($data);
mysqli_close($link);
```

上述代码中，最关键的就是加粗的部分：如果没有从客户端获取到 text 参数，则从后台数据表 area 中生成不重复的省名称（使用别名 text，便于返回 json 节点数据，以下同），同时生成 state 列（值为 closed）、id 列（值为 0）。这样的数据返回之后，客户端就以省名生成了根级节点。

当用户展开某省级节点时，就会触发 onBeforeExpand 事件，同时将当前节点的内容发送到服务器。当服务器接收到此数据时，先将它保存到变量中，然后再根据获取到的 id 值进行判断：如果 id 为 0，表示客户单击展开的是省名称，接着就把 area 等于该省名称的，所有不重复的邮政编码筛选出来，同时生成 state 列（值为 closed）、id 列（值为 1）。这样的数据返回之后，客户端就会生成该省下面的所有子节点。

当用户展开某邮政编码节点时，同样会触发 onBeforeExpand 事件，并将当前节点的内容发送到服务器。服务器接收到此数据后，仍然先保存到变量中，然后再根据获取到的 id 值进行判断。由于邮政编码节点的 id 值都是 1，因此会把 code 等于该邮政编码的所有市县筛选出来，同时生成 state 列（值为 open，表示它下面没有子节点了）、id 列（值为 2）。这样的数据返回之后，客户端就会生成该邮政编码下的所有市县名称。

在上述代码中，默认传来的 id 并没有用作加载数据，仅用作区分节点级别。按照这样的思路，我们就可以生成任意多个层级的动态树。运行效果如图所示。

### ❸ 使用右键菜单

tree 中的右键菜单和 tabs 选项卡中的菜单完全一样，包括事件名称、引用方法等。例如：

```
onContextMenu: function(e, node){
    e.preventDefault();
    $('#tt').tree('select', node.target);
    $('#mm').menu('show', {
        left: e.pageX,
        top: e.pageY
    });
},
```

很显然，这个代码用到了 menu 菜单组件，它操作的页面元素对象 id 名称为 mm。假如页面中的 mm 内容如下：

```
<div id="mm" class="easyui-menu">
    <div>菜单1</div>
    <div>菜单2</div>
</div>
```

运行效果如图所示。

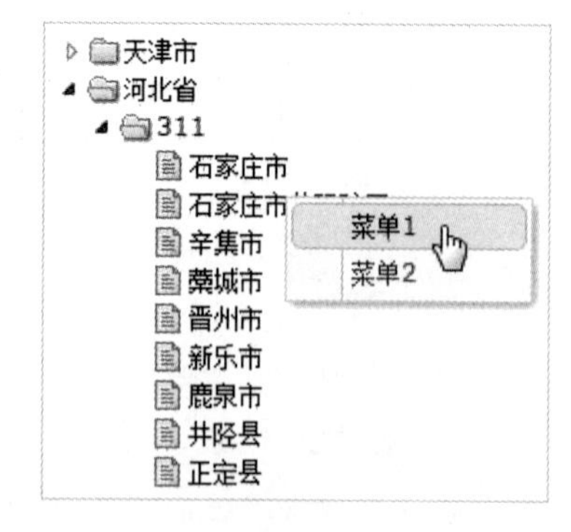

### ❹ 综合实例：通过目录树打开指定的网站

截止到目前，我们已经学习了布局类和工具类的多个组件。现通过一个简单的实例，来看看如何“拼装”这些组件，以实现相对综合一点的功能。本实例的目的是通过目录树自动打开，并在指定位置显示网站内容，从而建立一个政府网站的导航系统。

首先，构建页面的 body 主体内容。该主体外围的 div，使用 layout 布局样式，并指定宽 600px、400px。这个布局中，只包含两个 div 区域面板：一个放在左边（region 属性为 west），宽度指定 100，同时将 split 设置为 true 以方便用户拖拽改变区域大小；另一个为自适应区域的内容（region 为 center）。

代码如下：

```
<body>
    <div class="easyui-layout" style="width: 600px;height: 400px;">
        <div data-options="region:'west',width:100,split:true" id="tt"></div>
        <div data-options="region:'center'" id="t"></div>
    </div>
    <script type="text/javascript" src="test.js"></script>
</body>
```

其中左边的区域面板用来存放目录树，右边的区域用来存放显示内容。为便于操作，分别给它们设置 id 名称为 tt 和 t。

在浏览器中试运行，布局区域框架已经没问题了，现在来编写 JS 程序代码。目录树部分代码如下：

```
$('#tt').tree({
    data: [{
        "text": "江苏省",
        "url":"http://www.js.gov.cn",
        "children": [
            {"text":"南京市","url":"http://www.nanjing.gov.cn"},
            {"text":"苏州市","url":"http://www.suzhou.gov.cn"}
        ]
    },{
        "text":"浙江省",
        "url": "http://www.zj.gov.cn"
    }],
    onClick:function(node){
        if (node.state=='closed' && (!$("#tree").tree('isLeaf',node.target))) {
            $(this).tree('expand',node.target);
            if (node.url) openTab(node);
        }else if($("#tree").tree('isLeaf',node.target)) {
            if (node.url) openTab(node);
        }else{
            $(this).tree('collapse',node.target);
```

```
            };
        },
    });
```

为方便说明问题，以上代码只用到了一个 data 属性和一个 onClick 事件。

树数据部分使用了自定义的 url 属性，用于为每个节点设置 url 打开地址（如果自定义的属性项目比较多，建议写在 attributes 属性中，因为该属性的值是对象，统一写在这里便于管理）。

单击事件实现的功能是：如果单击的节点状态是关闭的，而且不是叶子节点，那么就展开该节点，同时判断该节点是否有 url 属性，有的话就执行 openTab 函数；如果是叶子节点，就直接判断并执行 openTab 函数；如果上述两种情况都不是（既不是关闭状态也不是叶子节点），那就是已经展开的父节点，则直接将它折叠。

通过这样的 onClick 单击事件设置，用户直接单击文字即可实现节点的展开与折叠，更加符合用户的日常操作习惯（默认只能单击左侧的 + 或 – 才能展开或折叠）。

现在再来看 openTab 函数的代码。这个函数是用来显示内容的，执行时传了一个 node 参数，这个参数就是当前单击的节点对象。按照页面中的主体设计，内容应该显示在 id 为 t 的区域，由于每个节点对应着不同的内容，因此该区域应用 tabs 选项卡非常合适。首先对这个区域做一下设置，代码如下：

```
$('#t').tabs({
    fit:true,
    border:false,
});
```

这样设置之后，显示的内容将自动填满区域，而且不显示边框（因为外围的 layout 已经带了边框，里面的 tabs 再用边框的话就会显得很累赘）。

内容区域外观设置好了，怎么显示内容？先来看 openTab 函数的代码：

```
function openTab(node) {
    if ($('#t').tabs("exists",node.text)) {
        $('#t').tabs("select",node.text);
    }else{
        var con = '<iframe frameborder=0 scrolling="auto" style="width:100%;height:366px"
        src="' + node.url + '"></iframe>';
        $('#t').tabs("add",{
            title: node.text,
            closable: true,
            content: con
        });
    }
}
```

上述代码的意思是，根据传入的 node 节点对象，进行判断：如果存在以该节点内容为标题的选项卡面板，就直接选择打开该面板；如果不存在，就新增一个面板。新增面板时使用了 3 个属性：标题就用树节点的显示文本，面板关闭按钮可用（方便用户关闭不需要的选项卡），内容为 iframe 标签创建的经拼接而成的一串 HTML 代码。

iframe 标签是用于创建浮动框架的，它可以将远程或本地的文件加载显示在指定的区域范围中。它有以下常用属性。

frameborder：值为 1 或 0，规定是否显示框架周围的边框。

width：以像素计的宽度值和以包含元素百分比计的宽度值，用于定义 iframe 的宽度。

height：定义高度。

scrolling：值为 yes、no 或 auto，用于定义是否在 iframe 中显示滚动条。

src：定义在 iframe 中显示的 URL。它可以是本地文件，也可以是远程文件。

运行效果如图所示。

项目运行时，用户可以随时关闭不需要的选项卡。

如果你不喜欢这种方式，也可以通过 layout 的 panel 方法将内容区域当成一个单纯的面板使用，这样当用户单击树节点时，同一面板将显示不同的内容。示例代码如下：

```
function openTab(node) {
    var con = '<iframe frameborder=0 scrolling="no" style="width:100%;height:366px"
    src="' + node.url + '"></iframe>';
    $('.easyui-layout').layout('panel','center').panel({
        title: node.text,
```

```
            content: con
        });
        $('.easyui-layout').layout('resize');  //加上此行可起到布局刷新的效果
    };
```

当然，如果显示的内容全部来自于本地，或者是通过 url 远程获取的数据，就无需使用 iframe 框架，直接用面板的 href 属性设置即可，这样就可获得更加完美的应用体验。

如果想在树的外面再加个更大范围的分类选项效果，可以将页面中 layout 布局的左边区域再适当做些修改。该区域原来的代码是这样的：

```
<div data-options="region:'west',width:100,split:true" id="tt"></div>
```

如果想在这个区域加上分类选项效果，只需在这个 div 中添加以下代码：

```
<div data-options="region:'west',width:100,split:true">
    <div class="easyui-accordion" data-options="fit:true,border:false">
        <div title="导航1" id="tt"></div>
        <div title="导航2">内容2</div>
        <div title="导航3">内容3</div>
        <div title="导航4">内容4</div>
    </div>
</div>
```

加粗的部分为新增加的代码，同时将父元素中的 `id="tt"` 移到了“导航 1”所对应的 div 中。这样设置之后，目录树就变成了分类选项卡中第一个面板的内容，其他分类面板也可以采用类似的方法分别绑定目录树或其他内容，从而产生条理清晰的导航效果。

运行效果如图所示。

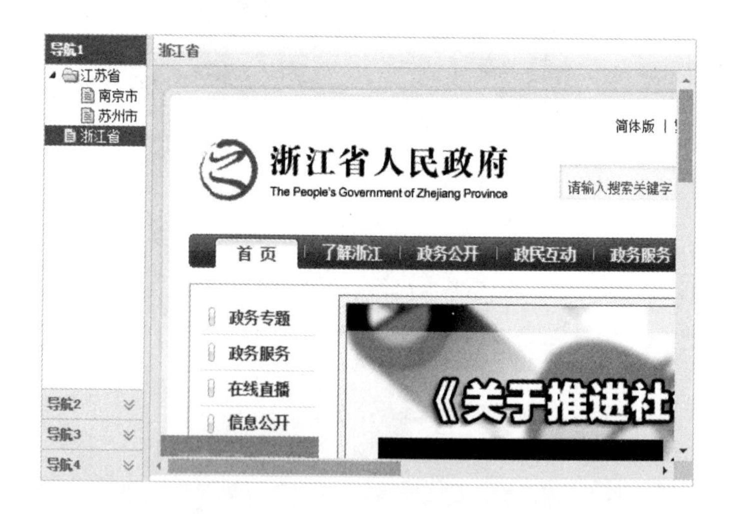

**注意**

本综合实例源程序为单独的压缩包，包含在 tree.rar 文件中。

## 3.2 menu（菜单）

菜单组件在之前的 tabs 和 tree 创建右键快捷菜单时都有用到，这也说明，menu 是其他组件的常用基础组件之一。

菜单和 tree 有点类似，可以创建多个同级或下级菜单项；每个菜单项（item）和树中的节点（note）一样，也都拥有自己的各种属性。它一般是在页面中使用 div 标签创建的，后续可以在 JS 中使用 menu 组件的各种方法对这些菜单项进行增删处理。

### 3.2.1 菜单创建与菜单项属性

我们首先在页面的 body 中写入以下代码，为创建菜单做准备：

```
<div>
    <div>新建</div>
    <div>保存</div>
    <div>打印</div>
    <div>退出</div>
</div>
```

其中，父级的 div 代表整个菜单，它里面的 4 个子 div 代表菜单项。这些都是再普通不过的 div 标签，如果直接在浏览器运行的话，输出的只是 4 行文本内容而已。

#### ❶ 菜单创建

如何将这些普通的 div 标签变为菜单？这就要用到 menu 组件：先在父级的 div 上添加名为 easyui-menu 的类 ID；为方便后期对这个菜单进行处理，同时还要加上 id 属性。例如：

```
<div id="mm" class="easyui-menu">
    …子div元素…
</div>
```

在浏览器刷新，竟然一片空白，什么内容都没有输出！这是因为，在菜单初始被创建的时候，默认是隐藏的，必须使用 menu 组件的 show 方法才能让其显示。我们在 JS 中加入以下代码：

```
$(document).on('contextmenu',function(e){
    e.preventDefault();
    $('#mm').menu('show', {
        left: e.pageX,
```

```
                top: e.pageY
            });
        });
```

上述代码就是给当前文档对象（也就是整个页面）绑定 contextmenu 事件。关于 contextmenu，是不是看着有点眼熟？是的，它在之前的 tabs 和 tree 的 onContextMenu 事件中都有用到过，只不过那些仅在指定的控件上单击鼠标右键才触发，而上面的代码则在整个页面的任何位置右击都可以触发。再次刷新页面，单击鼠标右键时就会发现，浏览器原有的默认快捷菜单已被阻止，取而代之的是如下新菜单。

### ❷ 菜单项属性

菜单项代表显示在菜单上的一个单独项目，类似于 tree 中的节点。它包含以下属性。

| 属性名 | 值类型 | 描述 | 默认值 |
|---|---|---|---|
| id | string | 菜单项 ID 属性 | |
| text | string | 菜单项显示的文本内容 | |
| iconCls | string | 显示在菜单项左侧的 16x16 像素图标的 CSS 类 ID | |
| href | string | 单击菜单项时的打开页面地址 | |
| disabled | boolean | 菜单项是否为不可用 | false |
| onclick | function | 单击菜单项时执行的事件 | |

以上菜单项属性可在页面中通过 data-options 设置，也可在后面即将学习的各种方法中设置。例如，以下代码就给“保存”和“打印”两个菜单项使用了 iconCls、disabled 等属性：

```
    <div data-options="iconCls:'icon-save'">保存</div>
    <div data-options="iconCls:'icon-print',disabled:true">打印</div>
```

运行效果如图所示。

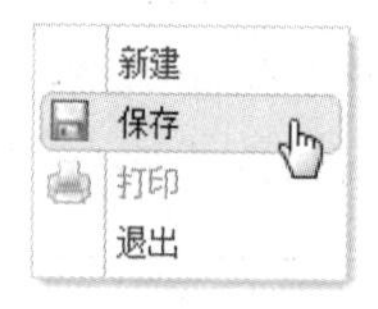


**注意**

菜单项属性中有两个是比较特殊的，都不能通过 data-options 设置。

text：这个属性就是指的 div 标签中的内容，如：保存、打印等。

onclick：只能写在标签属性中。

例如，给“新建”菜单项增加单击事件，代码如下：

```
<div onclick="alert('这是新建菜单项！')">新建</div>
```

如果同时给菜单项设置了单击事件和 href 属性，则先执行事件，然后再请求 href 地址。例如：

```
<div data-options="href:'http://www.163.com'" onclick="alert('这是新建菜单项！')">新建</div>
```

如果你不希望在每个菜单项中分别设置单击事件，也可以使用 menu 的 onClick 事件。该事件功能强大，任意一个菜单项的单击都能触发该事件。这个留待菜单事件中再来学习。

### ❸ 如何给菜单项增加分割线

菜单中使用分割线，可以让菜单中的各个功能区看起来更清晰。

只需给一个空的 div 标签添加名为 menu-sep 的类 ID，即可生成菜单分割线。例如：

```
<div id="mm" class="easyui-menu">
     <div>新建</div>
     <div data-options="iconCls:'icon-save'">保存</div>
     <div data-options="iconCls:'icon-print',disabled:true">打印</div>
     <div class="menu-sep"></div>
     <div>退出</div>
</div>
```

运行效果如图所示。

### ❹ 如何添加下级菜单

例如，现在想增加一个一级菜单“打开”，这个很简单，一个 div 搞定，代码如下：

```
<div>打开</div>
```

如果要在这个菜单下再添加下级菜单，肯定要写在开始标签与结束标签之间，因为下级菜单是作为这个 div 的内容出现的。例如：

```
<div>打开
    <div>
        <div>Word</div>
        <div>Excel</div>
        <div>Access</div>
        <div>PowerPoint</div>
    </div>
</div>
```

请注意，上述代码中，4 个子菜单项外面又用了一个 div 进行包裹，这个 div 是不可省略的，否则，子菜单将挤到一起而导致显示混乱。menu 样式就是如此规定的，必须这样用。

运行效果如图所示。

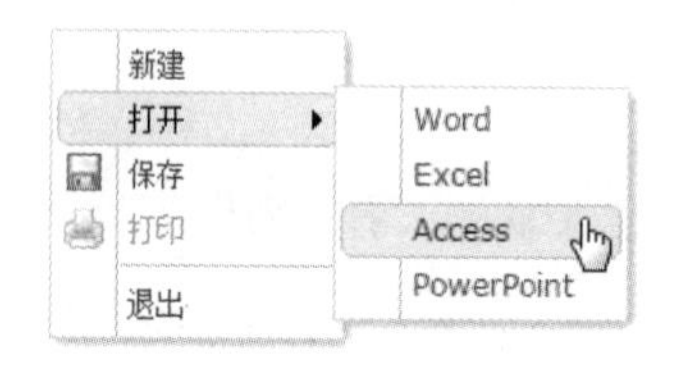


## 3.2.2　菜单属性

之前学习的属性都是针对每一个菜单项的，而这里的菜单属性则是针对整个菜单的。

| 属性名 | 值类型 | 描述 | 默认值 |
|---|---|---|---|
| align | string | 菜单对齐方式，可用值：left 和 right | left |
| minWidth | number | 菜单的最小宽度 | 120 |
| itemHeight | number | 菜单项高度 | 22 |
| fit | boolean | 菜单尺寸是否自动适配父容器 | false |
| noline | boolean | 是否不显示图标和文字之间的分割线 | false |
| hideOnUnhover | boolean | 鼠标离开菜单时是否自动隐藏菜单 | true |
| duration | number | 隐藏菜单动画的持续时间，以毫秒为单位 | 100 |
| inline | boolean | 是否相对于父级标签定位，为 false 时相对于 body 定位 | false |
| left | number | 菜单显示的左边距位置 | 0 |
| top | number | 菜单显示的上边距位置 | 0 |
| zIndex | number | 菜单在页面元素中的层叠顺序，数值越大，越靠上层 | 110000 |

和菜单项的属性设置一样，上述菜单属性可以直接写在定义菜单的外部 div 标签属性中。例如，给菜单增加以下属性：

```
<div id="mm" class="easyui-menu" data-options="noline:true,left:20,">
```

运行后，菜单项文字与图标之间的分割线确实不显示了，但在鼠标右击时的位置它仍然出现。这是因为 JS 程序中的 contextmenu 事件代码已经优先指定了 left: e.pageX，如果将此行代码去掉，则右击鼠标时的菜单显示位置始终距离左侧 20px，设置的属性生效。

现在我们来重点学习一下 inline 属性：该属性默认为 false，也就是相对于浏览器的内容区域 body 来进行定位；如果将该属性设置为 true，则能得到意想不到的效果。

例如，之前都是必须先单击鼠标右键，然后绑定并执行 contextmenu 事件中的 show 方法才能显示出菜单。这是因为，inline 属性默认根据 body 定位，只有经过上述的步骤后，才能确定菜单显示的 left 和 top 位置。那么，将 inline 属性改为 true 之后，就无需进行这些步骤了，它会自动根据父容器定位，并直接显示出菜单，不必再单击右键！

首先给菜单设置 inline 属性，然后再给该菜单添加一个父元素。修改后的页面代码如下：

```
<div class="easyui-panel" title="我的菜单" style="width:122px;">
    <div id="mm" class="easyui-menu" data-options="inline:true">
        …这里的菜单代码不变…
    </div>
</div>
```

这里指定的父元素使用了面板样式，标题为“我的菜单”，同时只设置了宽度（高度不用设置，可自适应菜单的高度）。页面刷新后的效果如图所示。

很显然，这次菜单并没有右击即可直接显示，表明它无需执行 contextmenu 事件代码。因此，当采用此方式显示菜单时，无需绑定并设置 contextmenu 事件代码。即使使用此代码，也要将 left 和 top 都设置为 0，否则将导致父容器内的菜单界面混乱。

除此之外，我们还可以设置菜单热键，以方便键盘操作。这个就比较复杂一点，有兴趣的读者可参考官方自带的 demo 文件实例：nav.html。

## 3.2.3 菜单方法

| 方法名 | 参数 | 描述 |
| --- | --- | --- |
| options | none | 返回菜单属性对象 |
| show | pos | 显示菜单到指定的位置。方法参数有两个属性：left 和 top |

续表

| 方法名 | 参数 | 描述 |
| --- | --- | --- |
| hide | none | 隐藏菜单 |
| destroy | none | 销毁菜单 |
| getItem | itemEl | 通过选择器获取指定菜单项的 DOM 元素对象 |
| findItem | text | 通过文本内容获取指定菜单项的 DOM 元素对象 |
| setText | param | 设置指定菜单项的文本。方法参数包含两个属性：target 和 text |
| setIcon | param | 设置指定菜单项的图标。方法参数包含两个属性：target 和 iconCls |
| appendItem | options | 追加新的菜单项 |
| removeItem | itemEl | 移除指定的菜单项 |
| enableItem | itemEl | 启用指定菜单项 |
| disableItem | itemEl | 禁用指定菜单项 |
| showItem | itemEl | 显示指定菜单项 |
| hideItem | itemEl | 隐藏指定菜单项 |
| resize | menuEl | 重置指定的菜单项。不带参数时则重置整个菜单 |

上述方法需要注意的几点。

### ❶ 获取指定的菜单项

要操作一个菜单项，首先要获取这个对象。获取菜单项对象的方法有两种。

第一种，如果菜单项有 id 或 class 类名，可以使用 getItem 方法。

例如，我们给 Word 菜单项指定了 id：`<div id="cs">Word</div>`

那么获取这个菜单项的代码为：`var item = $('#mm').menu('getItem','#cs');`

第二种，如果菜单项没有 id 或 class 类名，可以直接根据菜单项的文本内容来获取，方法为 findItem，代码如下：

```
var item = $('#mm').menu('findItem','Word');
```

### ❷ 对菜单项的操作

菜单项获取之后，即可对其进行修改、删除、启用禁用、显示隐藏等操作。例如，修改指定菜单项的显示文字和图标，代码如下：

```
var item = $('#mm').menu('getItem','#cs');
$('#mm').menu('setText',{
      target: item.target,
      text: '修改'
```

```
});
$('#mm').menu('setIcon',{
    target: '#cs',
    iconCls: 'icon-add'
});
```

这里修改的菜单项，由于它本身就有 id，因此，通过菜单项对象的 target 属性来返回 DOM 元素或者直接使用选择器都是可以的，这也正是其他各种菜单项操作方法中的参数 itemEl 用法。

再如，想禁用某菜单项，如果这个菜单项没有 id 或 class 类名，只能先通过 findItem 获取该菜单项对象，然后再禁用。假如获取的对象变量名称仍为 item，则代码如下：

```
$('#mm').menu('disableItem',item.target);
```

假如这个菜单项本身有 id 或者类名，可直接简写，无需先获取该对象。例如，它的 class 类名为 aa，则代码写法为 `$('#mm').menu('disableItem','.aa');`

### ❸ 追加或删除菜单前应该先进行判断

例如，我们通过以下代码添加一个新的菜单。对象属性中的 parent 为可选项，省略时将添加到根级菜单中，否则添加到指定的父项菜单中（该父项元素必须是已经存在的）：

```
var item = $('#mm').menu('findItem','打开');
$('#mm').menu('appendItem',{
    parent: item.target,
    text: '新菜单项',
    onclick: function () {alert('这是刚追加的菜单项！')},
});
```

浏览器运行时会发现，每右击一次，这个菜单就会重复添加一次。同样的道理，在使用 removeItem 对指定的菜单项执行删除操作后，再次右击时，则会输出一系列错误（该错误可在浏览器控制台中查看到）。

出现这些问题的原因就在于：以上方法只在右键弹出菜单时才执行。由于添加菜单时未做判断，才会导致每右击一次就添加一次菜单。删除的错误则更好理解：第一次右击时就已经删除了，再次右击还去删除一个不存在的菜单项，不出错才奇怪！

因此，严谨一点的添加菜单代码如下：

```
var item = $('#mm').menu('findItem','打开');
var newitem = $('#mm').menu('findItem','新菜单项');
if (!newitem){        //如果指定的菜单项不存在才添加
    $('#mm').menu('appendItem',{
        parent: item.target,
```

```
            text: '新菜单项',
            onclick: function () {alert('这是刚追加的菜单项！')},
        });
    };
```

删除菜单项的代码同理。

**❹ 为什么有时必须两次右击才显示新增的菜单项**

通过 appendItem 添加菜单项时，如果没有指定 parent 属性（也就是添加到根级菜单中），可能第一次右击时并不显示新增加的菜单。出现这种情况时，有两种解决办法。

第一，将执行 appendItem 方法的代码放到 show 方法的前面。因为程序代码是自上而下执行的，这样做的目的是，让菜单先增加、后显示。

第二，如果仍将增加菜单的事件代码放在显示的后面，可以使用 resize 方法重置。例如：

```
$('#mm').menu('resize',newitem);     //仅重置新增菜单
$('#mm').menu('resize');             //重置所有菜单
```

## 3.2.4 菜单事件

| 事件名 | 事件参数 | 描述 |
| --- | --- | --- |
| onShow | none | 在菜单显示之后触发 |
| onHide | none | 在菜单隐藏之后触发 |
| onClick | item | 在菜单项被单击的时候触发 |

菜单事件非常简单，只有 3 个，最常用的就是 onClick 事件。例如：

```
$('#mm').menu({
    onClick: function(item) {
        alert(item.text);
    }
});
```

该事件用于处理所有菜单项的单击。如上面的代码，当单击每个菜单项时都会触发该事件，并输出该菜单项的文本内容。如果菜单项本身也设置了 onclick 属性，则先执行菜单项本身的代码，然后再触发本事件。再如，我们在页面添加一个 div 面板，代码如下：

```
<div id="p" class="easyui-panel" title="对话面板" style="width:122px;">
```

现在希望每单击一次菜单，就把当前菜单项的内容追加到这个面板的内容中。onClick 事件代码如下：

```
    onClick: function (item) {
        $('#p').prepend('<p>单击了菜单项：' + item.text + '</p>');
    }
```

这里用到了 prepend 方法，它和之前学习 draggable（拖动）、droppable（放置）组件时提到的 append 方法一样，都是用来向指定的 DOM 元素对象内部添加内容的。不同的是，append 是添加到后面，而 prepend 是插入到前面。

prepend 同样有个对应的 prependTo 方法，上面的执行效果与下面这行代码是相同的：

```
    $('<p>单击了菜单项：'+item.text+'</p>').prependTo('#p')
```

运行效果如图所示。

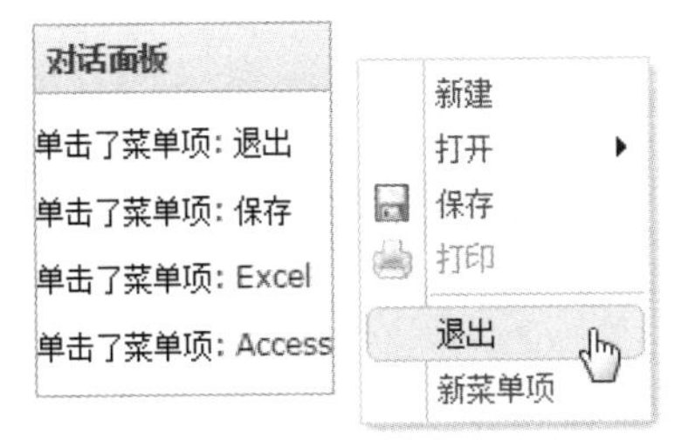


## 3.2.5 将树应用于菜单中

树在某种程度上也具有菜单的导航功能。将树应用于菜单，可创建出更加个性化的应用效果。

假如，我们想将“打开”的所有下级菜单都改用树来进行导航，应该怎么处理？

先看一下该下级菜单所对应的 HTML 代码，就是下图中标出的矩形区域。

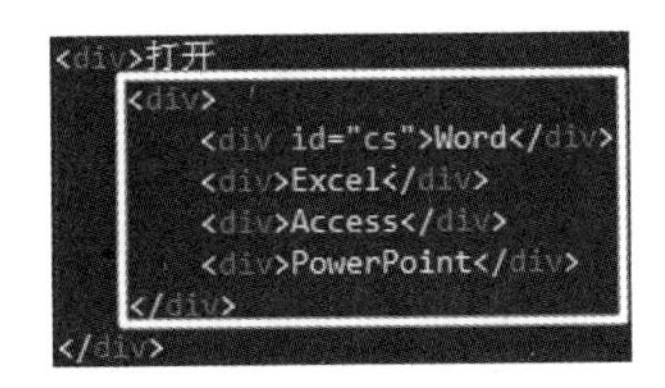


树一般都是使用 ul 和 li 组合标签创建的，所以第一步应该把子菜单区域中的 div 改成 ul/li，并使用 tree 样式，代码如下：

```
    <ul class="easyui-tree">
        <li id="cs">Word</li>
        <li>Excel</li>
```

```
        <li>Access</li>
        <li>PowerPoint</li>
    </ul>
```

然后第二步，在它外面再加个 div，使用 menu-content 样式，同时设置合适的内边距，让各个树节点的内容不至于太靠近边界，代码如下：

```
    <div class="menu-content" style="padding:10px">
        <ul class="easyui-tree">
            …树节点…
        </ul>
    </div>
```

这样就大功告成了。运行效果如图所示。

如果想再个性化一点，可以在下级菜单上面加个标题，例如：

```
    <div style="font-size:12px;margin:0 0 10px 10px;color: red">请选择打开项目</div>
```

运行效果如图所示。

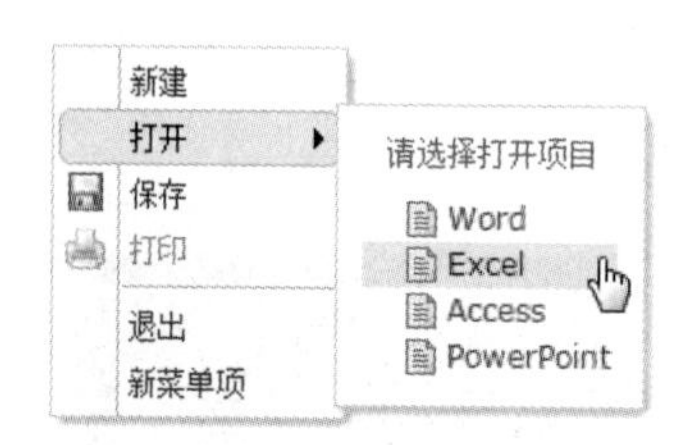


还想漂亮一点？没问题，把刚加的这个 div 改用 panel 面板样式，代码如下：

```
    <div class="menu-content">
        <div class="easyui-panel" style="width:122px;" data-options="border:false,icon
        Cls:'icon-open',title:'请选择打开项目'">
            <ul class="easyui-tree">
                <li id="cs">Word</li>
                <li>Excel</li>
                <li>Access</li>
```

```
                <li>PowerPoint</li>
            </ul>
        </div>
    </div>
```

运行效果如图所示。

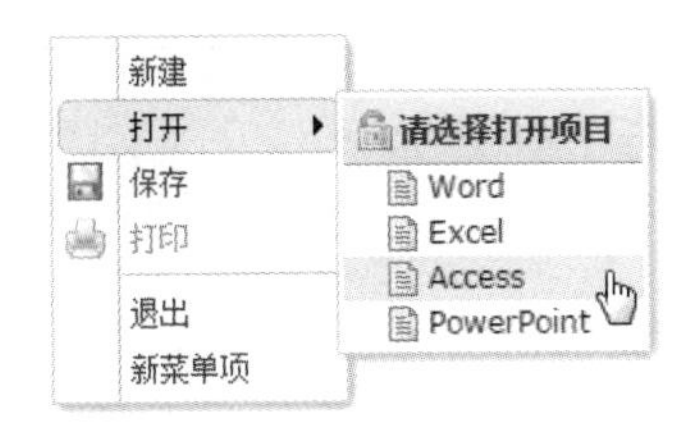


请注意，改用树做菜单后，菜单的 onClick 事件对树中的节点无效（树节点的单击，触发的只能是树的 onClick 事件）。

## 3.3 linkbutton（按钮）

linkbutton 是一个功能强大的基础类组件。说它强大，是因为它可将页面中任何常用的标签元素都转换为按钮，如：链接用的 a 标签、行内元素 span 标签，还有 div 标签、p 标签等，HTML 自带的 button 标签更不必说；说它基础，是因为其他组件中用到的工具栏按钮都可用它来创建，例如之前已经学习过的 panel 面板、tabs 选项卡、tooltip 提示框等。

例如，下面的页面代码：

```
<div class="easyui-linkbutton">div按钮</div>
<a class="easyui-linkbutton">a按钮</a>
<p class="easyui-linkbutton">p按钮</p>
<span class="easyui-linkbutton">span按钮</span>
<b class="easyui-linkbutton">b按钮</b>
```

在应用了 linkbutton 样式之后，立刻变身为各种按钮。运行效果如图所示。

请注意，当 linkbutton 仅仅作为普通按钮使用时，可以通过各种常用标签来创建；但如果作为其他组件的构成元素来使用时，则只能通过 a 标签来创建，否则可能会带来一系列的问题（尤其是界面显示）。

除此之外，还有一种特殊的按钮：图标按钮。

图标按钮不是通过 linkbutton 创建的，而是直接使用图标 class 所对应的类名称来创建。该名称就是很多组件中经常用到的 iconCls 属性所对应的值，全部的类定义信息都保存在 themes 文件夹下的 icon.css 中。

例如，以下代码就生成了增加、删除两个图标按钮：

```
<a class="icon-add"></a>
<a class="icon-remove"></a>
```

但这种图标按钮默认是不显示的，它一般仅作为其他组件的工具栏使用。当其他组件的工具栏通过选择器选中这些图标按钮时，才会在指定的工具栏中显示。

为方便说明问题，我们仅在页面的 body 中加入了以下代码：

```
<a id="l1">按钮1</a>
<a id="l2">按钮2</a>
<a id="l3">按钮3</a>
<a id="l4">按钮4</a>
<script type="text/javascript" src="test.js" ></script>
```

关于该按钮所有属性、方法及事件，都在 test.js 程序中设置。

## 3.3.1　属性

| 属性名 | 值类型 | 描述 | 默认值 |
|---|---|---|---|
| text | string | 按钮文字 | '' |
| id | string | ID 属性 | null |
| width | number | 宽度 | null |
| height | number | 高度 | null |
| size | string | 按钮大小。可用值：small、large | small |
| iconCls | string | 显示在按钮文字旁边的图标 | null |
| iconAlign | string | 按钮图标位置。可用值：left、right、top、bottom | left |
| plain | boolean | 为 true 时显示简洁效果，一般用于工具栏时使用此属性 | false |
| disabled | boolean | 是否禁用按钮 | false |
| selected | boolean | 是否定义按钮初始的选择状态 | false |
| toggle | boolean | 是否允许切换选中状态 | false |
| group | string | 指定相同组名称的按钮同属于一个组，组名称可任意定义 | null |

以下代码仅对第一个按钮使用了 linkbutton 中的一些常用属性：

```
$('#l1').linkbutton({
    width: 80,
    height: 50,
    iconCls: 'icon-save',
    iconAlign: 'top',
    text: '后台数据保存',
    toggle:true,
});
```

运行效果如图所示。

由于将toggle设置为true，因此单击该按钮时，会在选中与未选中之间切换（选中时按钮背景为灰色）。

假如我们在页面中再增加3个按钮，并将它们的toggle属性都设置为true，由于彼此都是独立的按钮，因此可以同时选中多个。运行效果如图所示。

如果将前两个按钮分为一组，后两个按钮分为一组，则每组中的按钮仅能选中1个，从而实现单选效果。代码如下：

```
$('#l1').linkbutton({
    …相同代码略…
    toggle:true,
    group: 'g1',
});
$('#l2').linkbutton({
    toggle:true,
    group: 'g1',
});
$('#l3,#l4').linkbutton({  //并集选择器：多个DOM元素需要同时设置的，用逗号分开即可
    toggle:true,
    group: 'g2',
});
```

关于按钮图标的说明：默认情况下，size的属性值为small，这个时候比较适合使用16*16的小图标，图标位置在文字的左侧（iconAlign为left）；如果将size设为large，则适合使用32*32的大图标，iconAlign属性值应设置为top。大图标按钮效果如图所示。

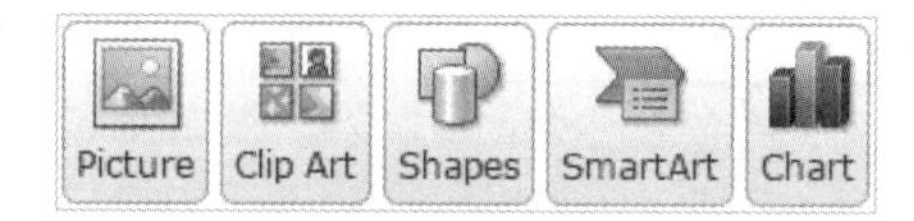


如果你觉得图标的样式太单调，也可以给它们再另外增加颜色样式。例如：

```
$('#l1').addClass('c1');
```

也可以在页面的标签属性中直接添加，因为 class 是可以使用多个的。如：

```
<a id="l1" class="easyui-linkbutton c1">按钮1</a>
```

**注意**

如要使用 c1 ~ c8 的颜色样式，需先引入 themes 文件夹中的 color.css 文件。

## 3.3.2　方法

| 方法名 | 方法参数 | 描述 |
| --- | --- | --- |
| options | none | 返回属性对象 |
| resize | param | 重置按钮大小。参数对象包括两个属性：width 和 height |
| disable | none | 禁用按钮 |
| enable | none | 启用按钮 |
| select | none | 选择按钮 |
| unselect | none | 取消选择按钮 |

很显然，大部分通过方法实现的效果，改用属性都是可以实现的。这些方法中，只有 resize 可以带参数。例如：

```
$('#l2').linkbutton('resize', {
    width: 80,
    height: 20,
});
```

该方法不带参数时，起到的作用就是原样重置。

## 3.3.3　事件

| 事件名 | 事件参数 | 描述 |
| --- | --- | --- |
| onClick | none | 在单击按钮的时候触发 |

a 标签可以设置 href 属性，用于打开指定的链接。如果该标签创建的按钮同时设置了事件，则在事件执行完成后才打开链接。

## 3.4 menubutton（菜单按钮）

顾名思义，菜单按钮就是由菜单和按钮组合而成的复合型按钮：菜单默认是隐藏的，只有当用户单击或者将光标移动到按钮上面时才会显示。通过 menubutton 可以轻松创建传统的桌面程序菜单。

例如，以下的页面代码，先创建了一个宽度为 300px 的面板，然后在面板里面放了 4 个按钮：

```
<div class="easyui-panel" style="padding:5px;width:300px">
    <a class="easyui-linkbutton" data-options="plain:true">主菜单</a>
    <a class="easyui-menubutton">编辑</a>
    <a class="easyui-menubutton">帮助</a>
    <a class="easyui-menubutton">关于</a>
</div>
```

其中，第一个就是普通的 linkbutton 按钮，并将其 plain 属性设置为 true，将显示为简洁效果；其他 3 个使用了 menubutton 的菜单按钮样式。运行效果如图所示。

既然另外 3 个都是菜单按钮，那么如何显示它们的下拉菜单呢？首先来看一下菜单按钮有哪些属性。

### 3.4.1 属性

菜单按钮是基于 linkbutton 扩展而来的，因此，linkbutton 所具有的属性在菜单按钮中都可以使用。以下是菜单按钮新增的属性。

| 属性名 | 值类型 | 描述 | 默认值 |
| --- | --- | --- | --- |
| menu | string | 绑定对应的下拉菜单选择器 | null |
| menuAlign | string | 根级菜单与按钮的对齐方式。可用值：left 和 right | null |
| duration | number | 鼠标划过按钮时显示菜单所持续的时间（毫秒） | 100 |
| hasDownArrow | boolean | 是否显示向下箭头图标 | true |

很显然，要显示下拉菜单，需要使用 menu 属性来绑定对应的菜单选择器。现在我们先在页面中把 3 个菜单的内容构建起来。

第 1 个菜单的 id 为 mm1，这是个带有下级菜单的多级菜单。代码如下：

```
<div id="mm1">
    <div data-options="iconCls:'icon-undo'">撤销</div>
```

```
        <div data-options="iconCls:'icon-redo'">重做</div>
        <div class="menu-sep"></div>
        <div>剪切</div>
        <div>复制</div>
        <div>粘贴</div>
        <div class="menu-sep"></div>
        <div data-options="iconCls:'icon-remove'">删除</div>
        <div>全选</div>
    </div>
```

第2个菜单的id为mm2，这个就简单一点，没有下级菜单。代码如下：

```
    <div id="mm2" style="width:100px;">
        <div>帮助</div>
        <div>更新</div>
        <div>关于</div>
    </div>
```

第3个菜单再简单一点，仅使用menu-content的样式来输出一个类似于提示框的效果，代码如下：

```
    <div id="mm3" class="menu-content" style="background:#f0f0f0;padding:10px 10px 0 10px;">
        <img src="logo.png" style="width:160px">
        <p style="font-size:13px;color:#979797;">职场码上汇，助您轻松打造企业级应用！</p>
    </div>
```

以上3个菜单的内容构建好之后，现在将它们分别绑定到3个菜单按钮上（由于功能太简单，就直接写到data-options属性中，不再另外写JS代码），代码如下：

```
    <a class="easyui-menubutton" data-options="menu:'#mm1'">编辑</a>
    <a class="easyui-menubutton" data-options="menu:'#mm2'">帮助</a>
    <a class="easyui-menubutton" data-options="menu:'#mm3'">关于</a>
```

刷新页面，当鼠标滑过或单击菜单按钮时，一个类似于桌面程序的下拉式传统菜单就生成了，运行效果如图所示。

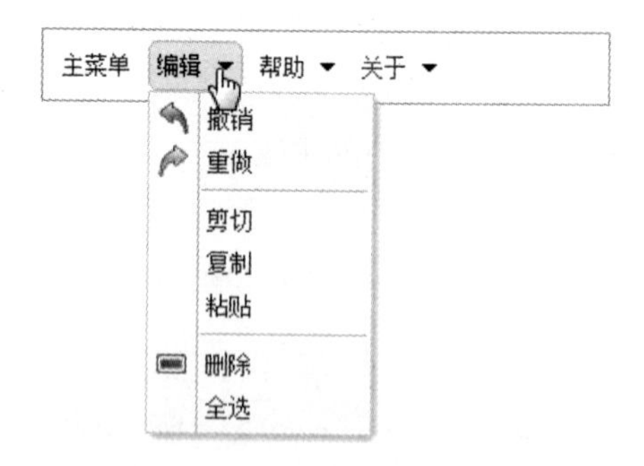

如果要给“编辑”“帮助”两个菜单按钮加上图标，给“关于”按钮取消下拉箭头的显示，可以再加上一些属性。代码如下：

```
<a class="easyui-menubutton" data-options="menu:'#mm1',iconCls:'icon-edit'">编辑</a>
<a class="easyui-menubutton" data-options="menu:'#mm2',iconCls:'icon-help'">帮助</a>
<a class="easyui-menubutton" data-options="menu:'#mm3',hasDownArrow:false">关于</a>
```

运行效果如图所示。

关于创建菜单按钮的两点补充说明。

第一，通过 menu 属性绑定的菜单，其对应的 DOM 元素可以不用指定 easyui-menu 样式。例如，上例中的 mm1 和 mm2，在使用 div 标签构建其内容时，虽然没有设置 class 样式属性，但在绑定后依然可以正常生成菜单。当然，如果加上也是可以的，但多一事不如少一事，何必呢?

第二，菜单按钮和 menu 一样，同样可以使用热键，以方便键盘操作。这方面的应用请参考官方自带的 demo 文件实例：nav.html。

## 3.4.2 方法

既然 menubutton 是基于 linkbutton 扩展而来的，那么，linkbutton 中的 options、resize、enable、disable、select 和 unselect 方法在这里都可使用。

请注意，经多次测试，将本组件最新版的后面 4 种方法直接写在页面 DOM 元素的 onclick 事件（或者 data-options 的 onClick 事件）中都可正常执行，但写在 JS 中则不执行，console 也没输出任何错误。之前版本不存在这个问题，也许是个 bug 吧。

除了延续 linkbutton 中的 6 个方法外，menubutton 还增加了一个方法，如下表所示。

| 方法名 | 方法参数 | 描述 |
| --- | --- | --- |
| destroy | none | 销毁菜单按钮 |

## 3.4.3 事件

菜单按钮是由菜单和按钮组合而成的。当单击按钮时，将触发 linkbutton 的 onClick 事件；当鼠标移动到按钮上显示菜单时，将触发 menu 的 onShow 事件；鼠标离开，菜单隐藏时将触发 menu 的

onHide 事件；单击菜单项时，触发 menu 的 onClick 事件。

## 3.5　splitbutton（分割菜单按钮）

分割菜单按钮和 menubutton 一样，仍然是基于 linkbutton 和 menu 组合而成的复合型按钮。它所拥有的属性、方法和事件与 menubutton 完全相同，不再赘述。

唯一的不同是，splitbutton 将按钮分割成了左右两部分：当鼠标移动到分隔条的左侧时，其绑定的菜单并不会显示（即使单击也不显示）；移动到右侧才会显示。

如下图，当鼠标移动到分割条的左侧时，菜单并不显示。

只有移动到分割条的右侧才会显示。

如果将 hasDownArrow 的属性设置为 false，也就是将按钮上的向下箭头图标隐藏，则按钮自动取消分割，鼠标移动到按钮上的任何位置都能直接显示。

## 3.6　switchbutton（开关按钮）

开关按钮 switchbutton 只有两个状态："开"和"关"。用户可以单击或轻敲来切换，按钮上的开关标识是可以定制的。

例如，对于页面中的以下 div 元素，由于使用了 switchbutton 样式，将自动生成开关效果：

```
<div id="sb" class="easyui-switchbutton"></div>
```

浏览器运行效果如图所示。

OFF

## 3.6.1 属性

| 属性名 | 值类型 | 描述 | 默认值 |
| --- | --- | --- | --- |
| width | number | 开关按钮宽度 | 60 |
| height | number | 开关按钮高度 | 26 |
| checked | boolean | 是否为开启状态 | false |
| disabled | boolean | 是否禁用 | false |
| readonly | boolean | 是否只读 | false |
| reversed | boolean | 是否反转开关文本内容 | false |
| onText | string | 左边文本值（反转后是右边） | ON |
| offText | string | 右边文本值（反转后是左边） | OFF |
| value | string | 默认值 | on |
| handleText | string | 开关把手文本值 | '' |
| handleWidth | number | 开关把手宽度 | auto |

其中，在 disabled 和 readonly 设置为 true 后，都无法对开关按钮进行操作。但它们之间是有区别的：disabled 是让控件处于不可使用状态；而 readonly 仅是无法改变开关的值（但控件本身是可用的）。

例如：

```
$('#sb').switchbutton({
    width: 80,
    readonly:true,
    onText: '男',
    offText: '女',
});
```

由于 checked 默认的是处于关闭状态，因此运行效果如图所示。

女

如果将 checked 设置为 true，则该按钮打开。运行效果如图所示。

男

## 3.6.2　方法

| 方法名 | 参数 | 描述 |
| --- | --- | --- |
| options | none | 返回属性对象 |
| resize | param | 调整开关按钮大小 |
| check | none | 启用开关按钮。和 checked 属性设置为 true 的效果相同 |
| uncheck | none | 禁用开关按钮。和 checked 属性设置为 false 的效果相同 |
| disable | none | 禁用开关按钮。和 disabled 属性设置为 true 的效果相同 |
| enable | none | 启用开关按钮。和 disabled 属性设置为 false 的效果相同 |
| readonly | mode | 启用 / 禁用只读模式。<br>如禁止只读：`$('#sb').switchbutton('readonly',false);` |
| setValue | value | 设置开关按钮的值。和 value 属性的作用是一样的 |
| clear | none | 清除开关按钮的值 |
| reset | none | 重置开关按钮的值到默认状态 |

## 3.6.3　事件

| 事件名 | 事件参数 | 描述 |
| --- | --- | --- |
| onChange | checked | 在更改开关状态值的时候触发 |

该事件仅在单击更改开关状态值的时候触发。按下“开”时，checked 的值为 true；否则为 false。注意，该事件和 value 无关。例如：

```
onChange: function (checked) {
    alert($('#sb').switchbutton('options').value + '|' +checked);
}
```

浏览器运行时，单击将开关打开，则输出的内容为 on|true ；再次单击关闭时，输出 on|false。其中，on 就是 value 的默认值，一直没有改变。如果将 value 属性设置为“男”，则会一直将 value 的值输出为“男”，除非在事件中通过 setValue 方法对 value 值做出改变。

# 第4章　表单类组件

# 4.1　validatebox（验证框）

关于验证框组件，我们在导论部分——“使用 EasyUI 框架实现快速开发”中已经讲得比较多了。现将其全部成员做个总结，并重点就验证规则做进一步的解释和说明。

## 4.1.1　全部成员

### ❶ 常用属性

| 属性名 | 值类型 | 描述 | 默认值 |
|---|---|---|---|
| required | boolean | 该文本框是否必填内容 | false |
| validType | string,array | 所输入内容的验证类型和规则 | |
| missingMessage | string | 当文本框未填写时出现的提示信息 | |
| invalidMessage | string | 当文本框内容被验证为无效时出现的提示信息 | null |
| novalidate | boolean | 是否关闭验证功能 | false |
| editable | boolean | 是否允许输入编辑内容 | true |
| disabled | boolean | 是否禁用文本框（表单提交时不会被提交） | false |
| readonly | boolean | 是否将文本框设为只读（表单提交时会被提交） | false |
| validateOnCreate | boolean | 是否在创建该组件时就进行验证 | true |
| validateOnBlur | boolean | 是否在文本框失去焦点时进行验证 | false |
| delay | number | 验证延迟时间 | 200 |
| deltaX | number | 提示信息在水平方向上的位移距离 | 0 |
| tipPosition | string | 提示信息显示的位置。可选值：left、right | right |
| err | function | 验证无效时的回调函数 | |

### ❷ 常用方法

| 方法名 | 方法参数 | 描述 |
|---|---|---|
| options | none | 返回该组件的属性对象 |
| validate | none | 验证文本框的内容是否有效，此方法很少直接使用 |
| isValid | none | 调用 validate 方法并且返回验证结果：true 或者 false |
| enableValidation | none | 启用验证 |
| disableValidation | none | 禁用验证 |
| resetValidation | none | 重置验证 |
| enable | none | 启用该组件 |
| disable | none | 禁用该组件 |
| destroy | none | 移除并销毁该组件 |
| readonly | mode | 启用 / 禁用只读模式 |

### ❸ 可触发事件

| 事件名 | 参数 | 描述 |
| --- | --- | --- |
| onBeforeValidate | none | 在验证一个字段之前触发 |
| onValidate | valid | 在验证一个字段的时候触发 |

## 4.1.2 验证规则

验证规则是根据使用需求来定义的。

### ❶ 组件自带的验证规则

组件 validatebox 本身已经定义好了一些常用的规则，我们可以直接使用。

email：匹配 E-Mail 的正则表达式规则。

url：匹配 URL 的正则表达式规则。

length[x,y]：允许在 x 到 y 之间的字符个数。

要使用上述规则，只需直接给 validType 属性设置相应的字符串名称。例如：

```
$('#name').validatebox({
    validType : 'length[5,10]',      //限制输入5~10个字符
    // validType : 'email',          //限制按照电子邮件的格式输入
    // validType : 'url',            //限制按照url地址的格式输入
});
```

如果需要多个验证规则，则可以使用数组。例如，要求输入的内容字符数有 5 ～ 10 个，同时符合电子邮件格式。代码如下：

```
validType:['length[5,10]','email'],
```

### ❷ 自定义验证规则

由于 validatebox 组件自带的验证规则非常有限，实际应用中往往需要根据自身需要进行扩展，也就是自定义验证规则。

自定义验证规则，需要重写 $.fn.validatebox.defaults.rules 中的验证器函数和无效消息。例如，定义一个最小长度（minLength）的自定义验证。代码如下：

```
$.extend($.fn.validatebox.defaults.rules, {
    minLength: {
        validator: function(value, param){
```

```
            return value.length >= param[0];
        },
        message: '请至少输入 {0} 个字符！'
    }
});
```

其中，$.extend() 是 jQuery 中的扩展方法。上述示例代码的 extend 方法中包含了两个参数，一个是扩展对象，另一个是扩展的具体内容。

$.fn.validatebox.defaults 表示 validatebox 组件的默认值（该组件的所有属性和事件都包含在这里面），后面再加个 rules 表示默认值中的验证规则。这个就是我们要扩展的对象。

另外一个参数就是要扩展的具体内容，它是一个参数对象。以上述代码为例，这个参数对象里面只扩展了一个名称为“minLength”的验证规则。该验证规则必须包含验证器函数（validator）和验证未通过时的无效信息（message）。

验证器可以传入两个参数 value 和 param，value 表示要验证的值，param 表示验证规则参数数组；验证器的返回值只能是 true 或 false，true 表示验证通过，false 表示未通过。

假如我们要使用上述自定义的验证规则，可将 validType 属性值设置为：

```
validType:'minLength[5]';
```

这里的 [5] 是用来验证的参数数组 param，用户输入的内容就是 value。当用户输入时，自动调用验证器函数，如果 value.length >= param[0] 成立，则返回值为 true，也就是输入的字符长度大于或等于 5，这就表示通过验证；如果不成立，则返回 false，同时输出 message 中的内容。运行效果如图所示。

这里的验证参数数组 param 是可以自由设置的。假如要求至少输入 8 个字符，代码如下：

```
validType:'minLength[8]';
```

### ❸ 自定义验证规则判断前后输入是否相同

巧用 param 参数，可实现多次输入验证功能。例如，我们在页面中再添加一个文本框，id 为 rpt，然后自定义验证规则 equals，判断它和 id 为 name 的文本框输入内容是否相同。例如：

```
$.extend($.fn.validatebox.defaults.rules, {
    minLength: {
        …代码同上，略…
    },
    equals: {
```

```
            validator: function(value,param){
                return value == $(param[0]).val();
            },
            message: '输入的内容和上面不一致！'
        }
    });
```

现在给 $('#rpt') 使用验证规则。代码如下：

```
    $('#rpt').validatebox({
        validType: 'equals["#name"]'
    });
```

既然这里传递的参数是选择器，那么验证器函数就可通过该选择器获得 name 的输入值，再和当前值比较，从而判断出它们的内容是否相同。运行效果如图所示。

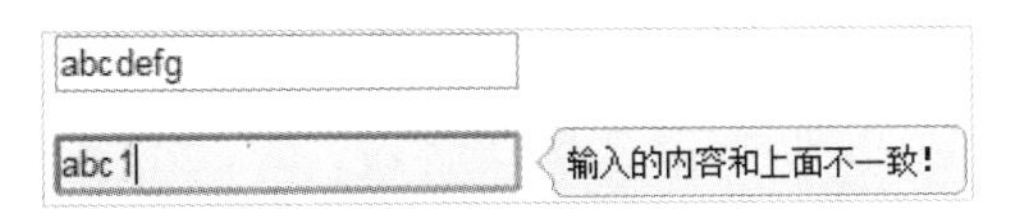


### ❹ 自定义规则时不使用 param 参数

验证器函数中的参数数组 param 是可选的。例如：

```
    $.extend($.fn.validatebox.defaults.rules, {
        checkNum: {
            validator: function(value) {
                return /^([0-9]+)$/.test(value);
            },
            message: '请输入整数!'
        },
        checkFloat: {
            validator: function(value) {
                return /^[+|-]?([0-9]+\.[0-9]+)|[0-9]+$/.test(value);
            },
            message: '请输入合法数字!'
        },
    });
```

上述代码定义了两个验证规则：checkNum 和 checkFloat。这两个规则仅限定输入的字符类型，没有限制长度，因此，验证器函数中不用传入参数 param。

请注意，上述两个规则中的验证器函数，都用到了正则表达式的 test 方法。该方法的返回值为 true 或 false，如果输入的内容和正则表达式匹配，返回 ture ；否则返回 false。

**❺ 自定义远程验证规则**

只要验证器函数最终的返回值是 true 或 false，这个函数中的验证过程是可以随意发挥的。

现在我们再举例做一个自定义的远程验证规则。示例代码如下：

```
nameCheck: {
    validator: function(value) {
        var result = true;
        $.ajax({
            url: 'test.php',        //php的返回值必须为true或false
            async:false,            //同步请求
            data:{
                name:value          //对名称进行验证，将输入的值发送到服务器
            },
            success:function(data){
                result = data;
            }
        });
        return result;
    },
    message: '该用户名称已经被注册！',
}
```

通过 AJAX 请求的 test.php 代码如下：

```
<?php
    if ($_GET['name'] == '张三') {
        echo false;
    }else{
        echo true;
    }
?>
```

上述代码非常简单，仅用来说明验证原理。实际应用时可通过数据库检索，再给出返回值。以此代码为例，如果用户输入的内容是“张三”，则验证无法通过。运行效果如图所示。

## 4.1.3　提示信息

validatebox 组件的提示信息是基于 tooltip 的，主要包括两类提示信息。

#### ❶ 当文本框未填写内容时的提示信息

出现该提示信息的前提是 required 属性为 true。

例如，id 为 name 的 input 元素对象，其 required 属性值已经设置为 true。当光标移入，未输入任何内容时，默认给出以下提示：

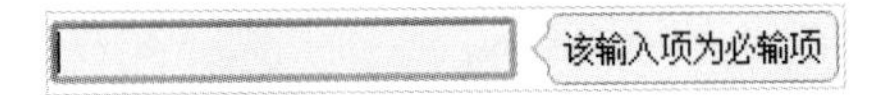


可通过属性 missingMessage 修改上述默认信息。

#### ❷ 当验证无效时出现的提示

该提示默认显示指定验证规则中的 message 信息（包括自定义的验证规则），也可通过 invalidMessage 属性重新设置提示内容。

例如，id 为 name 的 input 元素对象，其 validType 属性值为 length[5,10]，当输入的内容不在 5 ～ 10 个字符之间时，将弹出无效提示。运行效果如图所示。

一旦符合验证要求，提示消失。

#### ❸ 如何让验证通过时也给出人性化的提示

默认情况下，只有在上述两种情况下才给出提示；一旦输入的内容符合验证要求，则没有任何提示信息。如何在验证通过时也给出人性化的提示呢？这就需要用到 err 属性。例如：

```
$('#name').validatebox({
    required: true,
    validType: 'length[5,10]',    //限制输入5-10个字符
    err: function(target, message, action){
        message = message || '请在这里输入您的单位名称！';
        $.fn.validatebox.defaults.err(target, message, action);
    }
});
```

err 的属性值为验证无效时的事件处理函数。该函数有 3 个参数：target 为当前的 DOM 元素，message 为无效时的提示信息，action 为提示信息的隐藏或显示动作。一般只需用到前两个参数。

上述代码的意思是，输出的信息可以是验证无效信息或者指定的提示内容，并重新赋值给 message，同时重新定义默认的 err 属性。这样一来，当验证无效时，自动显示无效提示信息；当验证通过时，由于不存在无效提示信息，自然就直接显示新定义的字符串内容。

运行效果如图所示。

南京码上汇　请在这里输入您的单位名称！

由于输入的内容已经达到 5 个字符，符合验证规则，因此就显示设定好的字符串内容。

设定的字符串也可以存放在一个自定义的属性中，然后通过 options 方法获取。例如：

```
prompt: '请在这里输入您的单位名称！',
err: function(target, message, action){
    var t = $(target);
    message = message || t.validatebox('options').prompt;
    $.fn.validatebox.defaults.err(target, message, action);
}
```

### ❹ 如何修改提示信息样式

以上代码都是采用 validatebox 默认的 err 信息样式输出的，其实这些样式也一样能修改。例如：

```
prompt: '请在这里输入您的单位名称！',
err: function(target, message, action){
    var t = $(target);
    message = message || t.validatebox('options').prompt;
    var m = t.next('.message');
    if (!m.length){
        m = $('<div class="message"></div>').insertAfter(t);
    }
    m.html(message);
}
```

重点在于加粗的部分：先用 next 方法查找紧接在当前文本框后面且包含 class 样式为 messgae 的 DOM 元素。如果该元素不存在，就新建一个 div 元素（class 样式为 message），并把它插入到当前文本框元素的后面，最后再将 message 信息设置为新建 div 元素的内容。

这样设置之后，不论未填写内容，还是验证无效 / 有效，所有的提示信息都按照 class 为 message 的样式来显示。而且，由于它是以 insertAfter 方法插入到当前文本框元素后面的兄弟元素，因此会显示在下一行。

上述代码用到的 message 样式如下：

```
.message{
    margin: 4px 0 0 0;
    padding: 0;
    color: red;
    font-size: 12px;
}
```

最终显示效果如图所示。

南京码上

输入内容长度必须介于5和10之间

## 4.2 textbox（文本框）

文本框组件是基于验证框扩展而来的，它实际上就是增强版的文本输入框。

例如，页面中仅需如下一行代码即可实现漂亮的文本框输入效果：

```
<input id="t" class="easyui-textbox">
```

运行效果如图所示。

### 4.2.1 属性

既然 textbox 是基于 validatebox 扩展而来的，那么 validatebox 中的所有属性在 textbox 中都可使用，只是有的属性可能没有效果而已。

新增属性如下表所示：

| 属性名 | 属性值类型 | 描述 | 默认值 |
|---|---|---|---|
| width | number | 组件的宽度 | auto |
| height | number | 组件的高度 | 22 |
| cls | string | 给组件添加的 CSS 类名 | |
| prompt | string | 在输入框内显示提示信息 | '' |
| value | string | 默认值。一旦设置，prompt 的信息就不再显示 | |
| type | string | 文本框类型。可用值：text 和 password | text |
| label | string,selector | 文本框标签 | null |
| labelPosition | string | 标签位置。可用值：before、after、top | before |
| labelWidth | number | 标签宽度 | auto |
| labelAlign | string | 标签对齐方式。可用值：left、right | left |
| multiline | boolean | 是否为多行文本框 | false |
| icons | array | 文本框图标工具栏 | [] |
| iconCls | string | 文本框背景图标 | null |

续表

| 属性名 | 属性值类型 | 描述 | 默认值 |
| --- | --- | --- | --- |
| iconAlign | string | 图标位置。可用值：left、right | right |
| iconWidth | number | 图标宽度 | 18 |
| buttonText | string | 文本框附加按钮显示的文本内容 | |
| buttonIcon | string | 文本框附加按钮显示的图标 | null |
| buttonAlign | string | 附加按钮的显示位置。可用值：left、right | right |

例如，下面的 JS 代码，对文本框就做了一些常用属性的设置：

```
$('#t').textbox({
    width:300,
    cls:'c1',      //使用了color.css中的c1样式，页面要引入此文件才有效果
    prompt:'这里填写单位名称',
    label:'请输入：',
    labelPosition: 'top'
});
```

运行效果如图所示。

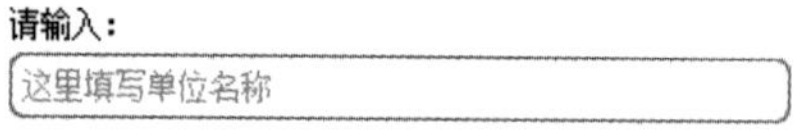

使用属性时需要注意的几点。

### ❶ 输入多行文本

如需输入多行文本，可将 multiline 设置为 true，同时设置适当的高度。例如：

```
multiline: true,
height:200,
```

运行效果如图所示。

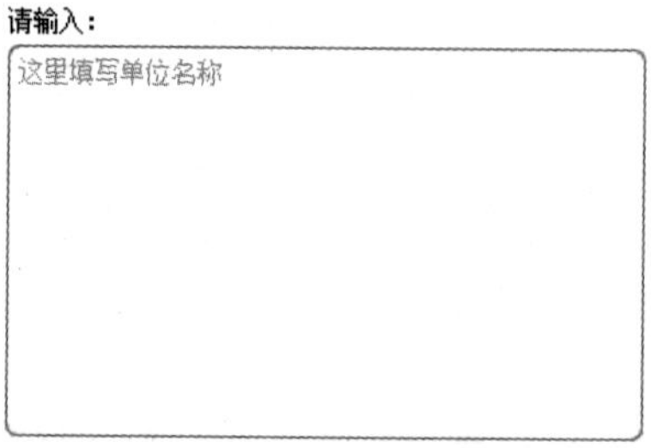

### ❷ 关于标签的问题

我们知道，HTML 本身就有 label 标签，用户即便是单击 input 元素外面的标签，光标焦点也能自动定位到相应的表单元素，从而让用户体验更好。

如下面的页面代码：

```
<label id="lbl" for="t" style="color: red;">请输入：</label>
<input id="t">
```

当没有使用 easyui-textbox 样式而且没对 t 元素初始化时，单击外面的标签是可以直接将焦点定位到输入框的，因为 label 标签使用 for 属性进行了指定。一旦使用 textbox 的 class 样式，页面自身的 label 标签焦点定位功能就会失效。如果还想继续使用页面中的 label，只能在初始时将 label 属性的值指定为选择器。例如：

```
lable: {'#lbl'},
```

运行效果如图所示。

请输入：

这样设置之后，单击标签虽然可以定位到文本框，但其他的各种组件属性会全部失效。因此，label 属性值只需自定义，最好不要使用选择器。

除 label 之外，其他与标签相关的属性还有 labelPosition、labelWidth 和 labelAlign。

在这 4 个标签属性中，只有 label 和 labelPosition 比较常用，另外两个很少用。

### ❸ 关于图标与按钮

文本框中是可以加入图标或按钮的，以实现更加丰富的功能。具体来说有以下 3 种情况。

- **工具栏图标**

工具栏图标通过 icons 属性设置。每个选项都可设置以下属性。

iconCls：指图标的 class 样式名称。

disabled：指明是否禁用该图标。

handler：用于处理单击该图标以后的动作。

例如：

```
icons: [{
    iconCls:'icon-add',
```

```
        handler: function(e){
            $(e.data.target).textbox('setValue', '这是添加的内容！');
        }
    },{
        iconCls:'icon-remove',
        disabled: true,
        handler: function(e){
            $(e.data.target).textbox('clear');
        }
    }],
```

运行效果如图所示，单击图标“+”将执行相关操作，单击图标“-”无反应，因为其 disabled 属性值为 true，已被禁用。

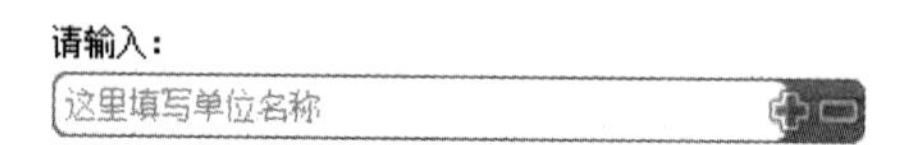


- **背景图标**

它和工具栏图标不一样，仅仅是作为背景。例如：

```
    iconCls: 'icon-search',
```

运行效果如图所示。

最后面的这个类似于放大镜的搜索图标就是背景图标。

不论是工具栏图标还是背景图标，它们都可设置显示位置和宽度。例如：

```
    iconAlign: 'left',
    iconWidth:22,
```

其中，iconWidth 并不会改变图标本身的宽度，仅仅是调整前后间距。运行效果如图所示。

- **附加按钮**

除了图标之外，还可以给文本框添加按钮。与此相关的属性有 3 个，示例代码如下：

```
    buttonText: '点我查询',
    buttonIcon:'icon-ok',
    buttonAlign:'left',
```

运行效果如图所示。

由此可见，文本框的功能是非常强大的。当然，实际应用中，没必要把各种图标、按钮功能都用上，按需选择其中的一项即可。

例如，我们在用户登录界面，仅需显示一个背景图标，提示这是用来输入用户名称的即可，简洁大方。代码如下：

```
$('#t').textbox({
    width:200,
    prompt:'请输入用户名',
    iconWidth:38,
    iconCls: 'icon-man',
});
```

运行效果如图所示。

**❹ 关于组件的宽度与高度**

之前所讲到的标签，当位置不是 top 时，其宽度是包含在组件所设定的 width 中的；还有图标、按钮等，也都占用 width 中的宽度值。

高度 height 一般仅在多行文本时才需用到。

**❺ 关于 editable 与 readonly 属性**

在 validatebox 中，有 3 个属性 editable、readonly 和 disabled 是用来设置组件状态的。其中，disabled 还比较好理解，直接将组件禁用了，根本无法单击。问题是前两个属性，功能看起来非常相似，都是无法编辑。

由于 validatebox 没有图标按钮等功能，因此在学习验证框时，无法详细说明它们之间的区别。现在延用到 textbox 之后，就可以很明显地看出它们的不同了。

如果把 editable 设置为 false，仅仅是文本框内容不能编辑修改，但按钮和图标仍可以正常使用。

如果把 readonly 设置为 true，则整个文本框都处于只读状态，连按钮和图标都无法使用。此时，它和 disabled 设置为 true 的效果是一样的，仅仅是一个看起来正常，另一个为灰色而已。

## 4.2.2 方法

文本框组件中的方法仍然扩展自 validatebox，以下是新增的方法。

| 方法名 | 参数 | 描述 |
| --- | --- | --- |
| options | none | 返回属性对象 |
| textbox | none | 返回文本框对象 |
| button | none | 返回按钮对象 |
| resize | width | 调整文本框组件宽度 |
| initValue | value | 初始化组件值，该方法不会触发 onChange 事件 |
| setValue | value | 设置组件的值 |
| getValue | none | 获取组件的值 |
| setText | text | 设置显示的文本值 |
| getText | none | 获取显示的文本值 |
| reset | none | 重置组件中的值 |
| clear | none | 清除组件中的值 |
| getIcon | index | 获取指定工具栏图标中的对象 |

以上方法中，initValue 赋值方法不会触发 onChange 事件，但 setValue、reset 和 clear 方法都会触发。其中，reset 方法是将值重置为默认值（如果设置了 value 属性的话），clear 则将值清除。

当手工输入时，只有回车或者焦点离开才会改变值。例如：

```
var t = $('#t');
t.textbox('textbox').keydown(function(e){
    if (e.keyCode == 13){
        var v = t.textbox('getValue'); //获取的值就是修改后的，和t.val()得到的内容一样
        alert('输入的内容为：' + (v ? v : '空'));
    }
});
```

请注意上述事件代码的写法，加粗的部分不能省略，这个表示触发的是文本框组件中的 keydown 事件。

官方提供的 demo 中还扩展了一个方法 addClearBtn，通过该方法可以添加清除内容的按钮图标。运行效果如图所示。

单击叉号图标即可清除已经输入的内容（含当前图标）。这个扩展的方法还是很有用的，可直接复制到自己的项目中使用。该示例文件名称为：clearicon.html。

## 4.2.3　事件

文本框组件中的事件扩展自 validatebox，以下是新增的事件。

| 事件名 | 参数 | 描述 |
| --- | --- | --- |
| onChange | newValue, oldValue | 在值更改的时候触发 |
| onResize | width, height | 在文本框大小改变的时候触发 |
| onClickButton | none | 在用户单击附加按钮的时候触发 |
| onClickIcon | index | 在用户单击工具栏图标的时候触发 |

当工具栏图标本身设置了 handler 事件，同时又在组件中设置 onClickIcon 事件时，则单击图标首先触发 onClickIcon，然后执行 handler。

## 4.3 passwordbox（密码框）

密码框组件仅仅只是基于文本框做了一些个性化的定制，其本质仍然属于文本框；textbox 组件将 type 属性设置为 password，一样可以起到密码框的效果。

本组件允许用户在具有更好交互功能的编辑框中输入密码：不仅可以将输入的密码文本显示为非明文方式的圆点，同时还会提供一个眼睛图标来协助查看输入的内容，以确保密码正确无误。

例如，下面的页面代码，仅使用 easyui-passwordbox 样式，即直接生成密码输入框：

```
<input id="p" class="easyui-passwordbox">
```

运行效果如图所示（单击眼睛图标，可将输入的内容在明文与密文间切换显示）。

### 4.3.1 属性

该组件属性扩展自 textbox，以下是新增属性。

| 属性名 | 值类型 | 描述 | 默认值 |
| --- | --- | --- | --- |
| passwordChar | string | 在文本框中显示的密码字符 | %u25CF |
| checkInterval | number | 检查并转换为密码字符的间隔时间 | 200 |
| lastDelay | number | 转换最后输入的字符为密码字符时的延迟时间 | 500 |
| revealed | boolean | 是否显示真实密码 | false |
| showEye | boolean | 是否显示眼睛图标 | true |

例如：

```
$('#p').passwordbox({
    width: 200,
```

```
        prompt: '请输入密码',
        iconWidth: 28,
        passwordChar: '*',        //密码显示为*号
        showEye:false,            //不显示眼睛
    });
```

## 4.3.2 方法

该组件方法同样扩展自 textbox，以下是新增的方法。

| 方法名 | 参数 | 描述 |
|---|---|---|
| options | none | 返回属性对象 |
| showPassword | none | 显示密码 |
| hidePassword | none | 隐藏密码 |

## 4.3.3 事件

该组件事件与 textbox 完全相同。

官方提供了一个动画输入密码的示例，该示例是通过修改密码框组件的默认输入事件 inputEvents 来实现的，具体请参考文件 flash.html。

# 4.4 searchbox（搜索框）

和密码框一样，搜索框也是基于文本框的，只不过它把眼睛图标换成了搜索图标。

例如，下面的页面代码，仅使用 easyui-searchbox 样式，即可生成搜索框：

```
<input id="s" class="easyui-searchbox">
```

运行效果如图所示。

不过，搜索框可以和菜单相结合，以方便用户选择不同的搜索类别；按下回车键或单击组件右边的搜索按钮就会执行搜索操作。

## 4.4.1 属性

该组件属性扩展自 textbox，以下是新增属性。

| 属性名 | 值类型 | 描述 | 默认值 |
| --- | --- | --- | --- |
| menu | selector | 搜索类型菜单 | null |
| searcher | function | 按下搜索按钮或回车时调用的搜索函数 | null |

### ❶ menu 属性

该属性的值为选择器，用于绑定搜索类型菜单。

设置菜单时，每个菜单项都可设置以下属性。

name ：类型名称。

selected ：是否默认选中。

iconCls ：图标。

例如，以下代码在页面中定义了一个搜索类型菜单：

```
<div id="mm" style="width:150px">
    <div data-options="name:'all'">所有</div>
    <div class="menu-sep"></div>
    <div data-options="name:'js',iconCls:'icon-ok'">江苏省</div>
    <div data-options="name:'zj',selected:true">浙江省</div>
    <div data-options="name:'sh'">上海市</div>
</div>
```

然后在 JS 程序中做如下属性设置：

```
$('#s').searchbox({
    width: 220,
    prompt: '请输入搜索关键字',
    iconWidth: 30,
    menu:'#mm',      //指定搜索类型菜单
})
```

运行效果如图所示。

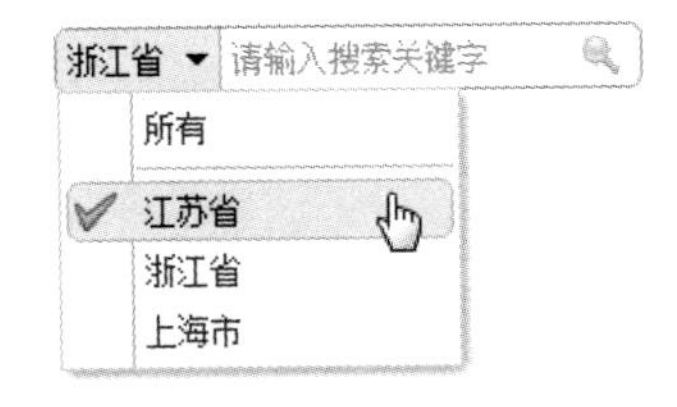


由于“浙江省”的 selected 属性设置为 true，因此该菜单项默认被选中；“江苏省”设置了 iconCls，所

以它前面带了一个图标。

### ❷ searcher 属性

该属性用于设置按下搜索按钮或回车时调用的搜索函数。它带两个参数：一个是已经输入的搜索值，另一个是选中的菜单类型名称。例如：

```
searcher:function(value,name){
    alert(value + "," + name)
}
```

假如输入以下内容：

则按回车或者单击搜索按钮时的弹出信息为：gdp,zj。

## 4.4.2　方法

搜索框组件的方法扩展自 textbox，以下是新增方法或有修改的方法。

| 方法名 | 参数 | 描述 |
| --- | --- | --- |
| options | none | 返回属性对象 |
| menu | none | 返回菜单对象 |
| textbox | none | 返回文本框对象 |
| getName | none | 返回当前搜索类型名 |
| selectName | name | 选择当前搜索类型名 |
| resize | width | 重置组件宽度 |

例如，以下代码沿用 textbox 中的方法：

```
$('#s').searchbox('setValue','这是真的值');
$('#s').searchbox('setText','这是显示的值');
```

再如，通过 menu 方法返回菜单对象，进而更改菜单项图标，代码如下：

```
var m = $('#s').searchbox('menu');
var item = m.menu('findItem', '上海市');
m.menu('setIcon', {
    target: item.target,
    iconCls: 'icon-save'
});
```

### 4.4.3 事件

该组件事件与 textbox 相同。

## 4.5 combo（下拉框）

和之前学习的其他几个表单类组件一样，我们先在页面中使用以下代码来生成下拉框的基本样式：

```
<input id="c" class="easyui-combo">
```

运行效果如图所示。

很显然，下拉框组件是由文本框及下拉面板两部分组成的。后面还会学到多个复杂的组合部件，下拉框是构建它们的基础。尽管样式已经可以看到，但要真正创建它，仅仅靠 HTML 中的标签是无法完成的。

### 4.5.1 创建下拉框

要创建下拉框，必须先在页面中使用 select 或 input 来创建相应的标签元素，然后在 JS 中使用方法将它们组合起来。

#### ❶ HTML 代码

由上图可知，下拉框由两部分组成，以下是生成它们的 HTML 代码。

- 文本框部分代码

生成文本框最经典的方法当然是使用 input，例如：`<input id="c">`

由于这是用于创建可选择的下拉框，因此也可以使用 select。注意，这是个双标签。例如：

```
<select id="c"></select>
```

- 面板部分代码

面板部分显示的是可选项。以下是单项选择的示例代码：

```
<div id="sp">
    <input type="radio" name="city" value="bj"><span>北京</span><br>
    <input type="radio" name="city" value="sh"><span>上海</span><br>
    <input type="radio" name="city" value="gz"><span>广州</span><br>
    <input type="radio" name="city" value="sz"><span>深圳</span><br>
</div>
```

请注意，要实现单选效果，每个 input 的 name 都必须相同，否则它们就不是一组的了；之所以给每个显示内容又加了 span 标签，是为了后期的取值方便；由于 input 属于内联元素，因此最后必须加上 br 单标签才能换行。

以上页面代码设置完成后，运行效果如图所示。

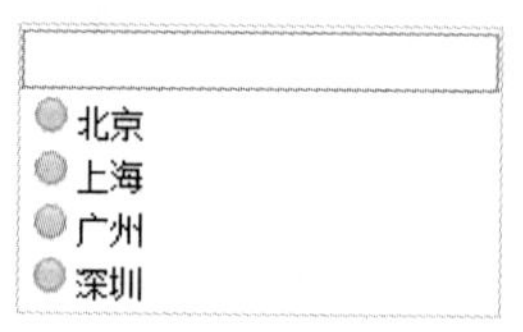


目前它们之间还是分离的，下一步要做的工作就是将它们拼到一起。

### ❷ JS 代码

首先对文本框进行 combo 初始化，代码如下：

```
$('#c').combo({
    required:true,            //必填
    editable:false,           //不能直接编辑（只能选择）
    label:'请选择城市:',        //文本框的提示标签
    labelPosition:'top',      //标签显示位置
});
```

这里用到的都是 combo 组件的属性。接着再使用 jQuery 中的方法将选择区内容添加到下拉框面板，代码如下：

```
$('#sp').appendTo($('#c').combo('panel'));
```

其中，加粗的部分代码使用了 combo 组件的 panel 方法，它返回的是下拉框面板对象。上述代码也可以写为：

```
$('#c').combo('panel').append($('#sp'));
```

经过上述方法处理之后，选择区的内容被添加到下拉框面板，运行效果如图所示。

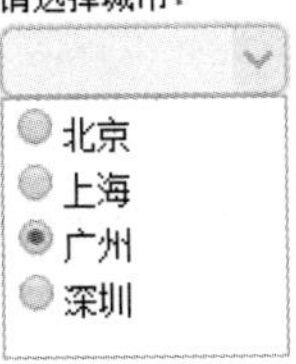


## 4.5.2 属性、方法和事件

combo 组件扩展自 validatebox 验证框，这里仅列出新增或重新定义过的成员。

### ❶ 属性

| 属性名称 | 值类型 | 描述 | 默认值 |
|---|---|---|---|
| width | number | 文本框的宽度 | auto |
| height | number | 文本框的高度 | 22 |
| panelWidth | number | 面板宽度 | null |
| panelHeight | number | 面板高度 | 200 |
| panelMinWidth | number | 面板最小宽度 | null |
| panelMaxWidth | number | 面板最大宽度 | null |
| panelMinHeight | number | 面板最小高度 | null |
| panelMaxHeight | number | 面板最大高度 | null |
| panelAlign | string | 面板对齐方式。可用值：left、right | 200 |
| multiple | boolean | 是否支持多选 | false |
| multivalue | boolean | 是否支持多值提交 | true |
| reversed | boolean | 失去焦点时是否恢复原始值 | false |
| selectOnNavigation | boolean | 是否允许使用键盘导航来选择项目 | true |
| separator | string | 多选时使用何种分隔符进行分割 | , |
| editable | boolean | 是否允许直接输入文本 | true |
| disabled | boolean | 是否禁用 | false |
| readonly | boolean | 是否只读 | false |
| hasDownArrow | boolean | 是否显示向下箭头按钮 | true |
| value | string | 默认值 | |
| delay | number | 输入延迟间隔 | 200 |
| keyHandler | object | 按键时调用的函数 | |

以上属性未列出与 validatebox 验证框组件完全相同的部分。例如，上述示例代码中用到了 required 属性，它就是直接延用的验证框。

这些属性绝大部分一看就懂。之前举的例子是单选的，关于多选属性的用法后面将结合方法、事件再另外举例。现在简单说下 keyHandler 属性的用法，如下面的代码：

```
keyHandler: {
    up: function(e){alert(e.keyCode)},                //输出键值
    down: function(e){},
    left: function(e){},
    right: function(e){},
    enter: function(e){},
    query: function(q,e){alert(q+'|'+e.keyCode)}  //输出查询的内容和键值
}
```

当用户在文本框中按上、下、左、右、回车或输入查询内容时，分别会触发相应的事件，这些事件都会传入 event 参数。当输入内容时，该内容同时可以传入。

该属性一般需要配合其他表单组件或数据库使用。

### ❷ 方法

以下是新增方法，其他如 destroy、disable、enable、validate、isValid 等请查阅 validatebox 组件。

| 方法名 | 方法参数 | 描述 |
| --- | --- | --- |
| options | none | 返回属性对象 |
| panel | none | 返回下拉面板对象 |
| textbox | none | 返回文本框对象 |
| resize | width | 调整组件宽度 |
| showPanel | none | 显示下拉面板 |
| hidePanel | none | 隐藏下拉面板 |
| getText | none | 获取输入的文本 |
| setText | text | 设置输入的文本 |
| getValue | none | 获取组件的值 |
| setValue | value | 设置组件的值 |
| getValues | none | 获取组件值的数组 |
| setValues | values | 设置组件值的数组 |
| reset | none | 重置控件的值 |
| clear | none | 清除控件的值 |

例如，之前的示例代码就使用 panel 方法获取了下拉面板对象，然后将选项内容添加到面板，具体如下：

```
$('#c').combo('panel').append($('#sp'));
```

### ❸ 事件

新增事件如下表所示。

| 事件名 | 事件属性 | 描述 |
| --- | --- | --- |
| onShowPanel | none | 显示下拉面板时触发 |
| onHidePanel | none | 隐藏下拉面板时触发 |
| onChange | newValue, oldValue | 值改变时触发 |

## 4.5.3 单选与复选的完整实例

### ❶ 单选实例

之前的示例代码仅仅只是创建了单选下拉框，我们在此基础上再做些处理。

为了让界面更加友好，可以在面板区域加上提示信息或各种样式。例如：

```
<div id="sp">
    <div style="line-height:22px;background:#EAE7E7;padding:5px">一线城市列表</div>
    <div style="padding:6px">
        <input type="radio" name="city" value="bj"><span>北京</span><br>
        <input type="radio" name="city" value="sh"><span>上海</span><br>
        <input type="radio" name="city" value="gz"><span>广州</span><br>
        <input type="radio" name="city" value="sz"><span>深圳</span><br>
    </div>
</div>
```

虽然代码中多了两个 div，但看起来会更人性化一些，主要是增加了标题，调整了间距。

上述代码中，由于 input 没有使用 label 标签绑定，因而在用户单击文本内容时就不会自动选中单选框按钮。如要实现此效果，请参考实例源码。现在再来实现用户单击后，给文本框赋值的事件代码：

```
$('#sp input').click(function(){
    var v = $(this).val();        //获取值
    var s = $(this).next('span').text();    //获取文本内容
    $('#c').combo('setValue', v).combo('setText', s).combo('hidePanel');
});
```

由于用户是在 sp 面板的 input 元素中单击，因此，对象必须是 $('#sp input')。用户单击时，先获取当前 input 元素的值，然后再获取这个元素所对应的文本内容，最后再通过链式写法对文本框连续进行 3 个操作：以 setValue 方法赋值、以 setText 方法赋文本（也就是显示的值）、以 hidePabel 方法隐藏面板。

运行效果如图所示。

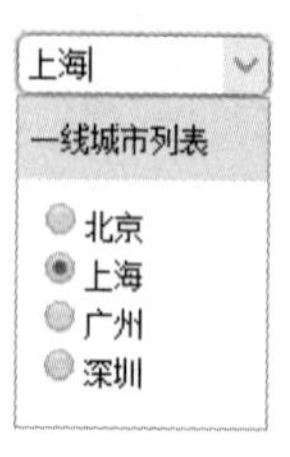


这里需要对获取文本内容的代码做一下解读：`$(this).next('span').text()`。该代码中，next 是 jQuery 中的方法，它用于获取紧接在当前元素后面的指定同辈元素。具体到这行代码来说，$(this) 就是 input 元素，紧跟在它后面且标签名为 span 的元素只能是：<span> 北京 </span>（假如在“北京”选项上单击的话）。获取了这个 span 元素后，再使用 jQuery 的 text 方法返回它的文本值，当然就是“北京”。

其实，input 元素后面紧跟着的本来就是 span 元素，next('span') 中的参数可以省略，直接简写为 next()。看到这里，可能有的读者会说，既然参数可以省略，那页面中的 span 标签是不是就可以不用了？比如，写成这样：

```
<input type="radio" name="city" value="bj">北京<br>
```

在这样的写法中，由于“北京”没有用任何标签包裹，它就不属于 DOM 元素，那么紧跟在 input 后面的同辈元素就变成 <br> 了。这是个单标签，属于空元素，因此不会返回任何内容。

#### ❷ 复选实例

复选虽然也可以实现类似于多项选择的效果，但这并不是严格意义上的多选。尽管 combo 组件同时提供了与多选相关的属性和方法，但这些在 combo 组件上是体现不出效果的，它们都是为后续其他各种复杂部件做准备的。

要复选，就需要将选项面板中 input 的 type 类型改为 checkbox。例如：

```
<div id="sp">
    <input type="checkbox" value="bj"><span>北京</span><br>
    <input type="checkbox" value="sh"><span>上海</span><br>
    <input type="checkbox" value="gz"><span>广州</span><br>
    <input type="checkbox" value="sz"><span>深圳</span><br>
</div>
```

既然是复选框，就无所谓组的概念，因而可以不设 name 属性。

单击事件代码也要修改，具体如下：

```
$("#sp input").click(function(){
    var v = '';
```

```
        var s = '';
        $('input:checked').each(function(){
            v += $(this).val() + ',';
            s += $(this).next('span').text() + ',';
        });
        $('#c').combo('setValue', v).combo('setText', s);
    });
```

上述代码的意思是，每次单击时，先将保存值的变量 v 及保存文本的变量 s 设置为空字符串，然后对所有选中项（这里使用的选择器是 input:checked，表示 input 中被选中的元素）使用 jQuery 的 each 方法进行遍历。遍历事件中的代码很简单，无非是对 v 和 s 进行循环连接而已。

遍历结束，将 v 和 s 分别赋给文本框。由于这是实现的多选效果，不能单击一次就隐藏一次面板，因此不能在 click 事件中使用 hidePanel 方法。

运行效果如图所示。

**提示**

官方 demo 提供了一个下拉框选项面板显示或隐藏时的动画效果实例 animation.html， 有需要者可自行研究参考。

## 4.6 combobox（列表下拉框）

列表下拉框是基于 combo 和 textbox 扩展而来的增强型组件，用户不仅可以使用本地或远程数据方便地生成列表框，更可以实现多选、图标按钮、快速筛选查询等各种强大功能。

例如，我们在页面中使用 select/option 组合标签创建一个普通的列表下拉框，代码如下：

```
<select name='city' style="width:100px;">
    <option value="bj">北京</option>
    <option value="sh">上海</option>
    <option value="gz" selected>广州</option>
    <option value="sz">深圳</option>
</select>
```

由于 select 标签本身是没有允许编辑的属性的，因此只能通过选择方式输入。运行效果如图所示。

可是，一旦给这个 select 加上 easyui-combobox 的 class 样式，就完全焕然一新了：不仅可以手工输入内容，关键还自带了快速筛选功能。运行效果如图所示。

如上图所示，我们在文本框里输入了“圳”字，立即就把包含该关键字的候选值给筛选出来了！

创建 combobox 列表下拉框，可以使用 select/option 组合标签，也可以使用 input 标签。其中，select 既可以使用上述这种逐条定义 option 的方式，也可以使用数据生成；而 input 则只能使用数据生成。

## 4.6.1　属性

列表下拉框属性扩展自 combo 和 textbox，以下是新增属性。

| 属性名 | 值类型 | 描述 | 默认值 |
|---|---|---|---|
| limitToList | boolean | 输入值是否只能是列表框中的内容 | false |
| data | array | 本地要加载的列表数据 | null |
| valueField | string | 指定列表框的“值”来源字段 | value |
| textField | string | 指定列表框的“文本说明”来源字段 | text |
| formatter | function | 返回格式化后的列表框内容 | |
| groupField | string | 指定列表框的“分组”来源字段 | null |
| groupPosition | string | 定位分组选项。可用值：static、sticky | static |
| groupFormatter | function | 返回格式化后的分组标题 | |
| showItemIcon | boolean | 是否显示列表项图标 | false |
| filter | function | 过滤本地数据（仅在 data、mode 为 local 时有效） | |
| url | string | 通过 JSON 文件或远程加载列表数据 | null |
| method | string | 远程加载时的请求方式：post、get | post |
| mode | string | 当文本框内容改变时的读取数据方式，remote 时远程 | local |

续表

| 属性名 | 值类型 | 描述 | 默认值 |
|---|---|---|---|
| queryParams | object | 向远程服务器请求数据时的附带参数 | |
| loader | function | 如何从远程服务器加载数据，返回 false 可取消加载 | |
| loadFilter | function | 返回过滤后的数据并显示，对本地和远程数据均有效 | |

以上属性中，只有 limitToList 可以用于任意场合，其他属性都必须和数据加载配合使用。例如，如果给上述代码中的 select 加上以下属性：

```
data-options = "limitToList:true"
```

则在输入没有包含在列表框中的内容，且焦点离开文本框时，输入的内容会被自动清空。

现重点学习与列表框数据相关的各种属性。这些属性和 tree 组件基本相同，建议将两者对照着一起学习。为方便说明问题，我们在页面中仅使用以下两行代码，其他都通过 JS 程序的数据相关属性来完成：

```
<select id="c" name="hy"></select>
<script type="text/javascript src="test.js"></script>
```

其中，select 标签换成 input 也是可以的。需要注意，前者为双标签，后者是单标签。例如：

```
<input id="c" name="hy">
```

### ❶ 本地数据加载相关属性

列表框内容可通过 data 和 url 属性实现本地加载。

- data 属性

该属性的值为数组，其写法和 tree 中的 data 属性值完全相同。例如：

```
$('#c').combobox({
    label: '请选择行业: ',
    labelPosition:'top',
    width:100,
    panelHeight:160,
    selectOnNavigation:true, //使用键盘上下移动时即可直接输入内容，为false时必须回车才能选中
    data:[{
        id:1,
        text:'餐饮店',
    },{
        id:2,
```

```
                text:'休闲方便食品',
            },{
                id:3,
                text:'咖啡茶品',
                selected:true,
            },{
                id:4,
                text:'饮料',
                desc:'饮料包括桶装水、果汁饮料、碳酸饮料和各种固态饮品',
            }],
            valueField:'text',
        });
```

其中，data 之前的几个属性都属于 textbox 或 combo。仅设置 data 是不行的，至少还需使用 valueField 属性来指定数值来源字段。如上述代码，来源字段被指定为“text”，那么列表框中的内容将根据 data 属性中的 text 来生成。运行效果如图所示。

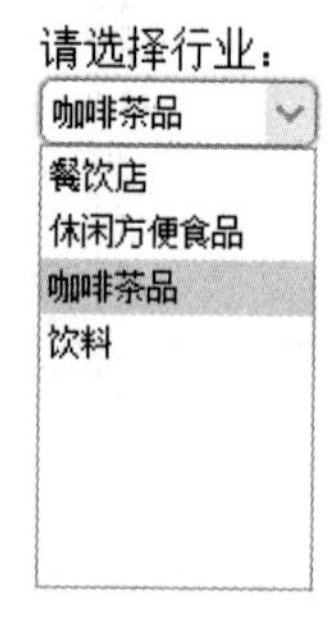


由于 data 中第 3 个参数对象的 selected 值为 true，因而默认值为“咖啡茶品”。

与之相关的其他属性还有以下几个。

○ textField 属性

该属性用于设置列表框的显示内容。当该属性未设置时，自动以 valueField 指定的字段为显示内容。

例如，我们重新作以下设置：

```
    valueField:'id',
    textField:'text'
```

尽管列表框的显示效果和上面相同，但取值已经改成 id 字段了。例如，用户同样选择“休闲方便食品”，用上面的代码，得到的值为“休闲方便食品”，而本代码得到的值是 2。

○ formatter 属性

该属性值为函数，同时接受一个值，表示选择项在数据中的行，用于返回格式化后的列表框内容，代

其中，传入的参数为分组标题内容。运行效果如图所示。

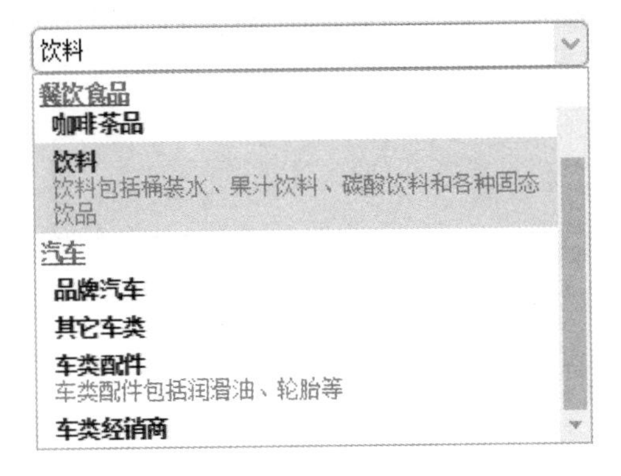


○ showItemIcon 属性

该属性用于设置是否显示列表项图标。

例如，我们给 data 中的第 1 个数据对象增加 iconCls 字段（此字段名称是固定的，不能更改），然后再使用此属性，代码如下：

```
data:[{
    id:1,
    text:'餐饮店',
    group:'餐饮食品',
    iconCls:'icon-help'
},{
    …此略…
}],
showItemIcon:true,
```

运行效果如图所示。

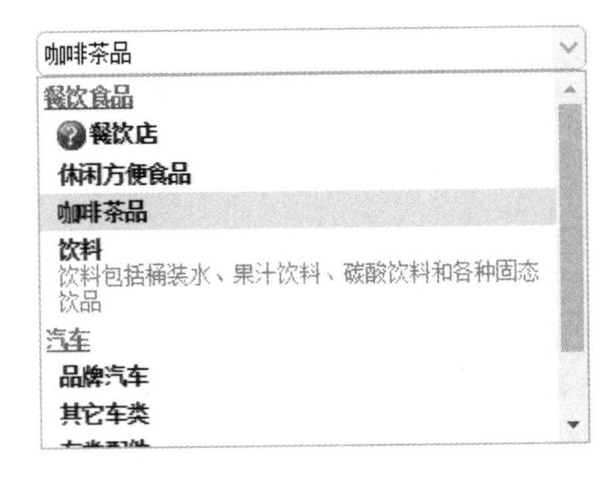

○　filter 属性

该属性用于设定如何过滤数据。默认情况下，用户手工输入内容时，列表框会自动过滤出包含该内容的选择项。使用本属性，可以更灵活地设置过滤规则。

该属性传入两个参数：q 表示用户输入的文本内容，row 表示列表中的数据。例如，当用户输入文字时，仅列出 desc 字段包含指定内容的数据供选择，代码如下：

```
filter:function(q, row){
    return (row.desc!=undefined) ? row.desc.indexOf(q) !== -1 : null;
},
```

以上代码中，row 表示列表数据，desc 表示列表数据中的指定字段，indexof 用于判断是否包含指定内容（不包含时的返回值为 −1）。

上述代码是根据“返回值不等于 −1”进行判断的：当表达式成立时，返回值为 true，则包含指定内容的数据记录被显示；否则就不显示。

由于 data 中只有第 4 个数据对象的 desc 字段包含“水”字，因此当用户在文本框中输入该内容时，仅有第 4 行数据被列出，运行效果如图所示。

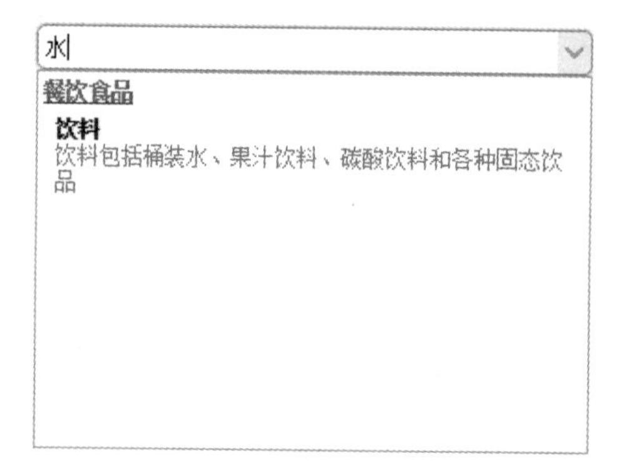


●　url 属性

如果将 data 属性值所对应的代码保存到文本文件中（例如，test.json），还可以使用 url 属性生成列表框（保存到文本文件中的数据必须符合 JSON 数据格式规范）。

如此处理之后，即可将原来的 data 属性先行注释掉，改在 url 属性中使用 JSON 格式文件。例如：

```
url: 'test.json',
```

运行效果与 data 属性完全相同，之前用到的 valueField、textField、formatter、groupField、groupPosition、groupFormatter、showItemIcon 和 filter 等相关属性均可正常使用。例如，在文本框中输入润滑，仍然只列出了一个选项，运行效果如图所示。

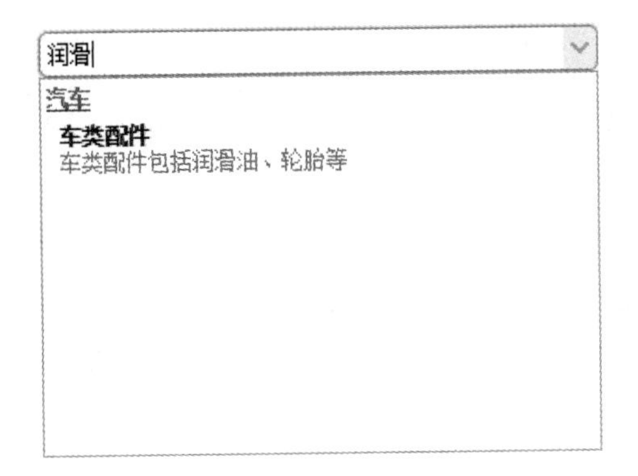


❷ **远程数据加载相关属性**

和 tree 组件一样，url 属性的最强大之处在于远程数据的动态加载。

默认情况下，url 在远程加载设置完成之后并不会主动请求数据，只有用户在文本框中输入内容，且文本发生改变时才会动态地从远程加载符合条件的数据。也就是说，远程方式直接请求符合条件的数据，因而，filter 属性在这里就无效了！

要实现远程数据加载，需要用到以下属性。

- mode 属性

该属性用于设置文本改变时如何读取列表数据。它有两个可选值。

local：本地读取方式。包括 data 属性值中的数据，以及 url 属性值为 JSON 文件时的数据。此为默认值。

remote：远程读取方式。使用此方式时，用户在文本框中输入的内容将被当做名称为 q 的请求参数，被一并发往服务器以请求检索新数据。

例如，以下代码就是使用了远程请求方式：

```
url:'test.php',
mode:'remote',
```

- method 属性

该属性用于指定请求方式，可选值为字符型的 post 和 get，默认为 post。

请求方式不同，服务器端获取 q 参数值的方法也不一样。例如，当请求方式为 post 时，PHP 中就用 $_POST 全局数组获取客户端的值；如果将 method 属性设置为 get，例如：

```
method: 'get',
```

则 PHP 程序必须使用 $_GET 来获取客户端的值。

- queryParams 属性

该属性用于设置请求数据时的附带参数，属性值为对象。

例如，当用户修改文本框中的内容，且 mode 属性为 remote 时，客户端会立即把当前输入的内容作为 q 参数发送到服务器端以请求数据。服务器收到这个数据之后，应该从哪个字段中来查找匹配记录呢？

假如，JS 中指定的 valueField 属性值是 id，那么服务器检索时就要根据 id 列来匹配；如果属性值是 text，那么服务器就要从 text 列中来检索。也就是说，一旦 JS 中的 valueField 发生改变，服务器端的程序也要同步修改。

为避免这种麻烦，可以在客户端发起请求时，通过 queryParams 属性同时将 valueField 字段名发送过去即可。

例如：

```
url:'test.php',
mode:'remote',
queryParams:{
    field: 'text',
},
valueField:'text'
```

现在我们来完成服务器端 test.php 的代码。该测试数据存放在 MySQL 的 test 数据库中，表名为 list，数据结构及内容如图所示。

| id | text | desc | group | iconCls |
|---|---|---|---|---|
| 1 | 餐饮店 | (Null) | 餐饮食品 | icon_help |
| 2 | 休闲方便食品 | (Null) | 餐饮食品 | (Null) |
| 3 | 咖啡茶品 | (Null) | 餐饮食品 | (Null) |
| 4 | 饮料 | 饮料包括桶装水、果汁饮料、碳酸饮料和各种固态饮品 | 餐饮食品 | (Null) |
| 5 | 节日食品 | (Null) | 餐饮食品 | (Null) |

完整的 test.php 代码如下：

```
<?php
    $q = (!empty($_POST['q'])) ? $_POST['q'] : '';  //获取用户输入的内容
    $fd = (!empty($_POST['field'])) ? $_POST['field'] : 'text';  //获取对应的字段名称
    $link = mysqli_connect('localhost','root','','test');
    mysqli_set_charset($link,'utf8');                    //避免中文导致的问题
    $q = mysqli_real_escape_string($link, $q);          //对变量q再作转义
    $sql = "SELECT * FROM list where $fd like '%$q%'";       //模糊查询
    $result = mysqli_query($link,$sql);                 //执行sql语句，得到结果集
    while ($row = mysqli_fetch_assoc($result)) {
        $data[] = $row;
    }
    echo json_encode($data);
```

```
    mysqli_close($link);
?>
```

请注意，上述代码中的 mysqli_real_escape_string($link, $q) 非常关键，这是对用户输入的内容进行转义后才用到 SQL 语句中。由于用户输入的内容可能千奇百怪，因此万一输入单引号等内容，将导致 SQL 语句出现错误。这样转义之后即可避免此类问题的发生。

如图所示，当在文本框中输入关键字时，将自动从远程服务器获取到符合条件的列表数据。

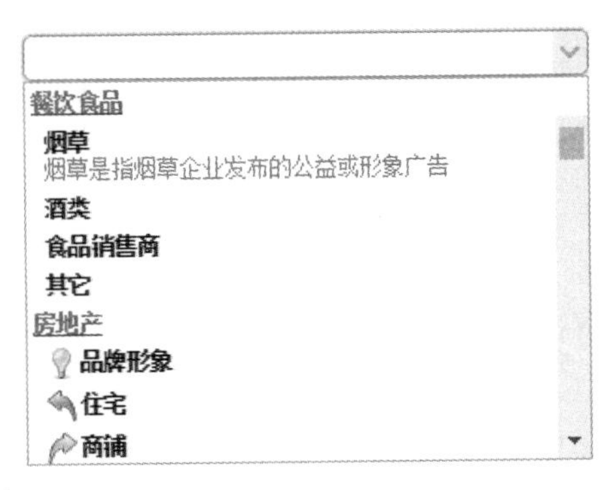


如果将 JS 中的以下属性都改成 id：

```
queryParams:{
    field: 'id',
},
valueField:'id'
textField:'text',
```

那么，客户端发送到服务器的值就是 id，用户输入的也只能是 id 号。例如，输入 63 将自动加载 id 包含 63 的列表数据，然后在选项上回车，文本框显示的内容为“培训辅导机构”（因为 textField 指定的列是 text）。运行效果如图所示。

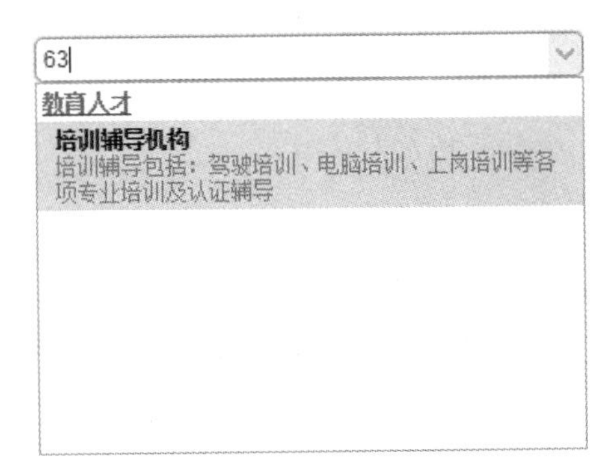


- loader 属性

通过前面的几个属性，已经可以实现数据的动态加载。但前提是，url 远程加载方式只有在用户改变文本框内容时才会请求数据。如果希望初始就把全程数据加载过来呢？这就需要用到 loader 属性，它直接通过 AJAX 从远程服务器加载，使用起来更灵活，返回 false 时可取消加载操作。

这个属性在之前的 panel 和 tree 中也都有，可以一起对照学习。定义数据加载时，可传入以下 3 个参数。

param：参数对象发送给远程服务器。

success(data)：在检索数据成功的时候调用的回调函数。

error()：在检索数据失败的时候调用的回调函数。

请注意，该属性虽然是取代 url 的另外一种远程数据加载方式，但使用时同样必须把 mode 的值设置为 remote，否则本属性将无法获取到用户输入的参数值。完整代码如下：

```
loader: function(param,success,error){
    var fd = param.field || 'text';          //字段名：当参数对象里没有field时，设为text
    var q = param.q || '';                   //值：当参数对象里没有q时，设为''
    // if (q.length <= 3){return false}      //这里可以设置数据加载前提条件
    $.ajax({
        url: 'test.php',
        data: {
            field: fd,
            q: q
        },
        method:'post',
        dataType: 'json',
        success: function(data){
            $('#c').combobox('loadData',data);
        }
    });
},
```

代码解析如下。

param 是一个参数对象，它的参数内容来自于两个方面：用户输入以及 queryParams 属性中的设置。

例如，当用户没有输入内容时，param 的值是 {q: ''}；

当用户输入了“类”，则变为 {q:'类'}。

同理，如果在程序的 queryParams 属性中做了相关设置，则它们也会自动作为 param 参数对象的组成部分传递给 loader。假如使用上述第 3 点的 queryParams 属性设置，则 param 的值如下：

```
{
    q: '类',
    field: 'text'
}
```

因此，param参数对象的值是可变的。在从该参数中提取相关信息时，需要做一些判断，这就是开始两行代码（变量fd与变量q）的由来。

有了字段变量fd和内容变量q后，这里可以选择做个判断：如果用户输入的内容少于多少个字符，就取消加载；如果不加此判断，则直接执行AJAX；当用户没有输入任何内容时，默认会把后台所有数据都加载进来（初始状态下，用户单击下拉箭头即可看到全部列表内容）。

使用AJAX加载数据时，有几点需要注意。

第一，请求方式method必须为post，因为AJAX默认是get，而PHP程序是用$_POST获取客户端值的。

第二，请求的数据类型dataType必须为json。

第三，请求成功后的数据要用comboBox组件的loadData方法加载（该方法后面会讲）。

以上代码完成后，使用效果与url方式无异，只不过这个是直接采用自定义的AJAX方式加载，而url是使用EasyUI组件内部设置的方式加载（其实也是AJAX）。

- loadFilter属性

该属性用于返回过滤过的数据进行展示。前面学习的filter属性仅对本地数据有效（包括data中的数据以及mode为local时通过url属性加载的json数据），但这个属性就不一样了，它不仅对动态加载的远程数据有效（含url加载和loader加载），对于本地数据也同样有效！

该属性相当于在用户过滤的基础上再作一次过滤，它的事件代码中可以传入参数data，表示本地或者从服务器获取的全部原始数据。例如：

```
loadFilter:function(data){
    var newData = new Array();
    $.each(data,function () {
        if(this.text.indexOf('类') !== -1){
            newData.push(this);
        }
    })
    return newData;
}
```

上述代码先声明一个数组变量，然后使用jQuery中的each方法对数据进行遍历。其中，this表示遍历到的一行数据对象，然后对这行数据中的text字段进行判断。如果这个字段中包含“类”，就把当前这行数据添加到新的数组中。遍历结束，将数组内容返回。

例如，在文本框中输入“电”，就会载入所有text包含“电”的记录。但在载入时会用到loadfilter属性，那就接着执行它里面的代码，符合条件的记录中同时包含“类”字的只有两条。运行效果如图所示。

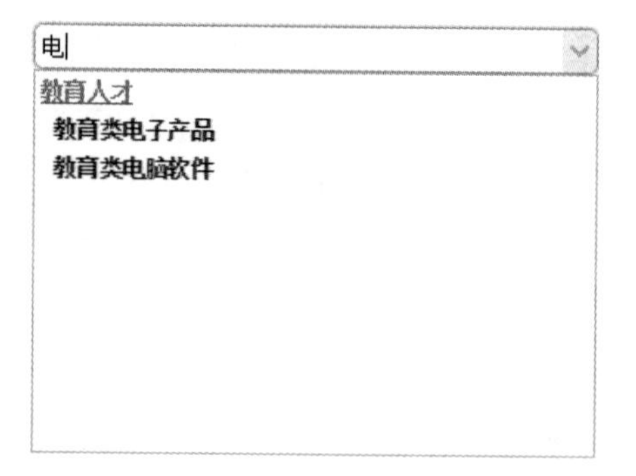


## 4.6.2 方法

列表下拉框方法扩展自 combo 和 textbox，以下是新增方法。

| 方法名 | 参数 | 描述 |
| --- | --- | --- |
| options | none | 返回属性对象 |
| getData | none | 返回加载数据对象 |
| loadData | data | 读取并加载列表数据 |
| reload | url | 重新加载远程列表数据，带参数时，则使用新指定的 URL 请求地址 |
| select | value | 选择指定项 |
| unselect | value | 取消选择指定项 |

其中，loadData 方法在讲解 loader 属性时已经用过，再以 reload 方法为例，代码如下：

```
$('#c').combobox('reload');                //使用原来的URL重新载入列表数据，相当于数据刷新
$('#c').combobox('reload','get_data.php');//使用新的URL重新载入列表数据
```

之前在学习 combo 组件时，有 multiple、multivalue 等和多选相关的属性，也有 setValue、setText、getValue、getText、setValues 及 getValues 等方法。由于 combobox 组件是基于 combo 的，这些属性和方法自然也是可用的。

### ❶ 为文本框添加按钮

列表下拉框实际上是由文本框和列表框两部分组成的，文本框基于 textbox，列表框基于 combo。现在给列表下拉框设置以下属性：

```
icons: [{
    iconCls:'icon-add',
    handler: function(e){
        $(e.data.target).combobox('setValue', '这是按钮添加的！');
    }
},{
    iconCls:'icon-remove',
```

```
        handler: function(e){
            $(e.data.target).combobox('clear');
        }
    }],
    iconWidth: 28,
    buttonText: '点我查询',
    buttonIcon:'icon-ok',
    buttonAlign:'left',
    selectOnNavigation:true,
```

以上代码中，将 selectOnNavigation 设置为 true 以后，即可使用键盘上下选择项目。运行效果如图所示。

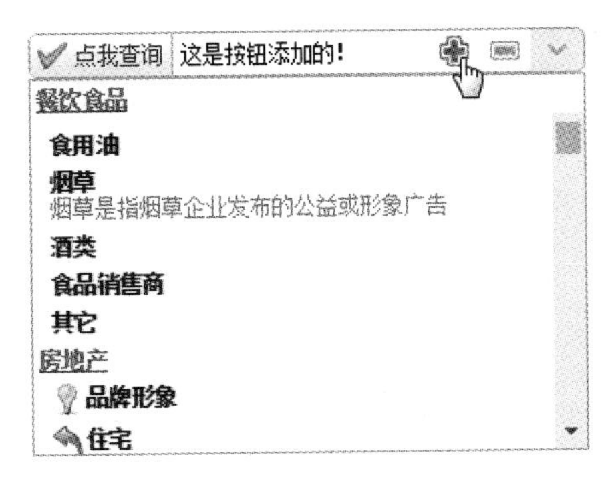


## ❷ 取值与赋值

在 JS 中为附加按钮设置以下单击事件代码：

```
    onClickButton: function(){
        var str = $(this).combobox('getValue');    //先获取列表下拉框中的值
        $.messager.prompt('输入窗口','请输入查询关键字:',function(v){
            if (v) {      //如果输入的内容不为空
                $('#c').combobox('setValue',v);   //将输入的内容赋值给下拉框
            }
        },str);              //第4个参数为下拉框设置默认值
    },
```

运行效果如图所示。

**注意**

prompt 的默认值功能需要扩展以后才能使用。具体方法请查阅 messager 一节说明。

### ❸ 多选

在 combobox 中实现多选功能非常简单，只需将属性 multiple 设置为 true 即可。一旦设置为多选，文本框中的值将以用户选择的先后顺序生成。已经选择的项目，再次单击将取消选择。运行效果如图所示。

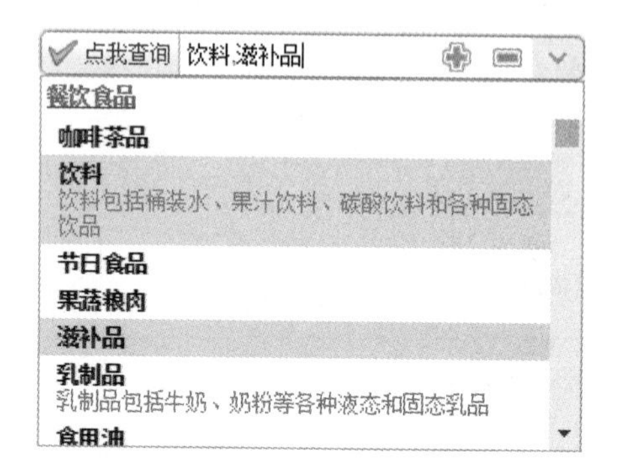


请注意，当启用多选属性时，HTML 中的 name 属性值应该为数组形式，代码如下：

```
<select id="c" name="hy[]"></select>
```

否则，以后使用表单提交数据时，该 name 的值将仅作为一个普通的字符串看待。

对于多选数值，必须使用 getValues 方法来获取；如果使用 getValue，则只能得到第一个值。

同理，当需要给文本框设置多个默认值时，也要使用数组形式。例如：

```
value:['饮料','滋补品'],
```

### ❹ 多值状态下的远程数据加载

当用户通过多选方式设置文本框值时，并不会发送数据请求。但是，实际应用中却会经常碰到多个关键字查询的情况。当通过手工输入时，就会发送数据请求。

对于这样的情况，服务器端的 PHP 程序也应该做出相应处理。完整代码如下：

```
<?php
    //获取客户端数据
    $q = (!empty($_POST['q'])) ? $_POST['q'] : '';
    $fd = (!empty($_POST['field'])) ? $_POST['field'] : 'text';
    //后台为mysql数据库
    $link = mysqli_connect('localhost','root','','test');
```

```
    mysqli_set_charset($link,'utf8');
    //多值处理
    $sql = '';
    if (!empty($q)) {
        $arr = explode(',',$q);  //转为数组
        foreach ($arr as $v){
            $v = mysqli_real_escape_string($link,$v);   //转义
            if ($v!='') $sql .= " or ($fd like '%$v%')";
        }
        $sql = trim($sql,' or ');
    }else{
        $sql = true;
    }
    $sql = "SELECT * FROM list where $sql";
    //检索数据
    $result = mysqli_query($link,$sql);        //执行sql语句，得到结果集
    while ($row = mysqli_fetch_assoc($result)) {
        $data[] = $row;
    }
    echo json_encode($data);
    mysqli_close($link);
?>
```

以上代码的重点在于加粗部分：如果收到的值不为空，就先转为数组，然后对其遍历并拼接出检索条件；如果为空，检索条件直接设置为 true，也就是全部加载。经测试，运行没有任何问题，即使输入一个值也能正常执行。

在 PHP 中，explode 函数用来将字符串转为数组，implode 函数则将数组转为字符串。两个函数都需要一个参数，用于指定分隔符或胶合符。

## 4.6.3 事件

列表下拉框事件扩展自 combo 和 textbox，以下是新增事件。

| 事件名 | 事件参数 | 描述 |
| --- | --- | --- |
| onBeforeLoad | param | 在请求加载数据之前触发，返回 false 取消加载 |
| onLoadSuccess | none | 在加载远程数据成功的时候触发 |
| onLoadError | none | 在加载远程数据失败的时候触发 |
| onChange | newValue,oldValue | 在文本框的值发生更改时触发 |
| onClick | record | 单击列表项的时候触发 |
| onSelect | record | 选择列表项的时候触发 |
| onUnselect | record | 取消选择列表项的时候触发 |

例如，为避免一些敏感关键字的查询，可在 onBeforeLoad 事件中进行拦截，代码如下：

```
onBeforeLoad: function(param){
    var q = param.q || '';
    if (q.indexOf('烟草') !== -1){return false}
    // param.q = '饮料';
    // param.field = 'text';
},
```

项目运行时，只要用户输入的内容里面包含“烟草”字样，就会自动取消加载。如果之前没有在 queryParams 属性中设置附加参数，也可在这里设置。以上述代码为例，一旦将注释行启用，则用户在输入未含“烟草”字样的内容时，一律强制请求 text 字段列中和“饮料”相匹配的数据（相当于用户输入的内容被无视了）。

我们再来看一个实例：**行业联动**。

这是一个类似于“省市联动”的经典例子，很多编程语言都会以此为例来讲解不同控件之间的数据关系。那么，这个在 combobox 组件中如何实现？

首先，我们在页面中增加一个 input 元素（id 为 c 的 select 应用的是 combobox 列表下拉框）：

```
<select id="c" name="hy"></select>
<input id="a" name="xhy">
```

为说明问题方便，我们将原来的 combobox 仅作如下简单设置：

```
$('#c').combobox({
    label: '请选择大行业：',
    labelPosition:'top',
    width:300,
    panelHeight:200,
    selectOnNavigation:true,
    url:'test_1.php',       //服务器端程序改为test_1.php
    mode:'remote',          //远程读取数据
    valueField:'group',     //数值字段改为group
    textField:'group',      //显示字段改为group
});
```

这样修改之后，原来的列表下拉框将显示分组内容，也就是大的行业分类。

我们希望的是，用户在选择了大行业（group）之后，该行业所在分组下的全部内容能够在 id 为 a 的下拉框中列表显示。因此，a 下拉框的 valueField 和 textField 的属性值都应设为 text：

```
$('#a').combobox({
    label: '请选择小行业：',
```

```
        labelPosition:'top',
        width:100,
        panelHeight:200,
        selectOnNavigation:true,
        valueField:'text',
        textField:'text',
    })
```

由于大行业只能在 id 为 c 的列表下拉框中选择，那就只能在这个下拉框中设置 onSelect 事件。这个事件在用户选择列表项的时候触发。代码如下：

```
    onSelect: function(record){
        var url = 'test_1.php?hy=' + record.group;
        $('#a').combobox().combobox('reload', url);
    }
```

上述代码的意思是，当用户选择某个列表项时，将这个列表项的 group 列的值作为附加参数拼接到另外一个 url 地址上，而这个 url 就是用来请求小行业数据的。例如，用户在大行业中选择了“房地产”，则 url 地址为：

```
    test_1.php?hy=房地产
```

很显然，这是一种 get 的数据请求方式。把这个地址作为参数、然后执行 id 为 a 的列表下拉框 reload 方法，那么该列表框将自动获取到所有的下级数据。既然加载工作在 c 列表框的事件中已经完成，因而 a 列表框就无需再设置 url、mode、queryParams 等属性（除非需要它再来联动下一级数据）。

以下是 test_1.php 的完整代码：

```
    <?php
        //获取客户端数据
        $hy = (!empty($_GET['hy'])) ? $_GET['hy'] : '';
        //后台为mysql数据库
        $link = mysqli_connect('localhost','root','','test');
        mysqli_set_charset($link,'utf8');
        //分别处理并返回数据
        $sql = '';
        if (!empty($hy)) {
            $hy = mysqli_real_escape_string($link,$hy);  //转义
            $sql = "SELECT distinct text FROM list where 'group' = '$hy'";
        }else{
            $sql = "SELECT distinct 'group' FROM list";
        }
        //检索数据
        $result = mysqli_query($link,$sql);                //执行sql语句，得到结果集
        while ($row = mysqli_fetch_assoc($result)) {
```

```
            $data[] = $row;
        }
        echo json_encode($data);
        mysqli_close($link);
?>
```

这个代码非常简单，已经无需再解释。运行效果如图所示。

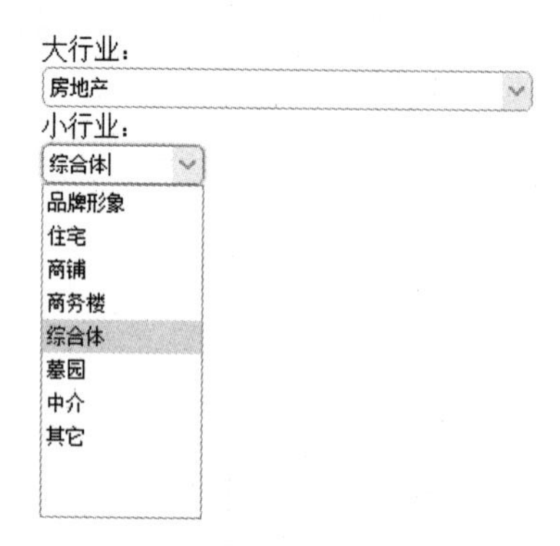


## 4.7　combotree（树形下拉框）

树形下拉框和 combobox（列表下拉框）类似，只是将列表替换成了树形控件。同样的，对于通过 input、select 甚至于 div 标签创建的 DOM 元素，都可以应用树形下拉框效果。

为方便说明问题，我们先在页面的 body 中编写以下两行代码：

```
<input id="c">
<script type="text/javascript" src="test.js"></script>
```

### 4.7.1　属性

**❶ 树形下拉框属性扩展自 combo（自定义下拉框）和 tree（树形控件）**

例如下面的代码：

```
$('#c').combotree({
    width: 200,
    panelHeight:200,
    buttonText: '查询',
    buttonIcon:'icon-search',
    buttonAlign:'left',
    value:122,
```

```
        url:'test.json',
    });
```

其中，前6个属性都是扩展自 combo 的，url 是 tree 的。由于设置了默认值，因而初始运行时，文本框中显示的内容就是该值所对应的 text 文本。运行效果如图所示。

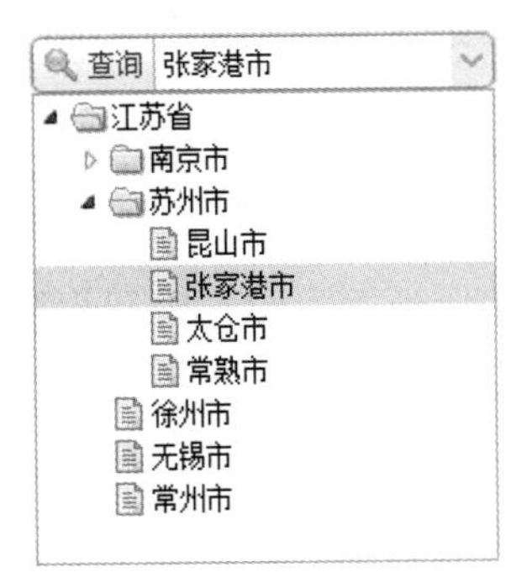


## ❷ 新增属性

combotree 新增属性只有两个，如下表所示。

| 属性名 | 值类型 | 描述 | 默认值 |
|---|---|---|---|
| editable | boolean | 是否允许直接在文本框中输入内容 | false |
| textField | string | 设置文本框显示字段 | text |

我们知道，树节点包含 id、text、state 等属性，文本框中显示的内容默认为树节点的 text。假如增加以下两行代码：

```
    editable:true,
    textField:'id',
```

那么，不仅可以在文本框中直接输入内容，而且，当选择某个节点时，文本框中显示的内容不再是该节点的 text 文本，而是该节点的 id。

既然可以将显示的内容改为 id，那能否把取值属性 valueField 改为文本呢？例如：

```
    valueField:'text',
```

经测试，该设置无效，最后文本框的值还是所选定节点对应的 id。即使在文本框上做过手工修改，但如果没有使用本组件提供的方法将其赋给 value，值还是 id ；再比如，combo 中的 selectOnNavigation 属性，用在 combobox 上时效果很好，但在 combotree 中无效。

## ❸ 树的所有数据加载方式都可使用

列表下拉框中有多个和数据相关的属性，但 combotree 却没有。这是因为，本组件仅仅是使用 tree 代替了列表而已，tree 中所有和数据相关的属性在这里都可以正常使用。

例如，改用 tree 中的远程数据加载方式，直接从服务器请求返回数据（具体请参考源代码，仍然使用之前用过的各种数据表），代码如下：

```
url:'test.php',
```

### ❹ 多选

combo 中的 multiple 多选属性在 combotree 中可以正常使用。当启用多选时，树节点自动显示复选框。例如：

```
multiple:true,
```

运行效果如图所示。

使用多选时，请务必注意 value 默认值必须使用数组方式（或者不用设置默认值）。例如：

```
value:[2,3],
```

如果 multiple 为 true，而 value 只设置了单值（如：`value:122`），将导致树数据无法加载。

### ❺ 关键字查询

当把 editable 属性设置为 true 时，可在文本框中输入关键字以实现树节点的快速过滤。例如，在文本框中输入“区”，则所有包含该关键字的节点都将被过滤出来。运行效果如图所示。

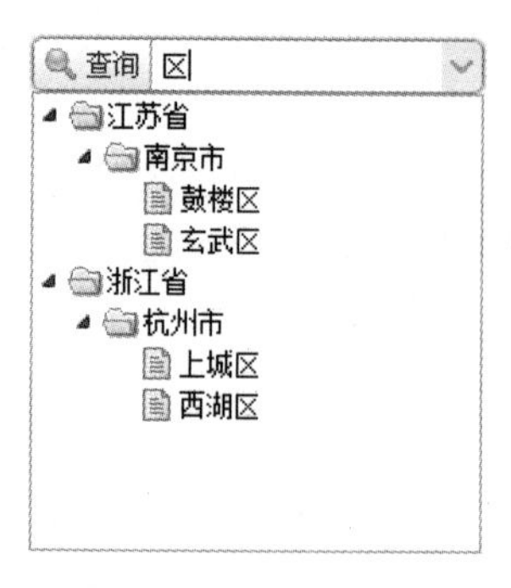

需要注意的是，这种过滤仅仅针对已经加载的节点数据有效。对于动态加载的树数据，如果有的节点暂时还未展开，那么该节点下的所有数据是无法参与过滤的。

## 4.7.2 方法

树形下拉框方法扩展自 combo（自定义下拉框），树形下拉框新增或重写的方法如下。

| 方法名 | 方法参数 | 描述 |
|---|---|---|
| options | none | 返回属性对象 |
| tree | none | 返回树形对象 |
| loadData | data | 读取本地树形数据 |
| reload | url | 重新请求远程树数据。通过 URL 参数可重写原始 URL 值 |

### ❶ 获取文本框的“值”与“文本内容”

每个树形节点都必须有 id 和 text。如果只有 text 而没有 id，树虽然可以生成，但选择该节点后，文本框中的内容会显示为 undefined。这是因为，combotree 的值只能是 id，无法改变。

当选择没有 id 的树节点时，通过 getValue 或 getText 方法获得的返回值都是 undefined；当有 id 时，通过 getValue 方法获得的是 id，通过 getText 方法获得的是 text（也就是文本框中的显示内容）。

例如，我们在 onClickButton 中写入以下代码：

```
onClickButton:function () {
    var v = $('#c').combotree('getValue');
    var t = $('#c').combotree('getText');
    alert(v + '|' + t);
},
```

假如仍以上图为例，则单击左侧按钮时的输出结果为“| 区”。

这是因为，我们仅仅在文本框中对树数据进行了关键字筛选，并没有选择任何节点，因此值为空；但由于输入了关键字，故 text 为“区”。它们组合在一起就变成了“| 区”。

当使用多选时，可用 getValues 获得多选值，但文本内容仍使用 getText 方法。

### ❷ 设置文本框的“值”与“文本内容”

要设置文本框的“值”，可根据是否多选，分别使用 setValue 和 setValues 方法；

要设置文本框的“文本内容”，不论是否多选，都使用 setText 方法。

例如，之前我们在学习树的时候，举了一个通过发送“树节点内容”来实现动态树加载的例子。在这个例子中，由于同一级的树，其返回的 id 都是一样的，这就导致了虽然选择的是不同节点，但值却都是相同的。运行效果如图所示。

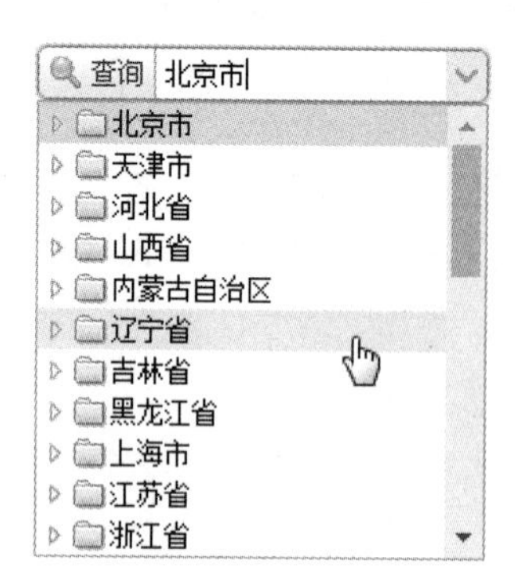


在根级，不论选择哪个节点，文本框显示的内容都是“北京市”。分析 PHP 返回的源数据就可以发现，根级返回的所有节点 id 都是 0，而北京又排在第一个，那么文本框显示的 text 当然就全部是“北京市”了，第 2 级、第 3 级同理。

在这种情况下，根据 id 来取值已经没有意义。现在可通过 onClick 事件来获取节点的 text 内容，然后再设置给文本框，代码如下：

```
onClick:function (node) {
    $('#c').combotree('setValue',node.text);
},
```

这样运行之后，文本框就能动态显示所选择节点的 text 内容了。

对于多个节点 id 相同或者节点没有设置 id 的情况，只能采取 text 和其他功能进行交互。但这种处理方式仅适用于单选，多选就会存在问题：比如，当同级节点 id 都相同时，只要选中其中一个，它就会把第一个节点也同时选中。因此，最好的处理方法是，服务器返回数据时，给每个节点自动生成不同的 id。

以下是对原 PHP 代码所进行的修改。修改仅限 SQL 语句，其他地方未做任何改动：

```
if (!isset($_POST['text'])) {      //如果没有收到客户端的text，返回省级根节点数据
    $sql = "select id,A.area as text,'closed' as state,'s' as type from
            (SELECT distinct area FROM area) A left join
            (select min(id) as id,area from area group by area) B
            on A.area = B.area order by id";       //省级数据加了type类型为s
}else{
    $text = $_POST['text'];   //获得客户端发来的text内容
    if($_POST['type']=='s'){  //如果type类型是s，就返回该省的数据
        $sql = "select id,A.code as text,'closed' as state,'p' as type from
            (SELECT distinct code FROM area where area='$text') A left join
            (select min(id) as id,code from area where area='$text' group by code) B
```

```
                on A.code = B.code order by id";  //按邮政编码返回的数据加了type类型为p
        }else{       //否则就返回与邮编对应的所有县区数据
            $sql = "select id,city as text,'open' as state,'c' as type from area
                where code=$text";       //县区已经是末端数据，无需再加type类型
        }
    }
```

以上代码的重点在于按省、邮政编码返回数据时，需要通过外连接生成 id 列。

PHP 代码这样改完之后，JS 程序中还要设置 onBeforeExpand 事件，代码如下：

```
    onBeforeExpand:function(node){
        $(this).tree('options').queryParams = {
            type:node.type,
            text:node.text
        };
    },
```

当单击展开下级节点时，向服务器发送当前节点的两个数据：type 和 text。服务器端收到这两个数据后，再做出相应的 SQL 检索处理。运行效果如图所示。

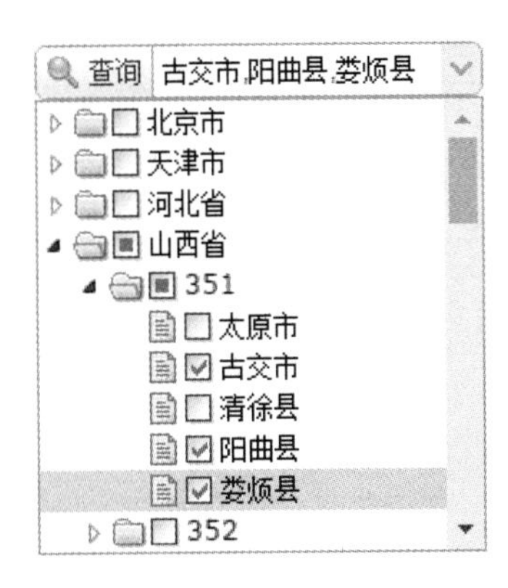


多选问题得到完美解决！

**注意**

combotree 的 setValue 方法，设置的文本框值既可以是单个的值，也可以是一个键值对。例如：

```
    $('#c').combotree('setValue',6);
    $('#c').combotree('setValue',{       //键值对方式仅用于设置不存在于tree中的节点值
        id: 61,
        text: 'text61'
    });
```

同样的，setValues 方法也可以这样，代码如下：

```
$('#c').combotree('setValues', [1,3,21]);
$('#c').combotree('setValues', [1,3,21,{id:73,text:'text73'}]);
```

### 4.7.3　事件

树形下拉框的事件完全继承自 combo（自定义下拉框）和 tree（树形控件），不再赘述。

## 4.8　tagbox（标签框）

标签框完全扩展自 combobox，该组件包含 combobox 的全部功能。在输入框中输入内容后回车，即可生成一个标签。

### 4.8.1　创建标签框

例如，在页面的 body 中使用以下一行代码即可直接生成标签输入框：

```
<input class="easyui-tagbox" style="width:300px">
```

运行效果如图所示。

北京 × 上海 × 广州 ×

由于该组件完全扩展自 combobox，因此也可以设置列表项，供标签框下拉选择。

例如以下代码：

```
$('#t').tagbox({
    label: '请选择行业：',
    labelPosition:'top',
    width:400,
    panelHeight:200,
    hasDownArrow:true,
    url:'test.json',
    valueField:'id',
    textField:'text',
    formatter:function(row){
        var desc = (row.desc!=undefined) ? '<br><span style="color:#888">' + row.
        desc + '</span>' : '';
        var s = '<span style="font-weight:bold">' + row.text + '</span>' + desc;
        return s;
```

```
        },
        groupField:'group',
        groupPosition:'sticky',
        groupFormatter:function(g){
            var s = '<span style="color:red;border-bottom:1px solid blue">' + g + '</span>';
            return s;
        },
        showItemIcon:true,
        icons: [{
            iconCls:'icon-add',
            handler: function(e){
                $(e.data.target).tagbox('setValue', '这是按钮添加的！');
            }
        },{
            iconCls:'icon-reload',
            handler: function(e){
                $(e.data.target).tagbox('clear').tagbox('reload');
            }
        }],
        iconWidth: 28,
        buttonText: '点我查询',
        buttonIcon:'icon-ok',
        buttonAlign:'left',
    });
```

上述代码全部都是使用 combobox 中的属性，列表数据读取的 test.json，值取自 id 字段，显示文本取自 text 字段。

请注意，hasDownArrow 必须设置为 true，否则将无法显示下拉列表（默认为 false）。combobox 中非常好用的 selectOnNavigation 属性，在标签框中无效。

运行效果如图所示。

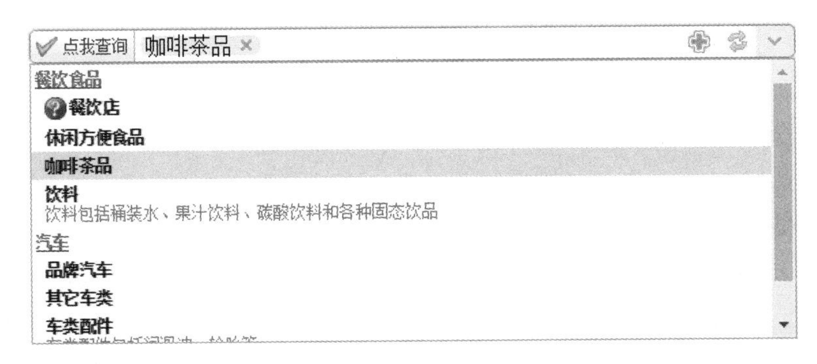


由于 JSON 数据中“咖啡茶品”的 selected 为 true，因而直接以此做默认值。当然，我们也可以通过

value 属性设置，例如：

```
value: [2,3],
```

默认情况下，标签框中的列表可以多选，也可以直接编辑并允许输入不在列表中的内容。如需修改这些默认值，可分别使用 multiple、editable、limitToList 等属性。

## 4.8.2 新增成员

尽管 combobox 中的全部属性、方法和事件在标签框中都可使用，但毕竟标签框有些自己的特性，以下就是新增的属性和事件。

### ❶ 新增属性

| 属性名 | 值类型 | 描述 |
| --- | --- | --- |
| tagFormatter | function(value,row) | 返回格式化的标签字符串 |
| tagStyler | function(value,row) | 返回格式化的标签样式 |

### ❷ 新增事件

| 事件名 | 参数 | 描述 |
| --- | --- | --- |
| onClickTag | value | 单击标签框时触发 |
| onBeforeRemoveTag | value | 移除标签框之前触发，返回 false，则取消移除操作 |
| onRemoveTag | value | 移除标签框时触发 |

例如，JS 程序中再增加以下代码：

```
tagFormatter: function(value, row){
    var opts = $(this).tagbox('options');
    return row ? row[opts.textField] : value;
},
tagStyler: function(value,row){
    if (value == 3){
        return 'background:#ffd7d7;color:#c65353';
    } else if (value == 4){
        return 'background:#b8eecf;color:#45872c';
    }
},
```

上述代码通过 tagFormatter 属性设置了标签框的显示内容：如果内容来自列表行，则返回指定的文本字段内容；如果是手工输入的，直接返回输入值。value 等于 3 或 4 时 tagStyler 属性分别给其标签显示内容设置了背景色和前景色。运行效果如图所示。

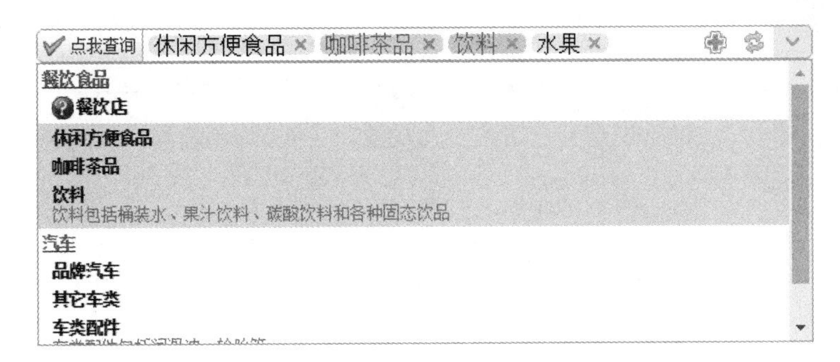


其中，前 3 个标签是通过列表选择的，尽管它们的值分别是 2、3、4，但仍显示为文本名称；最后一个标签不在列表中，是手工输入的，就直接取输入值。

“咖啡茶品”和“饮料”的值分别为 3、4，因而它们在标签框中的显示效果就是 tagStyler 属性设置的样式。

## 4.8.3 列表数据过滤

默认情况下，标签框允许输入并接受不在列表中的内容。如果要通过列表进行过滤筛选，就必须将 limitToList 属性设置为 true。例如：

```
limitToList: true,
```

这时只要输入的关键字在列表的 text 中存在，就会被过滤出来。limitToList 为 true 之后，filter 中的代码才会生效。例如：

```
filter:function(q,row){
    return row.text.indexOf(q) !== -1;
},
```

如果在标签框中输入“品”，按 filter 的规则，只要列表的 text 中包含此关键字即会被过滤出来。运行效果如图所示。

上述代码还可改为：

```
filter:function(q,row){
    var opts = $(this).tagbox('options');
    return row[opts.textField].indexOf(q) !== -1;
},
```

由于这里的 text 字段名称是通过组件属性取得的，因而可保证前后一致，代码的通用性更强。

## 4.8.4　远程列表数据加载问题

要远程加载数据，最简单的方法是加入以下两行代码：

```
limitToList: true,      //必须为true
url:'test.php',
```

这种方式只是在初始化的时候远程加载，以后再输入关键字时，所实现的动态过滤都在本地完成，loader 方式同理（PHP 程序略，使用的后台数据表仍是之前的，具体请参考源代码）。

如要实现远程动态加载，还必须将 mode 设置为 remote。只有在这种方式下，客户端才会向服务器发送 queryParams 参数及输入的关键字 q。例如，以下是 url 的远程动态加载方式：

```
url:'test.php',
mode:'remote',
queryParams:{
    field: 'text',
},
```

上面的代码在向服务器请求时，同时发送字段名称 text，表示将按 text 列进行过滤加载数据。

如采用 loader 方式，代码如下：

```
loader: function(param,success,error){
    var fd = param.field || 'text';
    var q = param.q || '';
    $.ajax({
        url: 'test.php',
        data: {
            field: fd,
            q: q
        },
        method:'post',
        dataType: 'json',
        success: function(data){
```

```
                $('#t').tagbox('loadData',data);
            }
        });
    },
```

## 4.9 numberbox（数值输入框）

数值输入框扩展自 textbox，它用来限制用户只能输入数值型数据。例如，先在页面中通过标签创建一个 input 元素，代码如下：

```
<input id="n" class="easyui-numberbox">
```

运行效果如图所示，在输入框中只能接受数字及小数点和负号。

-12333.2334

实测发现，汉字竟然还可以输入！不过没关系，虽然可以输入这些非数值的字符，但在回车确认时会自动消失。

### 4.9.1 属性

以下是新增或重新定义的属性。

| 属性名 | 值类型 | 描述 | 默认值 |
|---|---|---|---|
| min | number | 允许的最小值 | null |
| max | number | 允许的最大值 | null |
| precision | number | 小数取值精度，设置为 0 时表示整数 | 0 |
| decimalSeparator | string | 整数和小数之间的分隔符 | . |
| groupSeparator | string | 整数组分割符 | |
| prefix | string | 前缀字符。比如金额的 $ 或者 ¥ | |
| suffix | string | 后缀字符。比如欧元符号€ | |
| formatter | function(value) | 格式化数值函数，返回的内容仅供显示 | |
| parser | function(s) | 解析显示的字符串，返回的是数值 | |
| filter | function(e) | 如何过滤按键，返回 false 时禁止输入 | |

例如，以下代码使用了 numberbox 中的一些基本属性，同时增加了一个按钮，以方便查看数值：

```
$('#n').numberbox({
    width:200,
    label:'请输入数值：',
    labelPosition:'top',
    value:12345.6789,
    precision:2,
    groupSeparator:',',
    suffix:'%',
    buttonText:'测试',
    onClickButton:function () {
        var v = $(this).numberbox('getValue');
        alert(v);
    },
});
```

运行效果如图所示。

请输入数值：
12,345.68%　测试

### ❶ “值”与“显示值”

单击测试按钮发现，返回的值就是 12345.68，这说明 precision 属性可起到四舍五入的作用，而且能直接改变最终的值：假如将编辑框的内容改为 1，则值为 1.00。

这里有一点要特别提醒大家注意，新手在刚学习 numberbox 时，经常会碰到无法输入数据的情况，比如，无法输入小数，甚至根本无法输入小于 0.5 的值。出现这些现象的原因就是 precision 的默认值在作怪。由于该属性的默认值为 0，也就是自动取整，所以小数无法输入；而当输入小于 0.5 的数值时，按照四舍五入规则，取整时只能是 0，这就变成了大家所经常看到的无法输入数值。所以，当使用 numberbox 组件且数值包含小数时，务必要重新设置 precision 的属性值！

与 precision 不同的是，decimalSeparator、groupSeparator、prefix、suffix 等属性仅仅只是改变数值的显示格式，并不会改变最终的数值。

例如上面的代码，百分比符号及整数分割符仅供显示使用，并不会体现在最终的数值中。

但这里也有个问题，比如“%”，上述代码就是简单加上去的。如果要对输入的数值进行百分比转换，怎么处理？

### ❷ formatter 属性

该属性同样用于设置数值显示格式，事件代码的传入参数为焦点离开或回车确认时的值。需要注意的是，一旦启用该属性，之前 4 个与显示格式相关的所有设置将全部失效。例如：

```
    formatter: function(value){
        if (isNaN(value)) return null;  //如果输入的是非数则返回空值
        var result = (value * 100).toString();
        index = result.indexOf(".");
        if(index == -1){
            result += ".00%";
        }else if(result.substr(index+1).length==1){
            result += "0%";
        }else{
            result = result.substr(0,index+3) + "%";
        }
        return result;
    },
```

以上代码对输入的数据进行百分比转换，并保留两位小数。代码的逻辑非常简单，就是对数据先乘100，然后转换为字符串，再根据字符串中的小数点位置分别返回内容。

仍以12345.6789及precision保留两位小数为例，其最终值为12345.68，启用上述formatter属性代码后，则显示的内容如图所示。

1234568.00% 测试

如果将precision改为4，然后刷新浏览器，则显示结果如图所示。

1234567.89% 测试

这时我们直接单击“测试”按钮就会发现，该输入框目前的值还是12345.6789，貌似一切正常。可是，如果重新将光标移动到输入框，每回车一次，就会发现数据变化一次。而变化的规律就是：将当前编辑框中的显示值不断按formatter中定义的代码进行计算，从而生成新的值。

比如，初始应用formatter格式时，显示的值是1234567.89%。如果这时在输入框上回车，就表示将当前显示的内容作为值了，那么它就会再次执行formatter中的代码：先乘以100，然后保留4位小数，经过精度的处理后，最后的值为123456788.9900，显示的内容如图所示。

123456788.99% 测试

此时如果再回车，数据还会按上面的规律继续变化。很显然，这并不是我们希望看到的结果。

### ❸ parser属性

在学习formatter属性时，之所以出现每回车一次，数据就变化一次的情况，最根本的原因在于回车确认时直接把显示的值当成数值了。要避免这种现象的发生，还需要使用parser属性对显示的字符串进行解析，然后告诉系统什么才是真正的值。

例如，以下就是根据 formatter 显示格式编写的字符串解析代码：

```
parser:function (s) {
    var str = s.toString();
    if (str.indexOf('%') == -1) {
        return s;
    }else{
        var v = str.replace('.00%','').replace('.0%','').replace('%','');
        return parseFloat(v)/100;
    }
}
```

上述代码先将显示的内容转为字符串，然后对它进行判断：如果没包含 %，表明未经过格式化，直接将显示的内容作为数值返回；如果包含了 %，则将相应的格式符号删除，然后再转为浮点数据除以 100，从而还原出本来的数值给予返回。

经过 parser 属性的设置后，无论在输入框中怎么回车，数据都正常了。显而易见，formatter 和 parser 应该成对出现，不能顾此失彼。

#### ❹ filter 属性

该属性用于过滤按键。比如，一个正常的数值是不可能有两个小数点的，通过该属性就可以进行有效的控制，代码如下：

```
filter: function (e) {
    var v = $(this).val();
    if(v.indexOf('.')>=0 && e.keyCode==46){
        return false;
    }
}
```

### 4.9.2 方法

数值输入框的方法扩展自 textbox，新增或重写的方法如下。

| 方法名 | 方法参数 | 描述 |
|---|---|---|
| options | none | 返回数值输入框属性 |
| fix | none | 将输入框中的值修正为有效的值 |

### 4.9.3 事件

数值输入框的事件同样扩展自 textbox，最常用的事件为 onChange。

## 4.10 spinner（微调器）

微调器组件结合文本框及两个小按钮可让用户选择值，也可手工输入值。它属于基础类型的组件，是创建其他高级微调控件的基础，一般很少直接使用。

该组件扩展自 textbox。例如，HTML 代码如下：

```
<input id="s" class="easyui-spinner">
```

运行效果如图所示。

再如，在 JS 中使用 textbox 中的多个属性来创建，代码如下：

```
$('#s').spinner({
    width:200,
    label:'请输入数值：',
    labelPosition:'top',
    value:12345.6789,
    buttonText:'测试',
    onClickButton:function () {
        var v = $(this).spinner('getValue');
        alert(v);
    },
});
```

运行效果如图所示。

默认情况下，单击微调按钮是没有效果的，待将 spinner 用作其他高级微调组件之后，就可以直接使用了。但是，我们目前仍然可以通过 spinner 的属性、方法和事件来控制它们。

### 4.10.1 属性

该组件属性扩展自 textbox，以下是新增属性。

| 属性名 | 值类型 | 描述 | 默认值 |
|---|---|---|---|
| min | string | 允许的最小值 | null |
| max | string | 允许的最大值 | null |

续表

| 属性名 | 值类型 | 描述 | 默认值 |
| --- | --- | --- | --- |
| increment | number | 单击微调按钮时的增量值 | 1 |
| spinAlign | string | 微调按钮对齐方式。可用值：<br>left、right、horizontal、vertical | right |
| spin | function(down) | 单击微调按钮时调用的函数，down 参数对应向下按钮 | |

其中，spinAlign 属性的 4 个可选值效果如下所示。

left：两个微调按钮都在左边。

right：两个微调按钮都在右边，此为默认值，如上图。

horizontal：两个微调按钮分别排列在水平方向的两边位置。

vertical：两个微调按钮分别排列在垂直方向的上下位置。

例如：`spinAlign:'horizontal',`

运行效果如图所示。

再如，spin 属性是指单击微调按钮时调用的函数，传入的 down 值对应的是向下按钮。例如：

```
spin:function (down) {
    alert(down);
}
```

当用户单击“-”时（或者是向下箭头），返回值为 true；单击“+”时（或者是向上箭头），返回值为 false。

## 4.10.2　方法

该组件方法全部扩展自 textbox。

## 4.10.3　事件

spinner 事件扩展自 textbox，新增事件只有两个。

| 事件名 | 参数 | 描述 |
| --- | --- | --- |
| onSpinUp | none | 单击向上微调按钮（或者 +）时触发 |
| onSpinDown | none | 单击向下微调按钮（或者 -）时触发 |

例如，通过以下代码就可以使用微调按钮将输入框的值加 1 或减 1：

```
onSpinUp:function () {
    var v = parseFloat($('#s').spinner('getValue'))+1;  //如使用parseInt则转为整数
    $('#s').spinner('setValue',v);
},
onSpinDown:function () {
    var v = parseFloat($('#s').spinner('getValue'))-1;  //如使用parseInt则转为整数
    $('#s').spinner('setValue',v);
},
```

上述代码中，如果不使用 parse 系列函数将输入框的值转换为数值类型，则自动为字符型相加（减数正常）。如改用 spin 属性来写，也可实现同样效果，且代码更加简单，具体如下：

```
spin:function (down) {
    var v = parseFloat($('#s').spinner('getValue'));
    if (down) {
        $('#s').spinner('setValue',v-1);
    }else{
        $('#s').spinner('setValue',v+1);
    }
},
```

## 4.11 numberspinner（数值微调器）

顾名思义，数值微调器就是数值输入框与微调器基础组件相结合而生成的高级控件，它继承了 numberbox 与 spinner 组件的全部属性、方法和事件，使用时只需将组件类型改为 numberspinner，即可自动具有上述两个组件的全部功能。

### 4.11.1 标签方式创建

例如，在页面中只需使用如下一行代码：

```
<input id="n" class="easyui-numberspinner">
```

即可直接生成带微调按钮的数值输入框。运行效果如图所示。

无需作任何的代码设置，单击微调按钮，数值就会自动加 1 或减 1。

当然，由于 numberbox 组件的 precision 默认值为 0，spinner 组件的 increment 默认增量值为 1，因此

上述编辑框中还只能输入整数，且只能按 1 的步长来增减。

## 4.11.2 JS方式创建

将之前学习数值输入框与微调器组件时所需要的代码直接复制过来，即可使用。例如：

```
$('#n').numberspinner({
    width:200,
    label:'请输入数值：',
    labelPosition:'top',
    value:123.4567,
    precision:4,
    increment:0.01,
    min:80,
    max:200,
    groupSeparator:',',
    suffix:'%',
    buttonText:'测试',
    onClickButton:function () {
        var v = $(this).spinner('getValue');
        alert(v);
    },
    spinAlign:'horizontal',
});
```

上述代码中，除了加粗的部分（重点为 increment、spinAlign）是 spinner 中的属性外，其他都是 numberbox 中的属性。运行效果如图所示。

请输入数值：
123.4567%　测试

由于在代码中设置 increment 为 0.01，因此当单击微调按钮时，会按 0.01 的步长进行加减；又因为设置了 min 为 80、max 为 200，因此当输入的值超过这个范围时，会自动取 min 或 max 的值。例如，当输入 201 时，值自动变为 200；输入 50 时，自动变为 80。

请注意，如果在代码中同时使用了 min、max 以及 formatter 属性，那么之前用到的字符串解析代码需要进一步修改完善；否则，min 和 max 的属性限制将变为无效。

以下是修改后的 parser 属性代码（formatter 代码与之前完全相同，此处略）：

```
parser:function (s) {
    var str = s.toString();
    if (str.indexOf('%') == -1) {
```

```
            var min = $(this).numberspinner('options').min;
            var max = $(this).numberspinner('options').max;
            if (s > max) {
                return max;
            }else if (s < min){
                return min;
            }else{
                return s;
            }
        }else{
            var v = str.replace('.00%','').replace('.0%','').replace('%','');
            return parseFloat(v)/100;
        }
    },
```

其中，加粗部分是修改后的，专门增加了针对 min 和 max 属性值的判断。

## 4.12 timespinner（时间微调器）

时间微调器扩展自 textbox 和 spinner 微调组件，它允许用户单击微调按钮来增加或减少时间。

通过 HTML 的标签创建代码：`<input class="easyui-timespinner">`

运行效果如图所示。

### 4.12.1 属性

该组件可使用 textbox 和 spinner 中的所有属性，以下是新增部分。

| 属性名 | 属性类型 | 描述 | 默认值 |
|---|---|---|---|
| separator | string | 小时、分钟和秒之间的分隔符 | : |
| showSeconds | boolean | 是否显示秒钟信息 | false |
| highlight | number | 单击微调按钮时初始选中的部分 | 0 |
| selections | array | 允许选择微调的时间部分 | [[0,2],[3,5],[6,8]] |
| formatter | function(date) | 用于返回格式化的日期时间字符串 | |
| parser | function(s) | 用于解析显示字符串并返回日期时间 | |

其中，formatter 和 parser 属性必须成对同时设置，它与 numberbox 中的两个同名属性作用相同。而本组件中这两个属性传递的参数是完整的日期（含时间），timespinner 同时又是后面即将学习的日期时

间微调器的基础组件，因此，这两个属性的功能留待下一节再来学习会更好理解一些。

先看以下的 JS 代码：

```
$('#t').timespinner({
    width:220,
    label:'请输入起始时间：',
    labelPosition:'top',
    value:'10:30',
    increment:2,
    min:'6:30',
    max:'12:30',
    showSeconds: true,
    spinAlign:'horizontal',
    highlight:1,
    prompt: '请输入起始时间',
    icons:[{
        iconCls:'icon-clear',
        handler: function(e){
            $(e.data.target).timespinner('clear');
        }
    }],
});
```

上述代码中，除了加粗的两行使用的是 timespinner 中的属性外，其他都是 textbox 或 spinner 中的属性。其中，showSeconds 用于显示秒（默认不显示），highlight 用于指定当单击微调按钮时的默认高亮选中部分。运行效果如图所示。

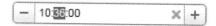


由上图可知，时间分为 3 个部分：时、分、秒。如按照构成来划分：0= 小时、1= 分钟、2= 秒。由于 highlight 的值设为 1，也就是指的“分钟”，因此当单击微调按钮时，会默认选中“分钟”进行调整；另因为设置了步长为 2，每次调整时会加 2 或减 2。当调整后的时间达到最大或最小值时，就不再允许调整。

同理，如果手工输入的时间小于最小值，则时间自动调为最小值；如果大于最大值，则自动调为最大值。

默认情况下，用户是可以通过鼠标单击“时”“分”“秒”来选择要调整的部分的。假如只允许调整其中的某一个部分，可使用 selections 属性进行设置。例如：

```
selections:[[0,2],[6,8]],
```

这样设置之后，用户再单击时，将只能自动选中“时”和“秒”的部分，“分钟”无法选中。也就是说，“分钟”将不可以通过微调按钮来调整，只能手工修改。

请注意，在设置了 selections 属性之后，highlight 用来指定的默认高亮部分也会同时发生变化。比如，在没设置 selections 时，1 指的是分钟，现在则指的是秒，因为在 selections 的数组值中，[6,8] 的序号就是 1。运行效果如图所示。

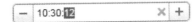


当单击微调按钮时，自动选中“秒”；手工单击“分钟”时，已经无法选中，只能手工修改。

那么，本组件是如何划分时间的各个部分的？每个数组的第 1 个数字为起始位置序号（从 0 开始），第 2 个数字为序号加上要选择的字符长度。

“时”为 [0,2]：0 是序号（从第 1 个字符开始），2 = 0（序号）+2（字符长度）。

“分”为 [3,5]：3 是序号（从第 4 个字符开始），5 = 3 + 2。

“秒”为 [6,8]：6 是序号（从第 7 个字符开始），8 = 6 + 2。

因此，selections 属性的默认值是 [[0,2],[3,5],[6,8]]。

### 4.12.2 方法

该组件的方法扩展自 textbox 和 spinner（微调），以下是新增方法。

| 方法名称 | 参数 | 描述 |
|---|---|---|
| getHours | none | 获取小时数 |
| getMinutes | none | 获取分钟数 |
| getSeconds | none | 获取秒数 |

### 4.12.3 事件

该组件事件完全继承自 textbox 和 spinner。

## 4.13 datetimespinner（日期时间微调器）

日期时间微调器扩展自 timespinner 组件。

和 timespinner 相比，该组件仅重新定义了 selections 属性，其他功能全部相同。由于本组件在时间的前面加上了日期，因而可选部分增加了。运行效果如图所示。

该组件的 selections 属性默认值为 [[0,2],[3,5],[6,10],[11,13],[14,16],[17,19]]，分别表示月、日、年、时、分、秒。例如，如果仅需调整月和年，代码如下：

```
selections:[[0,2],[6,10]],
```

现仍然沿用上一节的代码，重点来学习 formatter 和 parser 两个属性的用法。例如：

```
$('#t').datetimespinner({
    width:220,
    value:'8/18/2018 10:30',
    increment:2,
    min:'6:30',
    max:'12:30',
    showSeconds: true,
    spinAlign:'horizontal',
    highlight:1,
    selections:[[0,2],[6,10]],
    …其他代码略…
});
```

请注意，虽然该组件为日期时间微调器，但 min 和 max 仍然只能限制时间，不能限制日期；value 默认值仍然只能是字符串形式，请注意日期的写法。

## 4.13.1 formatter属性

如上图所示，这种日期的显示方式肯定不太符合国人的阅读习惯，现在就可以使用本属性重新进行设置。例如：

```
formatter:function (date) {
    var y = date.getFullYear();
    var m = date.getMonth() + 1;
    var d = date.getDate();
    var h = date.getHours();
    var M = date.getMinutes();
    var s = date.getSeconds();
    m = m < 10 ? '0' + m : m;
    d = d < 10 ? '0' + d : d;
    h = h < 10 ? '0' + h : h;
    M = M < 10 ? '0' + M : M;
    s = s < 10 ? '0' + s : s;
    return y + '-' + m + '-' + d + '      ' + h + ':' + M + ':' + s;
}
```

当然，这里的代码也可以改用我们之前在学习 calendar 日历组件时所构建的 dateFmt 函数。运行效果如图所示。

2018-08-18    10:30:00

这样看起来就很舒服了。但是，如果此时打开浏览器的控制台，然后在输入框上回车，控制台就会输出一系列的错误。这是因为，回车就表示确认当前显示的内容，接着就会执行 formatter 中的代码，而这种字符串根本就不是日期时间类型的数据，因而在执行 formatter 代码时会出现一系列错误。

如果将上述返回值中的空格改为 1 个，则回车时正常，因为这样格式的字符串是可以转为日期时间类型的。为说明问题，上述返回值中连接日期与时间的空格故意设为 4 个。

和 numberbox 一样，既然使用了 formatter 属性，就必须再配套使用 parser 属性对显示的字符串进行解析。

## 4.13.2 parser属性

该属性用于对微调器中显示的日期时间字符串进行解析，然后返回需要的日期时间值。

示例代码如下：

```
parser: function (s){
    var d = Date.parse(s);
    if (isNaN(d)){
        return new Date();    //如果字符串不能转为时间戳数字，就以当前日期时间返回
    } else {
        return new Date(d);    //如果正常，就将字符串转为日期时间返回
    }
},
```

上述代码先使用 Date 的 parse 方法对字符串进行解析，它的返回值为 1970 年 1 月 1 日到字符串所表示日期之间的毫秒数。如果返回 NaN，表示该字符串属于非数，也就不能转换为时间戳数字，这时直接返回当前系统的日期时间；否则，直接根据获取的毫秒数生成日期时间后返回。

例如，在编辑框中输入字母或汉字等非法字符时，都将自动返回系统当前的日期时间。

为兼容浏览器问题（如上述代码在谷歌、qq 浏览器测试正常，但火狐仍然报错），最好在对字符串使用 parse 方法之前，先将其中的多余空格删除，使之完全符合日期的转换格式，代码如下：

```
s = s.replace(/\s+/,' ');
```

请注意，一旦给组件加上 formatter 和 parser 属性，min 和 max 的限制将失效。如一定需要最大、最小的时间限制，可参考 numberspinner 中的源码实例。

### 4.13.3　重新设定selections属性

由于 formatter 属性的使用，导致微调组件自带的 selections 默认值失效。为使用微调按钮，需重新设置该属性。例如：

```
highlight:4,
selections:[[0,4],[5,7],[8,10],[14,16],[17,19],[20,22]],
```

运行效果如图所示（highlight 指定的 4，对应的就是“分钟”）。

**注意**

以上 selections 设置仅对本示例有效，如果你在项目中使用了与之不同的 formatter 设置，则 selections 属性值要做出相应修改。

## 4.14　datebox（日期输入框）

日期输入框扩展自 combo 和 calendar，它通过文本框和日历面板的有效结合，可将用户选择的日期直接填充到文本框中。在页面中的创建方法，如：`<input class="easyui-datebox">`。运行效果如图所示。

### 4.14.1　属性

日期输入框扩展自 combo，以下是新增属性。

| 属性名 | 值类型 | 描述 | 默认值 |
|---|---|---|---|
| currentText | string | 当天按钮的文本内容 | Today |

续表

| 属性名 | 值类型 | 描述 | 默认值 |
| --- | --- | --- | --- |
| closeText | string | 关闭按钮的文本内容 | Close |
| okText | string | OK 按钮的文本内容 | Ok |
| buttons | array | 在日历下面的按钮 | |
| formatter | function | 格式化日期，返回内容为字符串类型的值 | |
| parser | function | 解析日期字符串，返回内容为日期类型的值 | |
| sharedCalendar | string,selector | 绑定指定的共享日历控件 | null |

在中文状态下，当天按钮、关闭按钮和 ok 按钮的默认显示内容分别是：今天、关闭和确定。其中，ok 按钮在本组件中是不显示的，它作为一个基础型的按钮留给后面的 datatimebox 组件使用。

例如，以下代码对 datebox 组件作了一些基本的属性设置：

```
$('#d').datebox({
    width:180,           //日期文本框的宽度
    panelWidth:200,      //日历面板宽度
    paneHeight:200,      //日历面板高度
    value:'2018-8-18',   //默认值
    currentText:'当日',
    closeText:'关闭',
    okText:'确认',       //ok按钮在本组件中是不显示的
});
```

运行效果如图所示（自动转到默认日期）。

这里需要注意日期默认值的设置格式。如果在页面中使用了 easyui-lang-zh_CN.js 简体中文语言库，默认值格式为 y-m-d；否则为 m/d/yyyy。

### ❶ buttons 属性

该属性用于设置日历下方的按钮。例如：

```
    buttons:[{
        text:'输入日期',
        handler: function(target){
            $(target).datebox('setValue','2019-9-9').datebox('hidePanel');
        }
    }],
```

运行之后，日历输入框原有的按钮就会被 buttons 属性代替。运行效果如图所示。

单击输入日期，将自动在文本框中填入“2019-09-09”。

如果仅需在系统默认的按钮基础上做一些调整，可以先将默认的按钮设置保存到一个变量中，然后再对这个变量进行增删处理。例如：

```
    var bts = $.fn.datebox.defaults.buttons;     //获取datebox默认按钮设置
    bts.splice(1, 0, {                            //使用splice方法对数组进行增减处理
        text: '新增',
        handler: function(target){
            alert('这是新增的按钮！');
        }
    });
```

其中，splice 方法用来对数组中的元素进行增删处理。关于该方法的用法，请参考笔者编写的《B/S 项目开发实战》中的“本地对象的属性和方法”。

然后再设置 buttons 的属性：`buttons:bts`。运行效果如图所示。

请注意，关于变量 bts 的处理代码必须写在日期输入框初始化代码的前面，否则 buttons 属性将因为获取不到 bts 变量的值而导致增加按钮失败。

其实，把有些操作按钮设置在文本输入框上效果可能更好。因为 datebox 扩展自 combo，直接沿用它的 icons 或 buttonText 等属性即可。例如：

```
prompt: '请选择起始时间',
icons:[{
    iconCls:'icon-clear',
    handler:function (e) {
        $(e.data.target).datebox('clear');
    }
}],
```

这样，日期输入框中就会多个清除按钮，运行效果如图所示。

单击该按钮即可清除时间，然后出现“请选择起始时间”的提示，这样也很人性化，运行效果如图所示。

### ❷ formatter 属性

该属性在之前的 numberbox、numberspinner、datetimespinner 中都已经多次学习过，本组件的 formatter 属性同样用于返回日期显示格式。

例如：

```
formatter: function(date){
    var y = date.getFullYear();
    var m = date.getMonth()+1;
    var d = date.getDate();
    return y+'年'+(m<10?('0'+m):m)+'月'+(d<10?('0'+d):d)+'日';
},
```

日期输入框将按照“**** 年 ** 月 ** 日”的格式显示。

**注意**

本组件自带的默认 formatter 属性一样可以用来格式化日期。例如：

```
var d = new Date();
var str = $.fn.datebox.defaults.formatter(d)
```

这里生成的字符串 str 就是按默认的 formatter 样式。

### ❸ parser 属性

该属性用于对显示的字符串进行解析，并返回日期类型的数据。例如：

```
parser: function(s){
    if (!s) return new Date();
    var y = parseInt(s.substring(0,4));
    var m = parseInt(s.substring(5,7));
    var d = parseInt(s.substring(8,10));
    if (!isNaN(y) && !isNaN(m) && !isNaN(d)){
        return new Date(y,m-1,d);
    } else {
        return new Date();
    }
}
```

如果 formatter 中的显示格式为“****-**-**”，解析起来更简单，代码如下：

```
var ss = s.split('-');
var y = parseInt(ss[0]);
var m = parseInt(ss[1]);
var d = parseInt(ss[2]);
```

### ❹ sharedCalendar 属性

该属性用于绑定指定的日历控件。当有多个日期输入框，且需要统一日历风格时，就可以使用该属性；如果只有一个日期输入框，该属性的意义不大。

比如，当需要在项目中输入起始日期和截止日期，而且必须将星期一放在第一列，且为加粗红字时，那么就可以在页面中先用 input 标签创建一个日历，例如：

```
<input id="d1">
<input id="d2">
<div id="c">
```

第 1 个 input 为起始日期，第 2 个 input 为截止日期，div 为日历。JS 代码如下：

```
$('#c').calendar({        //设置日历
    firstDay:1,
    styler: function(date){
        if (date.getDay() == 1){
            return 'color:red;font-weight:bold';
        }
```

```
        }
    });
    $('#d1').datebox({        //起始日期绑定到指定日历
        sharedCalendar:'#c'
    });
    $('#d2').datebox({        //截止日期绑定到指定日历
        sharedCalendar:'#c'
    });
```

浏览器运行时，两个日期输入框都将自动以指定的日历来取代组件本身自带的日历。

运行效果如图所示。

sharedCalendar 的属性值可以是字符串或选择器，代码如下：

```
    sharedCalendar: $('#c')
```

既然输入的是起止日期，适当的验证是非常必要的。其中，最基本的验证规则就是，截止日期必须大于起始日期。先在 d2 上加入自定义的验证规则名称，代码如下：

```
    validType: 'dateValid["#d1"]',
```

然后再来编写自定义验证函数，代码如下：

```
    $.extend($.fn.validatebox.defaults.rules,{
        dateValid : {
            validator : function(value,param) {
                startTime = $(param[0]).datebox('getValue');
                var start = $.fn.datebox.defaults.parser(startTime);
                var end = $.fn.datebox.defaults.parser(value);
                return end > start;
            },
            message : '截止日期要大于起始日期!'
        }
    });
```

请注意，上述代码中的起止日期必须使用 parser 进行解析，因为这个函数里传入的日期都是 formatter 过的，可能含有各种自定义的格式字符。

## 4.14.2　方法

该组件扩展自 combo，以下是新增方法。

| 方法名 | 参数 | 描述 |
| --- | --- | --- |
| calendar | none | 获取日历对象 |
| cloneFrom | from | 克隆一个 datebox 控件 |

例如，在日期输入框中增加一个按钮，然后设置单击事件代码，具体如下：

```
buttonText:'测试',
onClickButton:function () {
     $(this).datebox('setValue','2019-9-9');
     var c = $(this).datebox('calendar');
     c.calendar({
          firstDay: 1
     });
}
```

浏览器运行时单击该按钮，将重新设置日期值，并把星期一作为日历的第一列显示。运行效果如图所示。

如果在该事件中再加入以下代码：

```
var dt = $('<input id="#cd">').appendTo('body');
dt.datebox('cloneFrom', '#d');
```

以上代码的意思是，先创建一个 id 为 cd 的 input 元素，将其添加到 body 中，然后对该元素使用 cloneFrom 方法，克隆对象为 '#d'，也就是 this 自己。浏览器运行时单击该按钮，将自动复制一个所有属性及事件执行效果都与原来一模一样的日期输入框，运行效果如图所示。

2018-08-18 测试 2018-08-18 测试

## 4.14.3 事件

该组件扩展自 combo，以下是新增事件。

| 事件名 | 事件参数 | 描述 |
|---|---|---|
| onSelect | date | 选择日期时触发 |

例如：

```
onSelect: function(date){
    alert('选择的日期是：'+date.getFullYear()+'年'+(date.getMonth()+1)+'月'+date.getDate()+'日');
}
```

# 4.15 datetimebox（日期时间输入框）

日期时间输入框可选择日期并指定时间。和日期输入框相比，该组件多了个时间微调器。运行效果如图所示。

该组件扩展自 datebox 和 timespinner，所有的属性、方法和事件都继承自它们。以下是新增的属性和方法。

## 4.15.1 属性

| 属性名 | 值类型 | 描述 | 默认值 |
|---|---|---|---|
| spinnerWidth | number | 嵌入的时间微调器宽度 | 100% |
| timeSeparator | string | 时间微调器中的小时、分钟和秒之间的分割字符 | : |

### 4.15.2　方法

| 方法名 | 参数 | 描述 |
| --- | --- | --- |
| spinner | none | 返回时间微调器对象 |

例如，以下代码绝大部分都是扩展自所继承组件的属性和方法：

```
$('#d').datetimebox({
    width:180,
    panelWidth:200,
    panelHeight:200,
    label:'请选择:',
    labelPosition:'top',
    value:'2015-10-11 2:3:56',
    currentText:'今天',
    clostText:'关闭',
    okText:'确认输入',
    spinnerWidth:80,
    showSenconds:true,
    timeSeparator:':',
    buttonText:'测试',
    onClickButton:function () {
        $(this).datetimebox('setValue','2019-9-9 8:20:5');
        var s = $(this).datetimebox('spinner');
        s.timespinner({
            highlight: 1
        });
        $('<input id="#cd">').appendTo('body').datetimebox('cloneFrom', this);
    }
})
```

请注意，如果使用 timeSeparator 属性将时间分隔符修改为其他符号，则 value 或 setValue 中的时间分隔符也要用此符号。

上述代码中的按钮事件完成了 3 个动作：一是使用 setValue 方法设置日期时间，二是获取时间微调器对象并将 highlight 设置为 1（也就是单击微调按钮时，分钟部分高亮），三是克隆当前日期时间输入框。运行效果如图所示。

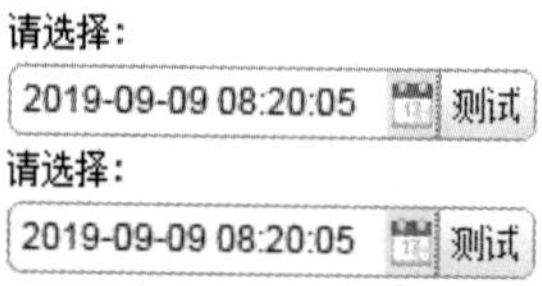

请选择：
2019-09-09 08:20:05 测试
请选择：
2019-09-09 08:20:05 测试

## 4.16 filebox（文件框）

文件框用于选择文件输入，它扩展自textbox（文本框），大部分的属性、事件和方法都继承自文本框。但由于该组件的特殊性，某些功能是不能使用的，比如editable属性虽然设置为true，但仍然不能直接输入文件名，也不能使用setValue方法来设置文件名。

以下是文件框新增属性。

| 属性名 | 值类型 | 描述 | 默认值 |
| --- | --- | --- | --- |
| accept | string | 指定可接受的文件类型 | |
| multiple | boolean | 是否允许多文件选择 | false |
| separator | string | 多文件选择时的分隔符 | , |

在本组件中，原textbox中自带的附加按钮功能自动变为“选择文件”，即使在onClickButton设置事件代码也是无效的。

例如，我们在页面中先使用input标签创建一个文本框，代码如下：

```
<input id="f" name="files">
```

请注意，当使用多文件方式时，input中的name属性名称最好使用数组，这将给后期的上传提交带来很大方便。例如：

```
<input id="f" name="files[]">
```

然后在JS中对它进行如下设置：

```
$('#f').filebox({
    width:300,
    multiple:true,
    prompt:'请点击左侧按钮选择文件',
    buttonText:'选择',
    buttonIcon:'icon-tip',
    buttonAlign: 'left',
    icons:[{
        iconCls:'icon-clear',
        handler:function (e) {
            $(e.data.target).filebox('clear');
        }
    }],
});
```

运行效果如图所示。

选择 请点击左侧按钮选择文件

由于将 multiple 设置为 true，因此在选择文件时是可以使用 Ctrl 或 Shift 组合键进行多选的，选择的多个文件之间默认用逗号隔开。

而如果需要限制选择的文件类型，可使用 accept 属性。例如，只能选择 doc 或 pdf 文件，代码如下：

```
accept:'application/msword,application/pdf',
```

以下是常见的文件类型对照表。

| 类型 | accept 填写的值 | 描述 |
|---|---|---|
| *.3gpp | audio/3gpp, video/3gpp | 3GPP Audio/Video |
| *.ac3 | audio/ac3 | AC3 Audio |
| *.asf | allpication/vnd.ms-asf | Advanced Streaming Format |
| *.au | audio/basic | AU Audio |
| *.css | text/css | Cascading Style Sheets |
| *.csv | text/csv | Comma Separated Values |
| *.doc | application/msword | MS Word Document |
| *.dot | application/msword | MS Word Template |
| *.dtd | application/xml-dtd | Document Type Definition |
| *.dwg | image/vnd.dwg | AutoCAD Drawing Database |
| *.dxf | image/vnd.dxf | AutoCAD Drawing Interchange Format |
| *.gif | image/gif | Graphic Interchange Format |
| *.htm | text/html | HyperText Markup Language |
| *.html | text/html | HyperText Markup Language |
| *.jp2 | image/jp2 | JPEG-2000 |
| *.jpe | image/jpeg | JPEG |
| *.jpeg | image/jpeg | JPEG |
| *.jpg | image/jpeg | JPEG |
| *.js | text/javascript, application/javascript | JavaScript |
| *.json | application/json | JavaScript Object Notation |
| *.mp2 | audio/mpeg, video/mpeg | MPEG Audio/Video Stream, Layer II |
| *.mp3 | audio/mpeg | MPEG Audio Stream, Layer III |
| *.mp4 | audio/mp4, video/mp4 | MPEG-4 Audio/Video |
| *.mpeg | video/mpeg | MPEG Video Stream, Layer II |

续表

| 类型 | accept 填写的值 | 描述 |
| --- | --- | --- |
| *.mpg | video/mpeg | MPEG Video Stream, Layer II |
| *.mpp | application/vnd.ms-project | MS Project Project |
| *.ogg | application/ogg, audio/ogg | Ogg Vorbis |
| *.pdf | application/pdf | Portable Document Format |
| *.png | image/png | Portable Network Graphics |
| *.pot | application/vnd.ms-powerpoint | MS PowerPoint Template |
| *.pps | application/vnd.ms-powerpoint | MS PowerPoint Slideshow |
| *.ppt | application/vnd.ms-powerpoint | MS PowerPoint Presentation |
| *.rtf | application/rtf, text/rtf | Rich Text Format |
| *.svf | image/vnd.svf | Simple Vector Format |
| *.tif | image/tiff | Tagged Image Format File |
| *.tiff | image/tiff | Tagged Image Format File |
| *.txt | text/plain | Plain Text |
| *.wdb | application/vnd.ms-works | MS Works Database |
| *.wps | application/vnd.ms-works | Works Text Document |
| *.xhtml | application/xhtml+xml | Extensible HyperText Markup Language |
| *.xlc | application/vnd.ms-excel | MS Excel Chart |
| *.xlm | application/vnd.ms-excel | MS Excel Macro |
| *.xls | application/vnd.ms-excel | MS Excel Spreadsheet |
| *.xlt | application/vnd.ms-excel | MS Excel Template |
| *.xlw | application/vnd.ms-excel | MS Excel Workspace |
| *.xml | text/xml, application/xml | Extensible Markup Language |
| *.zip | aplication/zip | Compressed Archive |

## 4.17 form（表单）

本章之前学习的所有组件都是用来输入内容的，但这些输入目前还仅仅停留在客户端的浏览器上。要将输入后的内容提交到服务器，可以有两种方法。

第一，直接通过 AJAX 提交。我们在导论——“使用 EasyUI 框架实现快速开发”一章中就是使用的这种方法。

第二，使用 form 表单。本节学习的表单就是基于原生 form 所进行的增强。

## 4.17.1　表单数据提交流程

为学习方便，我们先在页面中创建表单，并在这个表单中添加一个 input 元素（由于这是需要提交到服务器的，每个用来输入数据的 input 或 select 元素都必须设置 name 属性），代码如下。

```
<form id="f" action="test.php">
     <input name="eml">
</form>
<button onclick="$('#f').submit()">提交</button>
```

**注意**

尽管在页面中可以将 input 写在 form 的外面，并可以通过在 input 中设置 form 属性的方式使之与指定表单挂钩，但这种原生写法并不被本组件支持。因此，如果使用 form 组件提交数据的话，各种输入元素必须写在 form 标签的里面！

上述代码中，提交按钮的单击事件代码为 $('#f').submit()，这里的 submit 是 jQuery 中的一个方法，用于提交指定表单的数据。

现在再来简单写一下该表单请求的 test.php 文件代码：

```
<?php
     $str = (!empty($_GET['eml'])) ? $_GET['eml'] : '';
     echo '服务器收到的客户端数据：'.$str;
?>
```

在浏览器运行页面文件，运行效果如图所示。

officecode

提交

单击提交按钮，浏览器自动访问 test.php，并给出服务器返回结果。请注意这里的 URL 地址。

访问地址后面用“?”隔开的就是发送到服务器的数据。其中，eml 是 input 元素定义的 name 名称，officecode 是该 name 对应的值。这种以“?”附带数据的请求方式被称为 get，它也是表单的默认请求方式。如果表单中的输入元素有多个，那么它们会用 & 连接起来。运行效果如图所示。

localhost/sample/jquery-easyui-1.5.2/demo/form/test.php?eml=officecode&name=kun&psw=123456

但这种方式局限也很大：首先是数据安全问题，因为它们都显示在 URL 地址上；其次就是当发送的数据很多时，URL 地址可能会因为超出长度而导致出错。因而，在实际的项目应用中，还有另外一种数据请求方式 post，它就完全避免了 get 的这两大弊端。

如要改用 post 方式，那么表单需使用 method 属性定义。例如：

```
<form id="f" action="test.php" method="post">
```

相应的，test.php 中获取客户端值的全局数组要改为 $_POST。

运行效果如图所示。

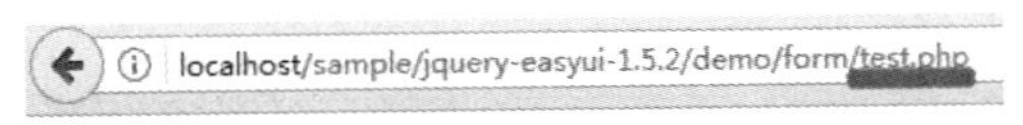


服务器收到的客户端数据：officecode

返回内容与之前完全相同，但这里的 URL 地址清清爽爽，后面一点点的尾巴都没有。

以上示例表明，不论是 post 还是 get，它们在请求数据的时候都会自动转到访问的页面，数据交互体验比较差。如要实现类似于页面免刷新的效果，可以使用 iframe 框架来变相实现。例如：

```
<iframe name="testifm" style="display: none"></iframe>
<form id="f" action="test.php" method="post" target="testifm">
     <input name="eml">
</form>
<button onclick="$('#f').submit()">提交</button>
```

其中，第 1 行代码表示在当前页面嵌入一个框架，框架名称为 testifm，样式为不可见。然后再将表单的 target 属性设置为该框架，也就是将请求页面显示在该框架中，这样就变相实现了页面免刷新的效果。

当然，如果使用 form 组件就不用这么麻烦了。

## 4.17.2 form组件成员

### ❶ 属性

| 属性名 | 值类型 | 描述 | 默认值 |
|---|---|---|---|
| ajax | boolean | 是否使用 AJAX 方式提交表单数据 | true |
| iframe | boolean | 是否使用 iframe 模式提交表单数据 | true |
| url | string | AJAX 方式提交时的 URL 地址 | null |
| novalidate | boolean | 提交数据时是否不验证 | false |
| dirty | boolean | 是否仅提交变更后的内容 | false |
| queryParams | object | 提交数据时的额外参数 | {} |

部分属性说明如下。

- ajax 属性值为 false 时，表示以传统的表单方式提交数据，这时必须在 form 元素中指定 action 属性（也就是要提交的 URL 地址，如上文所述）；如果设置为 true，则以 AJAX 异步方式提交，那么就可以在 form 组件初始化时设置 URL 请求地址。
- iframe 属性的作用在“表单数据提交流程”中已经讲解，直接默认为 true 即可（不用重新设置）。
- novalidate 属性用于设置是否“不验证”。例如，先给文本框设置验证，代码如下：

```
$('input[name=eml]').textbox({
    required: true,
    validType: 'email',
    value:'email',
});
```

此时，如果直接单击提交按钮，光标焦点会直接跳到输入框。运行效果如图所示。

因为该文本框内容不符合验证规则，验证未通过，不会执行提交；如果修改为正确的邮件地址，则可直接提交；如果将 form 的 novalidate 属性设置为 true，则跳过验证提交。

- dirty 属性用于设置是否仅提交变更后的内容。例如，上面的代码给文本框设置的默认值为 email，如果将 dirty 设置为 true，那么在没有修改文本框内容的情况下执行提交，则该值不会发送到服务器。
- queryParams 属性用于设置提交数据时的额外参数。此参数与 dirty 属性无关，只要设置了都会发送到服务器。

例如：

```
$('#f').form({
    ajax:true,
    url:'test.php',
    novalidate:true,
    dirty:true,
    queryParams:{
        name:'职场码上汇',
        code:'officecode'
    },
});
```

浏览器运行时，如果文本框内容没作修改，则服务器只能收到 name 和 code 的数据，文本框对应的

eml 值是收不到的。

### ❷ 方法

| 方法名 | 参数 | 描述 |
| --- | --- | --- |
| enableValidation | none | 表单启用验证 |
| disableValidation | none | 表单禁用验证 |
| validate | none | 当表单内的所有输入内容都通过验证时，返回 true |
| clear | none | 清除表单的所有数据 |
| reset | none | 重置表单的所有数据（恢复到 value 默认值） |
| resetValidation | none | 重置验证设置为默认值 |
| resetDirty | none | 重置只提交变更字段的设置为默认值 |
| load | data | 加载数据填充到表单中 |
| submit | options | 执行提交操作 |

例如，在上面的代码中，我们将 novalidate 设置为 true，也就是不再验证。这种情况下，执行 validate 方法的返回值都是 true；如要重启验证并返回验证结果，代码如下：

```
$('#f').form('enableValidation').form('validate');
```

现重点学习后面两个方法。为方便学习，先在页面中添加一个 a 元素，然后在 JS 中设置该元素的单击事件。

- load 方法

该方法用于加载数据填充到表单中。它的作用和 input 中的 value 默认值类似，但更强大，它可以读取多个数据一次性填充到表单中。例如：

```
$('#f').form('load',{
    eml:'officecode@163.com'    //这里的参数名必须和input或select中的name一致
});
```

也可以直接读取 JSON 文件或 PHP 中请求到的数据。例如：

```
$('#f').form('load','test.json');
$('#f').form('load','test.php');
```

请注意，PHP 返回的数据必须严格遵循 JSON 的数据格式。例如：

```
echo '{"eml":"这是远程请求来的"}';
```

- submit 方法

该方法的作用和 jQuery 中的 submit 一样，都用于表单数据提交。例如：

```
$('#f').form('submit');
```

当表单中的数据验证通过时直接提交，否则不会提交。

使用该方法时可以设置参数对象，它包含以下属性。

url：请求的 URL 地址。省略时使用 form 初始化时的 url 地址或者 DOM 元素中的 action 地址。

onSubmit：提交之前要执行的回调函数。传参为 queryParams 属性中设置的参数。

success：提交成功后执行的回调函数。传参为服务器返回的数据。

例如：

```
$.messager.progress();                    //显示进度条
$('#f').form('submit',{
    onSubmit:function (param) {
        var isValid = $(this).form('validate');
        if(!isValid){
            $.messager.progress('close');     //如果未通过验证就关闭进度条
        }
        return isValid;             //未通过验证时，返回false、取消提交
    },
    success:function(data){
        $.messager.progress('close');          //提交成功后关闭进度条
        $.messager.alert('回馈数据',data);       //显示服务器返回的信息
    }
})
```

运行效果如图所示。

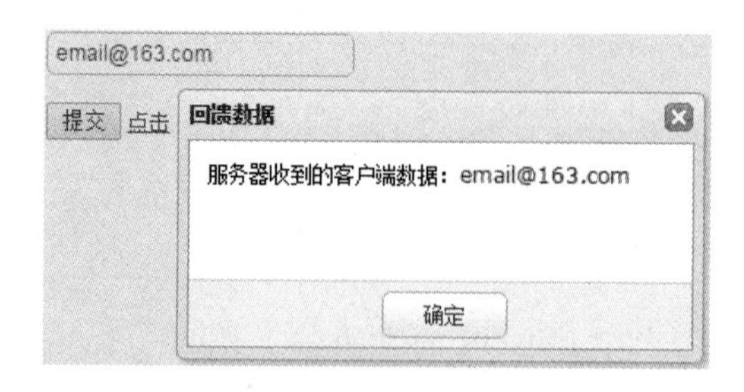


请注意，这里 success 收到的服务器响应数据都是原始数据。如果项目本身仅需要返回一个字符串，也就无所谓了；但有时需要返回的是对象，这时就必须对收到的字符串再进行对象化处理。

例如，PHP 经过后台数据库检索后，现在返回的是 JSON 格式数据，代码如下：

```
echo '{"name":"张三","age":28}';
```

如果仍然使用上述 success 中的代码，则显示内容如图所示。

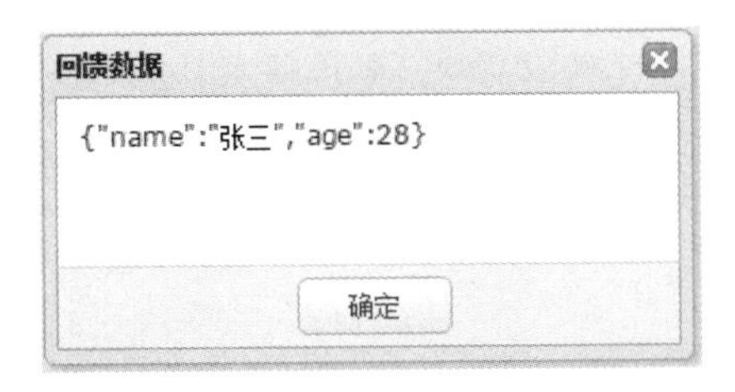


很显然，success 收到的响应数据类型仍然是普通的字符串。如要从结果中提取 JSON 格式的数据，还需要使用 eval 函数将它进行对象化处理，代码如下：

```
data = eval('(' + data + ')');
$.messager.alert('回馈数据','姓名: '+data.name+'<br>'+'年龄: '+data.age);
```

### ❸ 事件

| 事件名 | 参数 | 描述 |
| --- | --- | --- |
| onBeforeLoad | param | 请求加载数据前触发。返回 false 取消加载请求 |
| onLoadSuccess | data | 表单数据加载完成后触发。参数为成功加载的数据对象 |
| onLoadError | none | 表单数据加载出现错误时触发 |
| onChange | target | 表单数据发生变化时触发。参数为发生变化的 DOM 元素 |
| onSubmit | param | 提交数据之前触发。返回 false 取消提交 |
| success | data | 在表单提交成功以后触发。 |
| onProgress | percent | 在上传进度数据有效时触发。iframe 属性为 true 时，该事件不被触发 |

其中，前面 3 个事件仅在 load 远程数据时有效（如 JSON 数据文件、PHP 数据请求），load 本地数据时无效，onSubmit 和 success 事件在 submit 方法中已经学习，用法完全相同。

## 4.17.3 文件上传

之前学习的都是常规的表单数据提交，filebox 文件框输入的内容怎么提交呢？这个实际上就是上传文件。要实现选定文件的上传，还需要在客户端及服务器端分别作出以下处理。

### ❶ 客户端代码示例

客户端主要是设置页面中 form 表单元素的属性。例如：

```
<form id="f" method="post" enctype="multipart/form-data">
    <input name="eml"> <br><br>
    <input name="file">
</form>
```

这里的提交方式必须为 post，同时增加 enctype 属性。

其中，第 2 个 input 用于选择输入要上传的文件，在 JS 程序中先对其进行 filebox 初始化，代码如下：

```
$('input[name=file]').filebox({
    width:300,
    multiple:true,    //允许选择多个文件
    buttonText:'选择',
    buttonIcon:'icon-tip',
    buttonAlign: 'left',
});
```

运行效果如图所示。

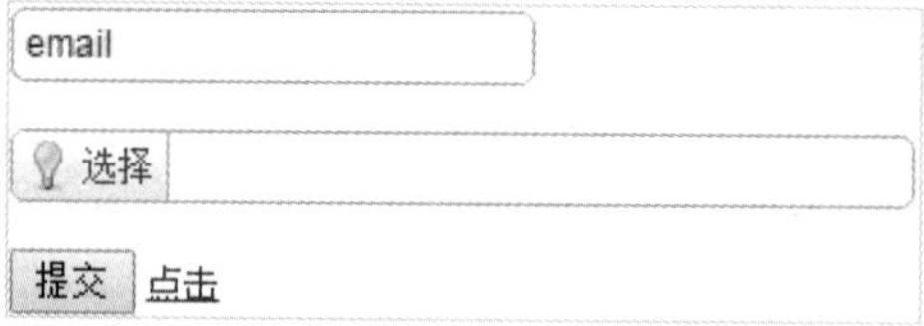

email

选择

提交 点击

单击“选择”按钮，可以选择并输入文件。

### ❷ 服务器端代码示例

以 PHP 为例，其默认设置都是可以接受上传文件的，上传的单个文件最大为 2M。

$_FILES 用来存储上传文件的相关信息。例如，上述页面中用来选择输入文件名称的 input 元素名称为 file，数据在提交到 PHP 服务器后，$_FILES 的数组内容如下所示。

$_FILES['file']['name']：客户端机器文件的原名称，包含扩展名。

$_FILES['file']['type']：文件的 MIME 类型。

$_FILES['file']['size']：已上传文件的大小，单位为字节。

$_FILES['file']['tmp_name']：文件被上传后在服务端储存的临时文件名。

$_FILES['file']['error']：和该文件上传相关的错误代码。如果值为 0，说明文件上传成功。除了 0 以外，还有以下几个可能的返回值。

1：表示上传文件的大小超出了 PHP 默认设置的文件大小限制。

2：表示上传文件大小超出了页面表单中 MAX_FILE_SIZE 选项所指定的值，前提是要在 form 表单中增加一个隐藏类型的 input。其中，name 值为 MAX_FILE_SIZE，value 值根据需要设为需要限制的上传文件大小（单位为字节），位置在 file 域前面。

3：表示文件只被部分上传。

4：表示没有上传任何文件。

实践中我们还发现，如果上传文件比服务器端的限制大很多，$_FILES 有时也会“崩溃”，其结果就是导致“Undefined index”之类的错误。这时，以上的各种返回值自然也就无法获取。为避免此问题，在获取以上文件信息之前，最好先判断一下 $_FILES 是否存在。

文件上传之后，还要用以下两个函数对文件进行处理。

- 用函数 is_uploaded_file() 判断指定的文件是否通过 POST 上传

该函数可以用来确保恶意的用户无法欺骗脚本，去访问本不能访问的文件，因此，这种检查显得格外重要。该函数必须指定类似于 $_FILES['file']['tmp_name'] 的变量。

- 用函数 move_uploaded_file() 将上传的文件移动到新位置

通过 POST 上传的文件，首先会存储于服务器的临时目录中，使用该函数可以将上传的文件移动到新位置。本函数检查并确保要移动的文件是合法的上传文件（即通过 POST 上传机制所上传的）：如果合法就移动（存在同名文件时将被覆盖）；如果不合法则不会有任何操作，并返回 false。

单个文件上传的示例代码如下：

```
$str = (!empty($_POST['eml'])) ? $_POST['eml'] : '';        //获得表单数据
$result = '';
$file_name = $_FILES['file']['name'];                        //文件源名称
$file_tmp_name = $_FILES['file']['tmp_name'];               //上传后的临时名称
$size = $_FILES['file']['size'];                             //文件字节数
if(is_uploaded_file($file_tmp_name) && $size<=2*1024*1024){ //是否通过post上传且小于2M
    $info = pathinfo($file_name);                            //得到上传文件的原始信息
    $desfile = 'uploads/'.date('YmdHis').rand(1000,9999).'.'.$info['extension'];//目标名
    if (move_uploaded_file($file_tmp_name,$desfile)){       //移动到目标文件
        $result = '文件上传成功！';
    }
}
echo $str.'|'.$result;      //将文件上传信息及获得的其它表单数据拼接一起返回
```

如果要同时上传多个文件，表单中的 input 元素名称必须为数组形式。示例代码：

```
<input name="file[]">
```

使用 filebox 组件对其初始化时，选择器只能改用“^=”，表示属性值以 file 开始的 input 元素。例如：

```
$('input[name^=file'].filebox({
    width:300,
    multiple:true,
});
```

其中，multiple 的属性值为 true，表示可以使用 Ctrl 或 Shift 组合键同时选择多个文件。

以下是服务器端处理多个文件上传的示例代码：

```
$str = (!empty($_POST['eml'])) ? $_POST['eml'] : '';
$files_name=$_FILES['file']['name'];
$files_tmp_name=$_FILES['file']['tmp_name'];
$j = 0;
$k = 0;
for($i=0;$i<count($files_tmp_name);$i++){
    $sosfile = $files_tmp_name[$i];                    //临时文件名
    $size = $_FILES['file']['size'][$i];               //文件字节数
    if(is_uploaded_file($sosfile) && $size<=2*1024*1024){ //是否通过post上传且小于2M
        $info = pathinfo($files_name[$i]);                //得到上传文件的原始信息
        $desfile = 'uploads/'.date('YmdHis').rand(1000,9999).'.'.$info['extension'];
        if(move_uploaded_file($sosfile,$desfile)){
            $j += 1;
        }
    }else{
        $k += 1;
    }
}
echo $str.'|'.'恭喜，您已成功上传 '.$j.' 个文件，有 '.$k.' 个文件未上传！';
```

更完整的代码请查看源文件。

# 第5章 数据表格基础组件

# 5.1　pagination（分页）

该组件用于导航用户的分页数据。例如：

```
    <div id="p" class="easyui-pagination" style="width:600px;background: #EDEAEA;border: 
1px solid #ccc"></div>
```

运行效果如图所示。

## 5.1.1　属性

| 属性名 | 值类型 | 描述 | 默认值 |
|---|---|---|---|
| total | number | 总记录数 | 1 |
| showPageList | boolean | 是否显示页面导航列表 | true |
| showRefresh | boolean | 是否显示刷新按钮 | true |
| showPageInfo | boolean | 是否显示页面信息 | true |
| pageList | array | 页面导航列表 | [10,20,30,50] |
| pageSize | number | 页面默认大小（必须是 pageList 中的值） | 10 |
| pageNumber | number | 初始显示的页数 | 1 |
| layout | array | 分页控件布局定义 | |
| links | number | 链接数，仅在 layout 中有效 | 10 |
| beforePageText | string | 页码输入框之前显示的标签内容 | 第 |
| afterPageText | string | 页码输入框之后显示的标签内容 | 共 {pages} 页 |
| displayMsg | string | 页面信息内容 | 显示 {from} 到 {to}, 共 {total} 条记录 |
| loading | boolean | 刷新按钮是否显示为正在载入状态 | false |
| buttons | array | 自定义按钮，可以是数组或选择器对象 | null |

在学习上述属性之前，先来了解一下分页组件的构成。运行效果如图所示。

将以上各属性对照此示意图就一目了然了。有两个属性需作重点说明。

### ❶ layout 属性

该属性用于设置分页组件的布局，它的核心选项有 5 个。

first ：首页按钮

prev ：上一页按钮

manual ：页码手工输入框

next ：下一页按钮

last ：尾页按钮

以上选项可随意调整组合，顺序不限，且可多次使用 sep 添加按钮之间的分割线。

除上述 5 项外，整个分页中的其他布局内容也可在该属性中设置。具体包括以下 3 个。

list ：页面导航列表

refresh ：刷新按钮

info ：页面信息

例如：

```
$('#p').pagination({
     total:114,
     layout:['first','prev','next','last','sep','manual','info'],
     beforePageText:'指定页',
     afterPageText:'',
})
```

由于 list 和 refresh 在 layout 中没有被列出，因而在项目运行时这两项将不会被显示。即使将 showPageList 和 showRefresh 都设置为 true 也无济于事，因为它们根本就没包含在布局属性中。运行效果如图所示。

布局选项中还有个特殊的值：links，它用于显示页面数链接，默认为 10 个，可通过 links 属性修改。例如：

```
layout:['first','prev','next','last','sep','manual','sep','links','info'],
links: 5,
```

运行效果如图所示。

这里虽然仅设定了 5 个页面链接数，但当单击到后面的页码时，会自动滚动到 5 之后的页码，如 6 ～ 10 页、11 ～ 15 页等。

默认情况下，分页组件中的链接按钮是不显示提示框的。如果需要加上此功能，可使用选择器找到对应的 DOM 元素，然后获取其中的值即可。

由于官方文档中并未给出分页组件源码，我们可通过控制台输出的信息进行分析。例如：

```
$('#p').pagination().find('a.l-btn').tooltip({
    content: function(){
        var cc = $(this).find('span.l-btn-icon');
        var str = '';
        if (cc.length) {
            cc = cc.attr('class').split(' ');
            str = cc[1].split('-')[1];
        }else{
            str = $(this).find('span.l-btn-text').text();
        }
        return '第 ' + str + ' 页';
    }
});
```

代码说明：分页组件中的链接元素都是 a 标签，且使用了 l-btn 样式，所以在该组件中先使用 a.l-btn 选择器查找到所有的链接标签，然后给它们进行 tooltip 初始化，同时设置提示框内容。由于链接数按钮和其他的分页布局按钮，其使用的 class 样式是不一样的，因此上述代码又分别做了如下判断。

- 当存在 l-btn-icon 样式时，通过控制台得到的 DOM 元素内容如下（以“上一页”标签按钮为例）：

```
<span class="l-btn-icon pagination-prev"> </span>
```

该标签没有任何文本内容，仅通过两个 class 样式来输出一个图标，pagination-prev 表示这是一个“上一页”的按钮。要在提示框中显示对应的文字，只能提取其中的 prev，代码如下：

```
cc = cc.attr('class').split(' ');   //将获取到的dom元素class属性值转为数组
str = cc[1].split('-')[1];          //将数组中的第2个元素再用-号转为数组后取第2个值
```

当然，这样获取的文本内容为英文，可使用 if 或 switch case 语句进行中文处理，此部分代码略。

- 当不存在 l-btn-icon 样式时，通过控制台得到的 DOM 元素内容如下（以链接数按钮“4”为例）：

```
<span class="l-btn-left"><span class="l-btn-text">4</span></span>
```

很显然，这里的数字就是按钮显示内容，只要用选择器选中 span 中 class 样式为 l-btn-text 的元素，然后获取其中的文本内容即可，代码如下：

```
str = $(this).find('span.l-btn-text').text();
```

运行效果如图所示。

❷ buttons 属性

该属性用于自定义按钮，可用值：数组或选择器对象。

● 数组

该方式定义的按钮和 panel、layout 等组件中的按钮一样，都可以包括以下两个属性。

iconCls：显示背景图片的 CSS 类名。

handler：当按钮被单击时调用的句柄函数。例如：

```
buttons:[{
      iconCls:'icon-add',
      handler:function(){
           alert('增加操作');
      }
},{
      iconCls:'icon-cut',
      handler:function(){
           alert('剪切操作');
      }
}],
```

运行效果如图所示。

● 选择器对象

这个选择器对象指的是 DOM 元素，该元素中可放置任何内容。例如：

```
<div id="bt" style="margin-left:10px">
```

```
    <input class="easyui-searchbox" style="width:80px">
    <a class="easyui-linkbutton" data-options="iconCls:'icon-save',plain:true"></a>
</div>
```

该div元素中放置了一个搜索框和一个保存按钮。只需在buttons属性中绑定该元素对象即可，代码如下：

```
buttons:$('#bt'),
```

运行效果如图所示。

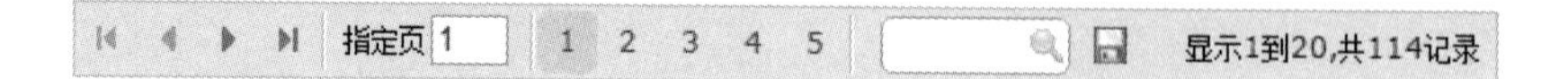


## 5.1.2　方法

| 方法名 | 参数 | 描述 |
|---|---|---|
| options | none | 返回参数对象 |
| select | page | 选择新的数据页，页面索引从 1 开始。不带参数时刷新当前页 |
| refresh | options | 刷新并显示分页组件信息。不带参数时仅刷新分页信息 |
| loading | none | 将刷新按钮显示为正在加载中 |
| loaded | none | 将刷新按钮显示为已经加载完成 |

例如，在搜索框中设置 searcher 代码如下：

```
$('#s').searchbox({
    searcher:function (value) {
        if (!parseInt(value)) return;    //如果搜索框中的值不大于0就直接返回
        $('#p').pagination('select',parseInt(value));
    }
});
```

当在搜索框输入页号，然后回车或者单击搜索图标时，将自动选择指定的数据页。

如需重新设置并刷新分页相关属性，可使用 refresh 方法。例如：

```
$('#p').pagination('refresh',{
    total:180,
    pageNumber:3,
    displayMsg:'当前从{from}到{to},共{total}条记录'
});
```

### 5.1.3 事件

| 事件名 | 事件参数 | 描述 |
| --- | --- | --- |
| onSelectPage | pageNumber,pageSize | 选择新数据页时触发 |
| onBeforeRefresh | pageNumber,pageSize | 刷新数据之前触发。返回 false 可取消刷新 |
| onRefresh | pageNumber,pageSize | 刷新数据之后触发 |
| onChangePageSize | pageSize | 更改页面数据记录大小时触发 |

例如，当选择新数据页时，代码如下：

```
onSelectPage:function(pageNumber, pageSize){
    $(this).pagination('loading');
    alert('当前分页数:'+pageNumber+',页面数据大小(记录条数):'+pageSize);
    $(this).pagination('loaded');
},
```

请注意，上述事件中的 onBeforeRefresh 和 onRefresh，仅仅针对单击刷新按钮有效，它们与 refresh 方法无关。因为 refresh 方法仅仅是用来刷新分页组件中的相关属性而不是数据的。

## 5.2 datagrid表格与列属性

本组件是整个 EasyUI 插件集合中功能最强大的组件之一，甚至可称之为超级组件。它基于 panel、resizable、linkbutton、pagination 等多个组件扩展而来，以表格的形式展示数据，同时提供了丰富的记录选择、排序、分组和编辑数据等功能支持。

### 5.2.1 标签方式创建数据表格

数据表格在页面中必须使用 table 组合标签创建。例如：

```
<table style="width:400px">
    <thead>      <!-- 表格标题部分 -->
        <tr>
            <th data-options="field:'id'">序号</th>
            <th data-options="field:'dhy'">行业大类</th>
            <th data-options="field:'xhy'">行业小类</th>
            <th data-options="field:'sales',align:'right'">销售总额</th>
            <th data-options="field:'percent',align:'right'">销售份额</th>
        </tr>
    </thead>
    <tbody>      <!-- 表格数据部分 -->
```

```
            <tr>
                <td>1</td>
                <td>大家电</td>
                <td>家用空调器</td>
                <td>21791</td>
                <td>20.63%</td>
            </tr>
            <tr>
                <td>2</td>
                <td>大家电</td>
                <td>彩色电视机</td>
                <td>37148</td>
                <td>35.17%</td>
            </tr>
            <tr>
                <td>3</td>
                <td>大家电</td>
                <td>家用电冰箱</td>
                <td>14448</td>
                <td>13.68%</td>
            </tr>
            <tr>
                <td>4</td>
                <td>大家电</td>
                <td>洗衣机</td>
                <td>12210</td>
                <td>11.56%</td>
            </tr>
            <tr>
                <td>5</td>
                <td>大家电</td>
                <td>抽油烟机灶具</td>
                <td>20042</td>
                <td>18.97%</td>
            </tr>
        </tbody>
    </table>
```

以上就是纯粹使用 table、thead、tbody、tr、th 和 tr 等组合标签创建的数据表格，运行效果如图所示。

| 序号 | 行业大类 | 行业小类 | 销售总额 | 销售份额 |
|---|---|---|---|---|
| 1 | 大家电 | 家用空调器 | 21791 | 20.63% |
| 2 | 大家电 | 彩色电视机 | 37148 | 35.17% |
| 3 | 大家电 | 家用电冰箱 | 14448 | 13.68% |
| 4 | 大家电 | 洗衣机 | 12210 | 11.56% |
| 5 | 大家电 | 抽油烟机灶具 | 20042 | 18.97% |

很显然，这样创建的表格"光秃秃"的，非常"原始"，更别说有什么其他自带的高级功能。

现在，我们只需给这个 table 加上 datagrid 样式，看看会有什么变化。例如：

```
<table class="easyui-datagrid" style="width:400px">
```

刷新浏览器，运行效果如图所示。

| 序号 | 行业大类 | 行业小类 | 销售总额 | 销售份额 |
|---|---|---|---|---|
| 1 | 大家电 | 家用空调器 | 21791 | 20.63% |
| 2 | 大家电 | 彩色电视机 | 37148 | 35.17% |
| 3 | 大家电 | 家用电冰箱 | 14448 | 13.68% |
| 4 | 大家电 | 洗衣机 | 12210 | 11.56% |
| 5 | 大家电 | 抽油烟机灶具 | 20042 | 18.97% |

一个漂亮的表格就自动生成了。而且，可以选中记录行，列宽还可以使用鼠标拖拽调整！最最关键的是，一旦使用 datagrid 组件，就根本不再需要去写这么多密密麻麻的代码了，所有的数据都可直接远程读取，即使你对 table 中的各种标签都很不熟悉，依然可以通过相关的属性、方法和事件来灵活操作表格与数据。

## 5.2.2 JS方式创建数据表格

在 JS 中创建数据表格，页面中只要使用如下一行代码即可，其他的 thead、tbody、tr、td、th 等标签统统无需再使用：

```
<table id="t"></table>
```

由于存放 datagrid 表格的容器是基于 panel 的，因此可以先使用 panel 中的相关属性来设置表格容器外观，代码如下：

```
$('#t').datagrid({
    title: '数据表',
    iconCls:'icon-edit',
    width:520,
    height:300,
    collapsible:true,
});
```

浏览器运行时仅仅只是生成了一个用来存放数据表格的可折叠面板。运行效果如图所示。

现在要做的事情就是往表格里添加数据。和之前学习的 tree、combobox 等需要列表数据的组件一样，datagrid 同样有个最基本的 data 属性，用于加载本地数据。

data 属性的值有两种方式：数组和对象。

### ❶ array 数组

如果将上述页面标签方式创建的数据表内容改为 array 数据，其代码如下：

```
data:[
    {id:1,dhy:'大家电',xhy:'家用空调器',sales:21791,percent:'20.63%'},
    {id:2,dhy:'大家电',xhy:'彩色电视机',sales:37148,percent:'35.17%'},
    {id:3,dhy:'大家电',xhy:'家用电冰箱',sales:14448,percent:'13.68%'},
    {id:4,dhy:'大家电',xhy:'洗衣机',sales:12210,percent:'11.56%'},
    {id:5,dhy:'大家电',xhy:'抽油烟机灶具',sales:20042,percent:'18.97%'}
],
```

这样看起来就一目了然了，不像页面中还要使用很多的标签。

### ❷ object 对象

如下这种形式就是将上述的数组作为 rows 的值，同时再增加一个 total 键值对，用于指定记录数：

```
data:{total:5,rows:[
    {id:1,dhy:'大家电',xhy:'家用空调器',sales:21791,percent:'20.63%'},
    {id:2,dhy:'大家电',xhy:'彩色电视机',sales:37148,percent:'35.17%'},
    {id:3,dhy:'大家电',xhy:'家用电冰箱',sales:14448,percent:'13.68%'},
    {id:4,dhy:'大家电',xhy:'洗衣机',sales:12210,percent:'11.56%'},
    {id:5,dhy:'大家电',xhy:'抽油烟机灶具',sales:20042,percent:'18.97%'}
]},
```

请注意，data 只是加载表格数据的最基本属性，实际项目应用中更常见的是使用 url 远程方式加载。这个留到后面再来系统学习。

表格数据设置完成之后，刷新浏览器，并未生成数据表格。这是因为还没有指定要显示的数据列。

## 5.2.3 datagrid表格的列属性

datagrid 仅仅设置 data 属性是不行的，要让它作为一个数据表格展示出来，还必须设置需要显示的数据列。例如：

```
columns:[[
    {field:'id',title:'序号'},
    {field:'dhy',title:'行业大类'},
    {field:'xhy',title:'行业小类'},
    {field:'sales',title:'销售总额'},
    {field:'percent',title:'销售份额'},
]],
```

其中，columns 用来设置数据表格以显示列的属性，属性值为数组，数组中的每个元素均为列配置对象。需要显示多少列，就要在这里设置多少个列对象。每个列配置对象中，又包含很多个列属性，上述代码仅用到了两个属性：field 表示要显示的列名称，title 表示要显示的列标题。

浏览器运行效果如图所示。

数据表

| 序号 | 行业大类 | 行业小类 | 销售总额 | 销售份额 |
|---|---|---|---|---|
| 1 | 大家电 | 家用空调器 | 21791 | 20.63% |
| 2 | 大家电 | 彩色电视机 | 37148 | 35.17% |
| 3 | 大家电 | 家用电冰箱 | 14448 | 13.68% |
| 4 | 大家电 | 洗衣机 | 12210 | 11.56% |
| 5 | 大家电 | 抽油烟机灶具 | 20042 | 18.97% |

可能有的读者会说：数组不就是用一对中括号吗？这里的 columns 为什么要用两对中括号？要搞清楚这些问题，就必须系统学习列属性方面的知识。

以下是全部的列属性，默认值都为 undefined（未定义）。

| 属性名称 | 值类型 | 描述 |
|---|---|---|
| field | string | 列字段名称 |
| title | string | 列标题内容 |
| rowspan | number | 纵向占用的单元格数量（合并行） |
| colspan | number | 横向占用的单元格数量（合并列） |
| checkbox | boolean | 是否为逻辑列 |
| width | number | 列宽度。未指定时将自动扩充以适应其内容 |

续表

| 属性名称 | 值类型 | 描述 |
|---|---|---|
| resizable | boolean | 是否允许改变列宽 |
| fixed | boolean | 是否固定列宽，可阻止表属性 fitColumns 为 true 时让其自适应宽度 |
| align | string | 列数据对齐方式。可用值：left、right、center |
| halign | string | 列标题对齐方式。可用值：left、right、center |
| hidden | boolean | 是否隐藏列 |
| sortable | boolean | 是否允许列排序 |
| order | string | 排序顺序，仅在加载远程数据时有效。可用值：asc、desc |
| sorter | function | 自定义字段排序 |
| formatter | function | 返回格式化后的单元格内容 |
| styler | function | 返回单元格显示样式 |
| editor | string,object | 设置列编辑器类型 |

### ❶ 为什么设置表的 columns 属性时要用两个中括号

由上述属性可知，表格中的单元格是可以合并的。假如，我们想在“行业大类”和“行业小类”的上方加上“行业归类”，这就变成两层表头了。例如：

```
columns:[[
    {field:'id',title:'序号',rowspan:2},
    {title:'行业归类',colspan:2},
    {field:'sales',title:'销售总额',rowspan:2},
    {field:'percent',title:'销售份额',rowspan:2}
],[
    {field:'dhy',title:'大类'},
    {field:'xhy',title:'小类'}
]],
```

这样就把数组里面的元素分成了两个：第 1 个元素显示在多层表头的第 1 层，第 2 个元素显示在第 2 层。其中，第一个数组中，新添加的表头标题只需设置 title 和 colspan 属性（不能带 field）。

运行效果如图所示。

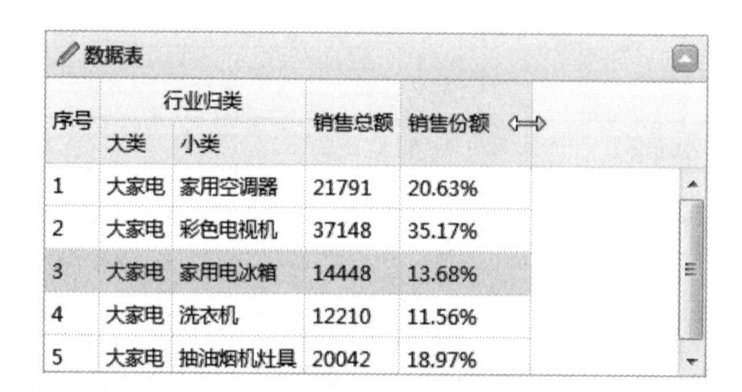

由此可见，之前设置的 columns 属性，之所以看起来是重复使用了两个中括号，实际上是因为它只有一层表头。

### ❷ 复杂多层表头的实现

按照第 1 个数组元素显示在第 1 层、第 2 个元素显示在第 2 层、第 3 个元素显示在第 3 层、第 N 个元素显示在第 N 层的规律，我们可以轻易做出更加复杂的多层表头效果。

例如：

```
columns:[[        //第1层标题
     {field:'ck',checkbox:true,rowspan:3},       //因为有3层, rowspan为3
     {field:'id',title:'序号',rowspan:3},
     {title:'行业归类',colspan:2},                //有下层标题的,不能有field
     {title:'销售情况',colspan:5}                 //因为有下层的下层, 所以合并5列
],[       //第2层标题
     {field:'dhy',title:'大类',rowspan:2},       //rowspan为2
     {field:'xhy',title:'小类',rowspan:2},
     {title:'销售额',colspan:2},                  //从第3层里取两列
     {title:'销售量',colspan:2},                  //从第3层里再取两列
     {field:'dt',title:'备注说明',rowspan:2}
],[       //第3层标题
     {field:'sales',title:'总额'},
     {field:'percent',title:'份额'},
     {field:'xl',title:'数量'},
     {field:'xlp',title:'份额'}
]],
```

上述代码中，第一层标题有 4 个，其中第 3 个标题“行业归类”有下级标题，因此只能设置 title，不能设置 field；第 4 个标题“销售情况”同理。

第二层标题有 5 个。按照顺序，前两个标题是上一层中“行业归类”的下级标题；后 3 个标题是上一层中“销售情况”的下级标题。

第三层标题有 4 个，按顺序依次分配给上一层的相应父标题。

运行效果如图所示。

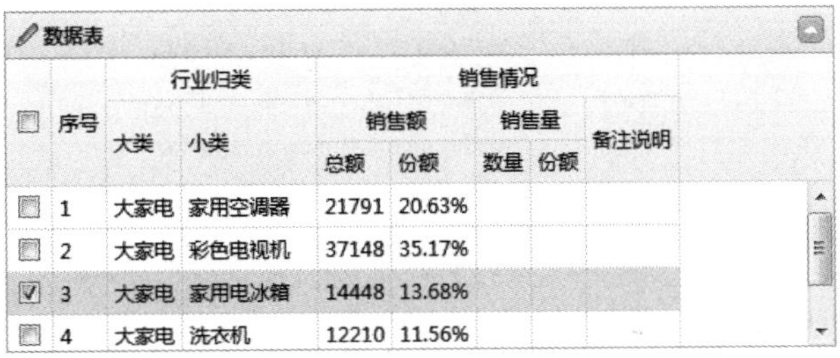

数据表

| ☐ | 序号 | 行业归类 | | 销售情况 | | | | |
|---|---|---|---|---|---|---|---|---|
| | | 大类 | 小类 | 销售额 | | 销售量 | | 备注说明 |
| | | | | 总额 | 份额 | 数量 | 份额 | |
| ☐ | 1 | 大家电 | 家用空调器 | 21791 | 20.63% | | | |
| ☐ | 2 | 大家电 | 彩色电视机 | 37148 | 35.17% | | | |
| ☑ | 3 | 大家电 | 家用电冰箱 | 14448 | 13.68% | | | |
| ☐ | 4 | 大家电 | 洗衣机 | 12210 | 11.56% | | | |

其中，“销售量”之后的所有列字段由于没有对应的数据，所以全部显示为空。第一列是使用列属性 checkbox 创建的逻辑列，定义的列名为 ck，单击标题上的复选按钮可实现全选或取消全选。

### ❸ 列宽、列对齐、列隐藏与列排序

- 列宽

与列宽相关的属性有 width、resizable 和 fixed。例如，将 dhy 列宽度设置为 80px，不通过拖拽改变列宽，同时不允许表属性 fitColumns 对它的宽度进行自适应调整，代码如下：

```
{field:'dhy',title:'行业大类',width:80,resizable:false,fixed:true},
```

- 列对齐

与列对齐相关的属性有 align、halign。例如，将 sales 列数据靠右对齐，列标题居中，代码如下：

```
{field:'sales',title:'销售总额',align:'right',halign:'center'},
```

当 halign 未设置时，align 设置的列数据对齐方式将同时作用于列标题。

- 列隐藏

列隐藏很简单，只要将 hidden 设置为 true 即可。例如，将 id 列隐藏，代码如下：

```
{field:'id',title:'序号',hidden:true},
```

- 列排序

与排序相关的属性有 sortable、order 和 sorter。

例如，允许根据 id 列排序，代码如下：

```
{field:'id',title:'序号',sortable:true},
```

刷新浏览器后，id 列就会出现一个灰色的上下箭头。运行效果如图所示。

首次单击该箭头，是默认的由低到高排序（asc）；再次单击，变成由高到低排序（desc），如此不断切

换。需要注意的是，当对本地数据进行排序时，需将表属性 remoteSort 设置为 false。关于 remoteSort 属性的作用，后面还将详细讲解。

与排序相关的列属性还有 order 和 sorter：order 仅在远程数据排序时起作用，sorter 则用于自定义字段排序。

sorter 的属性值为函数，它带两个参数。

a：当前行、当前字段的值。

b：下一行、当前字段的值。

例如，在上面的例子中，percent 列是字符型的百分比列，如果对这个列进行排序，肯定得不到希望的结果。这时就可以使用 sorter 属性，代码如下：

```
{field:'percent',title:'销售份额',align:'right',halign:'center',
    sortable:true,sorter:function(a,b){
        return (parseFloat(a)>parseFloat(b)?1:-1);
    }
},
```

以上代码的关键是，将字符型数据先转为浮点型数据，再进行 a 和 b 的比较，如果 a>b，就返回 1；否则返回 -1。运行效果如图所示。

数据表

| 序号 | 行业大类 | 行业小类 | 销售总额 | 销售份额 |
|---|---|---|---|---|
| 4 | 大家电 | 洗衣机 | 12210 | 11.56% |
| 3 | 大家电 | 家用电冰箱 | 14448 | 13.68% |
| 5 | 大家电 | 抽油烟机灶具 | 20042 | 18.97% |
| 1 | 大家电 | 家用空调器 | 21791 | 20.63% |
| 2 | 大家电 | 彩色电视机 | 37148 | 35.17% |

请注意，无论是列隐藏还是列排序，都不能对设置了横向合并单元格的列进行操作（也就是只有 title 而没有 field 的列），否则可能会导致各种难以预料的问题。

#### ❹ 格式化单元格内容

属性 formatter 用于格式化单元格显示内容，它的值是一个函数，可传入 3 个参数。

value：字段值

row：行记录数据

index：行索引号

例如，在 percent 列继续设置 formatter 属性，当值小于 20 时，显示为红色的值，代码如下：

```
formatter:function(val,row){
    if (parseFloat(val) < 20){
        return '<span style=color:red;>(' + val + ')</span>';
    } else {
        return val;
    }
}
```

然后在 dt 列也设置 formatter 属性，如果值为空，就生成一个包含行业列内容的字符串，代码如下：

```
{field:'dt',title:'备注说明',formatter: function(val,row,index){
    if (row.dt) {
        return val;
    } else {
        return '【'+row.dhy+'-'+row.xhy+'】备注内容待确认...';
    }
}}
```

很显然，这里的 dt 列就相当于一个表达式列，它可以通过其他列的内容来生成数据。

运行效果如图所示。

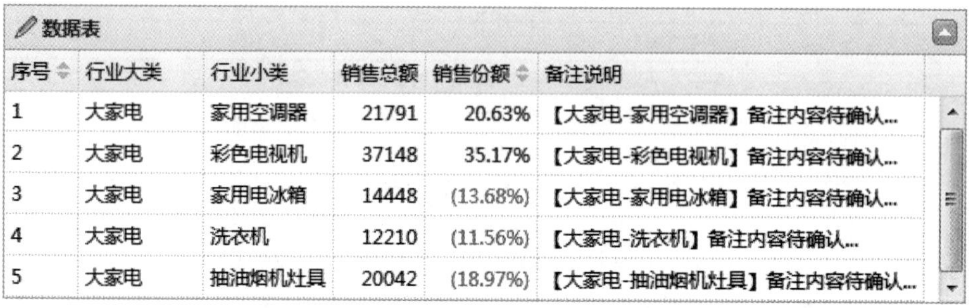

数据表

| 序号 | 行业大类 | 行业小类 | 销售总额 | 销售份额 | 备注说明 |
|---|---|---|---|---|---|
| 1 | 大家电 | 家用空调器 | 21791 | 20.63% | 【大家电-家用空调器】备注内容待确认... |
| 2 | 大家电 | 彩色电视机 | 37148 | 35.17% | 【大家电-彩色电视机】备注内容待确认... |
| 3 | 大家电 | 家用电冰箱 | 14448 | (13.68%) | 【大家电-家用电冰箱】备注内容待确认... |
| 4 | 大家电 | 洗衣机 | 12210 | (11.56%) | 【大家电-洗衣机】备注内容待确认... |
| 5 | 大家电 | 抽油烟机灶具 | 20042 | (18.97%) | 【大家电-抽油烟机灶具】备注内容待确认... |

再如，要将“销售份额”做成类似于进度条的显示效果，可以这样设置该列的 formatter 属性：

```
formatter:function (val) {
    if (val){
        var s = '<div style="width:100%;background:blue;">' +
            '<div style="width:'+parseFloat(val)+'%;background:red;color:white">'+val +'</div>'
            '</div>';
            return s;
    } else {
        return '';
    }
}
```

该代码的原理非常简单，就是利用了 DOM 元素的宽度百分比属性，然后设置背景色而已。运行效果如图所示。

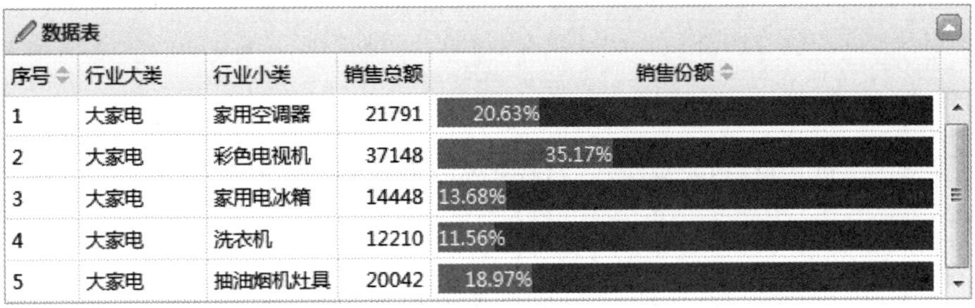

数据表

| 序号 | 行业大类 | 行业小类 | 销售总额 | 销售份额 |
| --- | --- | --- | --- | --- |
| 1 | 大家电 | 家用空调器 | 21791 | 20.63% |
| 2 | 大家电 | 彩色电视机 | 37148 | 35.17% |
| 3 | 大家电 | 家用电冰箱 | 14448 | 13.68% |
| 4 | 大家电 | 洗衣机 | 12210 | 11.56% |
| 5 | 大家电 | 抽油烟机灶具 | 20042 | 18.97% |

### ❺ 设置列单元格样式

属性 styler 用于设置单元格样式，它的值是一个函数，同样可传入 3 个参数。

value：字段值

row：行记录数据

index：行索引号

和 formatter 相比，该属性只能返回样式，而不能返回单元格的显示内容。

例如，在 dt 列设置单元格样式，代码如下：

```
styler:function(value,row,index){
    if (row.id <= 3){
        return 'background-color:#ffee00;color:red;';
    }
}
```

以上代码的意思是，如果 id 小于等于 3，则 dt 列的单元格样式为黄底红色。运行效果如图所示。

数据表

| 序号 | 行业大类 | 行业小类 | 销售总额 | 销售份额 | 备注说明 |
| --- | --- | --- | --- | --- | --- |
| 1 | 大家电 | 家用空调器 | 21791 | 20.63% | 【大家电-家用空调器】备注内容待确认... |
| 2 | 大家电 | 彩色电视机 | 37148 | 35.17% | 【大家电-彩色电视机】备注内容待确认... |
| 3 | 大家电 | 家用电冰箱 | 14448 | 13.68% | 【大家电-家用电冰箱】备注内容待确认... |
| 4 | 大家电 | 洗衣机 | 12210 | 11.56% | 【大家电-洗衣机】备注内容待确认... |
| 5 | 大家电 | 抽油烟机灶具 | 20042 | 18.97% | 【大家电-抽油烟机灶具】备注内容待确认... |

### ❻ 列编辑器

该属性用于指定在表格中编辑修改数据时，该列使用什么类型的编辑器。

最新版本的 EasyUI 列编辑器已经支持 HTML 表单自带的 text、textarea、checkbox 三种输入类型；对于 EasyUI 本身提供的绝大部分表单组件也都是支持的，例如：validatebox、textbox、passwordbox、combobox、combotree、filebox、numberbox、numberspinner、timespinner、datetimespinner、datebox、datetimebox 以及后面即将学习的 combogrid 和 combotreegrid 组件。

该属性的值可以为字符串或对象。

当值为字符串时，只需设置编辑器的名称（编辑器属性为默认）。例如：

```
editor:'text',
editor:'numberbox',
```

当值为对象时，使用 type 指定编辑器类型，options 设置编辑器属性。例如：

```
editor:{
    type:'numberbox',
    options:{
        precision:1      //保留1位小数。这里可以使用指定编辑器组件的所有属性
    }
},
```

再如，checkbox 是 HTML 表单中的 input 类型，这里可以使用其本身自带属性，代码如下：

```
editor:{
    type:'checkbox',
    options:{
        on:1,
        off:0
    }
}
```

关于编辑器的使用，留到后面学习表格方法与事件的时候再一并讲解。

## 5.3　datagrid数据加载及分页排序

上一节学习的 JS 方式创建 datagrid 数据表格，是使用 data 属性实现的。和之前学习的 tree、combobox 等组件一样，datagrid 同样有 url、loader 加载方式。

### 5.3.1　url方式加载表格数据

url 属性用来设置加载数据时的请求地址：属性值可以是 JSON 格式的数据文件，也可以是能动态返回数据的程序页面。

### ❶ 加载 JSON 数据文件

将之前示例代码中的 data 属性值复制到新创建的 test.json 文件中（必须严格按照 JSON 的数据格式进行修改），例如：

```
{"total":5,"rows":[
    {"id":1,"dhy":"大家电","xhy":"家用空调器","sales":21791,"percent":"20.63%"},
    {"id":2,"dhy":"大家电","xhy":"彩色电视机","sales":37148,"percent":"35.17%"},
    {"id":3,"dhy":"大家电","xhy":"家用电冰箱","sales":14448,"percent":"13.68%"},
    {"id":4,"dhy":"大家电","xhy":"洗衣机","sales":12210,"percent":"11.56%"},
    {"id":5,"dhy":"大家电","xhy":"抽油烟机灶具","sales":20042,"percent":"18.97%"}
]}
```

然后在 JS 程序中设置 URL 属性：

```
url:'test.json',
```

浏览器运行效果与之前完全相同。

这种方式仍然属于本地数据加载，因为数据是固定的。

### ❷ 远程数据加载

仍以 MySQL 数据库中的 area 表为例，先在 test.php 中编写返回数据的代码（返回数据必须为 JSON 格式，结构与上同），具体如下：

```
$link = mysqli_connect('localhost','root','','test');
mysqli_set_charset($link,'utf8');
$sql = 'SELECT * FROM area';
$result = mysqli_query($link,$sql);          //执行sql语句，得到结果集
$data['total'] = mysqli_num_rows($result); //将总记录数保存到数组变量$data中
while ($row = mysqli_fetch_assoc($result)) {
    $rowlist[] = $row;                        //将记录数据保存到临时数组变量$rowlist中
}
$data['rows'] = $rowlist;                     //将数组变量$rowlist保存到数组$data中
echo json_encode($data);                      //将$data转为JSON格式数据输出
mysqli_close($link);
```

以上代码完全按照 data 属性或 JSON 数据文件中的格式先生成数组：键名为 total 的键值对表示返回的记录数；键名为 rows 的键值对表示具体的数据记录；生成数组后再使用 json_encode 转为 JSON 格式数据输出到客户端。

然后在 JS 程序中设置 URL 和 columns 属性（为学习方便，本节为 area 数据表增加了 3 列：email、dt、mark，源代码中已经重新提供该数据表的 sql 文件），代码如下：

```
    url:'test.php',
    columns:[[
        {field:'id',title:'序号'},
        {field:'area',title:'地区'},
        {field:'city',title:'市县'},
        {field:'code',title:'区号'},
        {field:'postcode',title:'邮编'},
        {field:'email',title:'邮箱'},
        {field:'dt',title:'日期时间'},
        {field:'mark',title:'是否审核'}
    ]],
```

浏览器运行时，经过了 1 秒左右的等待后，数据加载完成。运行效果如图所示。

数据表

| 序号 | 地区 | 市县 | 区号 | 邮编 | 邮箱 | 日期时间 | 是否审核 |
| --- | --- | --- | --- | --- | --- | --- | --- |
| 1 | 北京市 | 北京市 | 10 | 100000 | | | 1 |
| 2 | 北京市 | 东城区 | 10 | 100010 | | | 1 |
| 3 | 北京市 | 西城区 | 10 | 100030 | | | |
| 4 | 北京市 | 崇文区 | 10 | 100060 | | | |
| 5 | 北京市 | 宣武区 | 10 | 100050 | | | |
| 6 | 北京市 | 朝阳区 | 10 | 100020 | | | |
| 7 | 北京市 | 丰台区 | 10 | 100070 | | | |
| 8 | 北京市 | 石景山区 | 10 | 100040 | | | |
| 9 | 北京市 | 海淀区 | 10 | 100080 | | | |
| 10 | 北京市 | 门头沟区 | 10 | 102300 | | | |
| 11 | 北京市 | 房山区 | 10 | 102400 | | | |
| 12 | 北京市 | 通州区 | 10 | 101100 | | | |
| 13 | 北京市 | 顺义区 | 10 | 101300 | | | |
| 14 | 北京市 | 昌平区 | 10 | 102200 | | | |

由于全部的数据记录共有 2400 多条，因此查看数据需要拖动滚动条。而且，这么多的数据一次性加载到一个数据页面中，也比较消耗资源。因此，更好的办法是使用分页。

与远程数据加载相关的属性还有以下几个。

- method：用于指定数据请求方式

可用值有 post、get，默认为 post。

- queryParams：请求数据时额外发送的参数

该属性在之前的组件中已经多次学习过，用法完全相同。

- loadMsg：加载数据时的提示信息

例如：`loadMsg:'数据加载中...',`

## 5.3.2 数据分页与排序

### ❶ 数据分页

数据分页肯定要用到 5.1 节学习的 pagination 组件。在 datagrid 中，只需将 pagination 属性设置为 true 即可自动调用该组件代码如下：

```
pagination:true,
```

启用该属性之后，再次请求 URL 数据，将同时向服务器发送两个参数。

page ：指当前数据页的页码，它对应分页组件中的 pageNumber。

rows ：指当前数据页的加载记录数量，它对应分页组件中的 pageSize。

有了这两个参数之后，PHP 程序就可以据此进行分页处理，代码如下：

```
$page = (!empty($_POST['page'])) ? $_POST['page'] : 1;     //得到要加载的页码
$rows = (!empty($_POST['rows'])) ? $_POST['rows'] : 10;    //得到要加载的行数
$first = $rows * ($page-1);                              //从哪一条记录开始加载
$sql = "SELECT * FROM area limit $first,$rows";  //给sql语句加上要查询的数据数量
```

请注意，limit 是 MySQL 数据库中所特有的，它用于强制 select 语句返回指定的记录数。该子句接受一个或两个数字参数。其中，第 1 个参数指定从哪里开始返回记录（初始行从 0 开始）；第 2 个参数指定返回记录行的最大数目，第 2 个参数省略时，将返回从指定行开始的所有记录。

如果你使用的是 MsSQL、Access 等其他数据库，则不支持这种写法，需要配合 top、order 等来变相实现分页功能。

以上代码虽然可以实现每次仅加载指定记录的数据的功能，但换页功能无效。这是因为，之前代码中返回的 total 记录总数是根据 $sql 变量得到的，如果每次仅返回 10 条记录，那么 total 也是 10，自然就无法换页了。

如要实现换页，必须将 total 的值返回为符合条件的所有记录数，代码如下：

```
$sql = "SELECT * FROM area";
$result = mysqli_query($link,$sql);
$nums = mysqli_num_rows($result);
```

修改后的 test.php 完整代码如下：

```
//连接mysql数据库
$link = mysqli_connect('localhost','root','','test');
mysqli_set_charset($link,'utf8');
```

```
//得到总记录数
$sql = "SELECT * FROM area";
$result = mysqli_query($link,$sql);
$data['total'] = mysqli_num_rows($result);
//得到当前页记录
$page = (!empty($_POST['page'])) ? $_POST['page'] : 1;
$rows = (!empty($_POST['rows'])) ? $_POST['rows'] : 10;
$first = $rows * ($page-1);
$sql = "SELECT * FROM area limit $first,$rows";
$result = mysqli_query($link,$sql);
while ($row = mysqli_fetch_assoc($result)) {
     $rowlist[] = $row;
}
$data['rows'] = $rowlist;
mysqli_close($link);
//转为json数据输出
echo json_encode($data);
```

运行效果如图所示。

数据表

| 序号 | 地区 | 市县 | 区号 | 邮编 | 邮箱 | 日期时间 | 是否审核 |
|---|---|---|---|---|---|---|---|
| 1 | 北京市 | 北京市 | 10 | 100000 | | | 1 |
| 2 | 北京市 | 东城区 | 10 | 100010 | | | 1 |
| 3 | 北京市 | 西城区 | 10 | 100030 | | | |
| 4 | 北京市 | 崇文区 | 10 | 100060 | | | |
| 5 | 北京市 | 宣武区 | 10 | 100050 | | | |
| 6 | 北京市 | 朝阳区 | 10 | 100020 | | | |
| 7 | 北京市 | 丰台区 | 10 | 100070 | | | |
| 8 | 北京市 | 石景山区 | 10 | 100040 | | | |
| 9 | 北京市 | 海淀区 | 10 | 100080 | | | |
| 10 | 北京市 | 门头沟区 | 10 | 102300 | | | |

10　第 1 共247页　显示1到10,共2467记录

与分页相关的属性还有：pageList、pageSize、pageNumber、pagePosition。其中，前 3 个属性的作用与 pagination 组件中的同名属性完全相同，只有最后一个是新增的。

pagePosition 属性用于定义分页工具栏的显示位置，它有 3 个可选值。

top ：显示在表格上方。

bottom ：显示在表格下方（此为默认值）。

both ：上下都显示。

❷ **数据排序**

之前在学习列属性的时候，用到了数据排序功能。但那些仅仅只是本地数据排序（包括 data 和 url 为 JSON 文件的数据）。

- 本地数据排序

本地数据排序比较简单，因为数据都是固定的，没办法分页，排序全部都在同一个数据页面内进行；但对于远程数据而言，就比较复杂了：是仅在当前页面内排序还是在所有符合条件的记录中排序？这些都要根据实际需求而定。

假如，我们现在要对“市县”列进行排序，代码如下：

```
{field:'city',title:'市县',sortable:true},
```

如果仅在同一个数据页面内排序，这和之前的本地数据排序没有什么不同，只要将 remoteSort 设置为 false 即可。

当单击“市县”列排序时，不论换到哪一个数据页，都会自动在原来的页面数据范围内进行排序。也就是说，当 remoteSort 为 false 时，不论怎么排序，当前页的数据都不会排到别的页面上去。

但要注意，只在本页内数据排序的前提是：服务器端的程序没有对返回的数据进行过排序处理。

- 远程数据排序

现在再来看一下 remoteSort 为 true 时的情况（也就是远程排序）：当用户单击进行排序时，将同时向服务器发送以下两个参数。

sort：当前单击排序的列名。

order：单击排序时的方式，asc 为升序、desc 为降序，默认为 asc。

服务器在收到这两个参数后，应在 SQL 语句中进行相应的处理，才能实现远程排序的效果。例如：

```
$order = (!empty($_POST['sort'])) ? 'order by '.$_POST['sort'].' '.$_POST['order'] : '';
$sql = "SELECT * FROM area $order limit $first,$rows";
```

上述代码的意思是：如果 sort 的值存在，就按 sort 和 order 的值生成排序字符串（order 的值可以省略，因此无需判断），然后再把这个排序字符串放到 SQL 语句中执行。

以上代码虽然可以起到效果，但对于中文字符的排序列，其排序结果可能会让人有点摸不着头脑。之所以会出现这些问题，都是由 MySQL 所使用的字符集导致的。如果要严格按照拼音的中文顺序排序，需使用 convert 把排序列强制转为 gbk 格式。如：order by convert(fieldname using gbk) asc;

修改后的代码如下：

```
    $order = (!empty($_POST['sort'])) ? 'order by convert('.$_POST['sort'].' using gbk) '.$_POST['order'] : '';
```

浏览器再次运行时，单击“市县”列，就完全按照拼音排序了。运行效果如图所示。

数据表

| 序号 | 地区 | 市县 | 区号 | 邮编 | 邮箱 | 日期时间 | 是否审核 |
|---|---|---|---|---|---|---|---|
| 367 | 内蒙古自治区 | 阿巴嘎旗 | 479 | 11400 | | | |
| 1812 | 四川省 | 阿坝县 | 837 | 624600 | | | |
| 506 | 黑龙江省 | 阿城市 | 451 | 150300 | | | |
| 387 | 内蒙古自治区 | 阿尔山市 | 482 | 137800 | | | |
| 2418 | 新疆维吾尔自治区 | 阿合奇县 | 997 | 843500 | | | |
| 2271 | 甘肃省 | 阿克塞哈萨克族自治县 | 937 | 736400 | | | |
| 2395 | 新疆维吾尔自治区 | 阿克苏市 | 997 | 843000 | | | |
| 2417 | 新疆维吾尔自治区 | 阿克陶县 | 908 | 845550 | | | |
| 2378 | 新疆维吾尔自治区 | 阿拉尔市 | 997 | 843300 | | | |
| 384 | 内蒙古自治区 | 阿拉善右旗 | 483 | 737300 | | | |

10 第 1 共247页　显示1到10,共2467记录

这样就实现了远程排序效果。

需要特别注意的是，本地数据排序和远程数据排序并不是完全割裂的。一旦在服务器端接收了 sort 和 order 参数，并针对它们进行了相应的 SQL 语句排序处理，即便是 remoteSort 设置为 false，一旦单击执行排序，它依然会按服务器端返回的排序数据显示。例如，现在将 remoteSort 设置为 false，初始运行时是没有排序的，如下面的左图所示：

| 序号 | 地区 | 市县 | 区号 | 邮编 |
|---|---|---|---|---|
| 1 | 北京市 | 北京市 | 10 | 100000 |
| 2 | 北京市 | 东城区 | 10 | 100010 |
| 3 | 北京市 | 西城区 | 10 | 100030 |
| 4 | 北京市 | 崇文区 | 10 | 100060 |
| 5 | 北京市 | 宣武区 | 10 | 100050 |
| 6 | 北京市 | 朝阳区 | 10 | 100020 |
| 7 | 北京市 | 丰台区 | 10 | 100070 |
| 8 | 北京市 | 石景山区 | 10 | 100040 |
| 9 | 北京市 | 海淀区 | 10 | 100080 |
| 10 | 北京市 | 门头沟区 | 10 | 102300 |

第1页内容

| 序号 | 地区 | 市县 | 区号 | 邮编 |
|---|---|---|---|---|
| 115 | 河北省 | 安国市 | 312 | 71200 |
| 2072 | 西藏自治区 | 安多县 | 896 | 853400 |
| 955 | 江西省 | 安福县 | 797 | 343200 |
| 568 | 黑龙江省 | 安达市 | 455 | 151400 |
| 2457 | 新疆维吾尔自治区 | 阿勒泰市 | 906 | 836500 |
| 2416 | 新疆维吾尔自治区 | 阿图什市 | 908 | 845350 |
| 383 | 内蒙古自治区 | 阿拉善左旗 | 483 | 750300 |
| 2402 | 新疆维吾尔自治区 | 阿瓦提县 | 997 | 843200 |
| 346 | 内蒙古自治区 | 阿荣旗 | 470 | 162750 |
| 317 | 内蒙古自治区 | 阿鲁科尔沁旗 | 476 | 25550 |

第2页内容

此时，单击执行排序，初始页还算正常（仅在当前页排序）。可是，一旦切换到其他页，返回的数据立马就变了。这是因为，换页时默认会把已经单击排序的 sort 列名和 order 顺序同时发送到服务器，从而导致返回数据的混乱。如上方右图，这是第 2 页的内容。

因此，在使用排序时务必注意以下几点。

第一，当使用远程数据排序时，remoteSort 必须设置为 true，而且服务器端程序一定要根据收到的 sort 和 order 进行相应的处理。

第二，当使用远程数据但仅需页内排序时，remoteSort 要设为 false，服务器端程序不要将收到的 sort 和 order 参数用到 SQL 语句中；或者向服务器发送附加参数，由服务器根据该附加参数再做出判断处理。

第三，可以设置默认的排序列和排序方式，未必一定要由用户手工单击排序。

- 初始化排序

以上代码在运行时，都是需要用户手工单击才执行排序的。如果希望在生成数据表格时就自动排序，可设置默认的排序字段，这就是初始化排序。与此相关的属性如下。

sortName：指定排序字段。

sortOrder：排序方式。可选值：asc 为升序、desc 为降序，默认为 asc。

例如：

```
    sortName:'city',
    sortOrder:'desc',
```

以上属性仅在初始化表格数据时进行一次排序，此时 city 列的排序标志不再是灰色，相当于帮用户执行了一次单击。请注意，此属性不能代替列中的 sortable：如果不同时在 city 列属性中设置 sortable 为 true，则后期将无法通过手工单击改变其排序方式。

列属性中也可设置默认的排序方式 order。例如：

```
    {field:'city',title:'市县',sortable:true,order:'desc'},
```

当用户首次单击时（排序标志为灰色），将首先按 desc 方式排序。

- 多列排序

现在我们再增加一列排序，代码如下：

```
    {field:'area',title:'地区',sortable:true},
```

在之前任何代码都不做修改的前提下，单击“地区”或“市县”列都可以排序，但这种排序都是独立的：单击“地区”时，完全按“地区”排列；单击“市县”时，完全按市县排列。

如果希望先按“地区”排，再按“市县”排，或者它们之间的排列顺序可以随意调换，这就需要用到多列排序，将 multiSort 设置为 true 即可。例如：

```
multiSort:true;
```

浏览器运行时，如果先单击“地区”，这时只按此一列排序；如果接着再单击“市县”，就会在“地区”排序的基础上再按“市县”排列，以代码表示就是 order by area,city。运行效果如图所示。

| 序号 | 地区 | 市县 | 区号 | 邮编 |
|---|---|---|---|---|
| 770 | 安徽省 | 安庆市 | 556 | 246000 |
| 758 | 安徽省 | 蚌埠市 | 552 | 233000 |
| 814 | 安徽省 | 亳州市谯城区 | 558 | 236800 |
| 751 | 安徽省 | 长丰县 | 551 | 231100 |
| 803 | 安徽省 | 巢湖市居巢区 | 565 | 238000 |
| 818 | 安徽省 | 池州市贵池区 | 566 | 247100 |
| 785 | 安徽省 | 滁州市 | 550 | 239000 |
| 773 | 安徽省 | 枞阳县 | 556 | 246700 |
| 765 | 安徽省 | 当涂县 | 555 | 243100 |
| 799 | 安徽省 | 砀山县 | 557 | 235300 |

假如初始运行时，先单击“市县”列，再单击“地区”列，则会在“市县”排序的基础上再按“地区”排，以代码表示就是 order by city,area。也就是说，多列排序是按单击列的先后顺序执行的。

多列排序时，还可以改变它们的排列方式。以“市县”列为例，如果第一次单击按 desc 方式排序，第二次单击则改为 asc 方式排序，第三次单击取消排序（排序标志变为灰色）。同理，“地区”列也可以这样操作。这就是说，所有的排序列在经过 3 次单击后都可以取消排序。

由于多列排序时，客户端向服务器发送的 sort 参数和 order 参数都是多个值，因此，服务器端的 PHP 程序需相应做出处理。以下是改动后的生成排序部分的代码：

```
$order = '';
if (!empty($_POST['sort'])) {
    $str = $_POST['sort'];
    if (!strstr($str,',')) {      //如果sort中没有逗号，表示单列排序
        $order = 'order by convert('.$str.' using gbk) '.$_POST['order'];
    }else{                        //否则就是多列排序
        $ods = explode(',',$str);                     //将sort值转为数组
        $sts = explode(',',$_POST['order']);          //将order值转为数组
        for ($i= 0;$i<count($ods);$i++){              //数组遍历
            $order .= 'convert('.$ods[$i].' using gbk) '.$sts[$i].',';
        }
        $order = 'order by '.substr($order, 0, -1); //拼接order子句用于sql语句中
    }
}
```

和单列排序一样，多列排序也可以设置初始排序默认值。例如：

```
    sortName:'area,city',
    sortOrder:'asc,desc',
```

以上代码的意思是，数据表格初始化时按 area 和 city 组合排序。其中，area 按升序，city 按降序。需要注意的是，单列排序时，sortOrder 可以省略；多列排序时，sortOrder 不能省略且值要和 sortName 一一对应。

## 5.3.3 loader与loadFiler

### ❶ loader 属性

和 url 一样，loader 也是一种远程数据加载方式，它直接通过 AJAX 自定义数据请求，使用起来更灵活，返回 false 时可取消加载操作。这个属性在之前的 panel、tree、combobox 等组件中都使用过，这里仅简单举个例子即可。

和前几个组件不同的是，这里的 loader 传入的 param 参数非常丰富，它不仅包含 queryParams 属性中设置的附加参数，还包括数据分页的页码、每页记录数量、排序字段、排序方式等。

例如：

```
    loader: function(param,success,error){
         var sort = param.sort || '';
         var order = param.order || '';
         var page = param.page || 0;
         var rows = param.rows || 10;
         // if (!sort){return false}     //这里可以设置数据加载前提条件
         $.ajax({
              url: 'test.php',
              data: {
                   sort:sort,
                   order: order,
                   page:page,
                   rows:rows,
              },
              method:'post',
              dataType: 'json',
              success: function(data){
                   $('#t').datagrid('loadData',data);      //使用loadData方法加载数据
                   $('#t').datagrid('loaded')              //执行加载完成
              }
         });
    },
```

经测试，远程加载数据的效果和 url 方式完全一样，排序、分页功能全部正常。

### ❷ loadFilter 属性

该属性仅用于返回过滤以后的数据，它不仅对动态加载的远程数据有效（含 url 加载和 loader 加载），对于本地数据同样有效。该属性在之前的 panel、tree、combobox 等组件中都使用过，可以一起对照学习。

请注意，datagrid 中的 loadfilter 返回值相对特殊一点，它必须是包含 total 和 rows 属性的标准数据对象，也就是必须和数据源的格式完全一致。

例如，仅显示市县列包含“区”的数据记录，代码如下：

```
loadFilter:function(data){
    var newData = '';
    $.each(data.rows,function () {
        if(this.city.indexOf('区') !== -1){
            newData += JSON.stringify(this)+',';    //JSON对象转为字符串
        }
    })
    newData = newData.substring(0,newData.length-1);
    newData = '{"total":' + data.total + ',"rows":[' + newData + ']}';  //字符串拼接
    return eval('('+newData+')');      //将字符串转为对象
},
```

运行效果如图所示。

| 序号 | 地区 | 市县 | 区号 | 邮编 |
|---|---|---|---|---|
| 2 | 北京市 | 东城区 | 10 | 100010 |
| 3 | 北京市 | 西城区 | 10 | 100030 |
| 4 | 北京市 | 崇文区 | 10 | 100060 |
| 5 | 北京市 | 宣武区 | 10 | 100050 |
| 6 | 北京市 | 朝阳区 | 10 | 100020 |
| 7 | 北京市 | 丰台区 | 10 | 100070 |
| 8 | 北京市 | 石景山区 | 10 | 100040 |
| 9 | 北京市 | 海淀区 | 10 | 100080 |
| 10 | 北京市 | 门头沟区 | 10 | 102300 |

本来第 1 页的数据是 10 条记录，但因为第 1 条的市县名称是“北京市”，不符合 loadFilter 中的条件，因而被过滤掉了。切换到其他数据页时，都同样会执行本属性中的过滤代码。

当然，实际项目应用中很少有使用 loadFilter 属性过滤数据的。因为通过 queryParams 传递查询参数非常方便，后台程序接收到这些查询参数后可以直接用在 SQL 语句中，这样返回的数据本身就是符合全部条件的，使用起来更高效、更灵活。

## 5.3.4　与datagrid数据加载、分页、排序相关的属性汇总

截止到目前，我们已经学习了与表格数据加载、分页、排序等方面的以下属性。

| 属性名 | 值类型 | 描述 | 默认值 |
|---|---|---|---|
| data | array,object | 本地加载的数据 | null |
| columns | array | 配置需要显示的列对象属性 | undefined |
| url | string | 请求数据的 URL 地址 | null |
| loadMsg | string | 远程加载数据时的提示信息 | |
| method | string | 请求数据方式。可用值：get、post | post |
| queryParams | object | 请求远程数据时的额外发送参数 | {} |
| pagination | boolean | 是否显示分页工具栏 | false |
| pageNumber | number | 分页中的初始化页码 | 1 |
| pageSize | number | 分页中的初始化页面数量量大小 | 10 |
| pageList | array | 分页中的初始化页面大小选择列表 | [10,20,30,40,50] |
| pagePosition | string | 分页工具栏的位置<br>可用值：top、bottom、both | bottom |
| remoteSort | boolean | 是否从服务器端对数据进行排序 | true |
| sortName | string | 初始化的排序字段，多列排序用逗号隔开 | null |
| sortOrder | string | 初始化的排序顺序：asc 或 desc | asc |
| multiSort | boolean | 是否允许多列排序 | false |
| loader | function | 自定义远程服务器数据加载方式 | json loader |
| loadFilter | function | 返回过滤后的数据进行展示 | |

## 5.4 datagrid外观、编辑器及视图属性

以下是与 datagrid 数据表格外观等相关的其他常用属性（有些属性很简单也很好理解）。

| 属性名 | 值类型 | 描述 | 默认值 |
|---|---|---|---|
| idField | string | 标识字段，一般用于选择行 | null |
| fitColumns | boolean | 是否自动调整列宽以适应表格面板 | false |
| resizeHandle | string | 调整列宽时的拖动位置：left、right 或 both | right |
| resizeEdge | number | 调整列宽时的边缘宽度。增加宽度将方便拖动 | 5 |
| frozenColumns | array | 设定的列被冻结在左侧，可使用全部列属性 | undefined |
| autoRowHeight | boolean | 是否自动设置行高 | true |
| nowrap | boolean | 内容超宽时是否不允许换行 | true |
| striped | boolean | 是否显示斑马线效果（隔行灰色背景） | false |
| rownumbers | boolean | 是否显示行号列 | false |

续表

| 属性名 | 值类型 | 描述 | 默认值 |
|---|---|---|---|
| rownumberWidth | number | 行号列宽度 | 30 |
| scrollbarSize | number | 垂直滚动条的宽度或水平滚动条的高度 | 18 |
| showHeader | boolean | 是否显示标题行 | true |
| showFooter | boolean | 是否显示行脚 | false |
| rowStyler | function | 返回数据行样式 | |
| singleSelect | boolean | 是否只允许选择一行数据记录 | false |
| ctrlSelect | boolean | 是否允许使用 Ctrl+ 鼠标单击的方式执行多选 | false |
| checkOnSelect | boolean | 单击记录行时是否自动选中或取消选中复选框 | true |
| selectOnCheck | boolean | 单击复选框时是否自动选择行 | true |
| scrollOnSelect | boolean | 是否滚动到选择行（常用于通过方法选择的行） | true |
| toolbar | array,selector | 设置顶部工具栏 | null |
| editors | object | 编辑记录时使用的编辑器对象 | |
| editorHeight | number | 编辑器高度 | 24 |
| view | object | 设置 DataGrid 视图 | |

## 5.4.1　行、列操作属性

### ❶ fitColumns 属性

该属性用于自动调整列宽以适应整个面板的宽度。前提是，相关的列属性中要设置 width 的值大于 0。假如只有一个列设置了 width，那么自适应面板宽度时，只有这一列变得很宽或很窄；如果所有列都设置了相同的宽度，则全部调整等宽以适应面板。

### ❷ frozenColumns 属性

该属性用于设置冻结列，固定显示在左侧。例如，将前两列冻结，后面 3 列正常显示，代码如下：

```
frozenColumns:[[
    {field:'id',title:'编号'},
    {field:'area',title:'名称',sortable:true}
]],
columns:[[
    {field:'city',title:'市县',sortable:true,order:'desc',width:60},
    {field:'code',title:'区号',width:60},
    {field:'postcode',title:'邮编',width:80}
]],
```

运行效果如图所示。

| 编号 | 名称 | 市县 | 区号 | 邮编 |
| --- | --- | --- | --- | --- |
| 1 | 北京市 | 北京市 | 10 | 100000 |
| 2 | 北京市 | 东城区 | 10 | 100010 |
| 3 | 北京市 | 西城区 | 10 | 100030 |
| 4 | 北京市 | 崇文区 | 10 | 100060 |
| 5 | 北京市 | 宣武区 | 10 | 100050 |
| 6 | 北京市 | 朝阳区 | 10 | 100020 |
| 7 | 北京市 | 丰台区 | 10 | 100070 |
| 8 | 北京市 | 石景山区 | 10 | 100040 |
| 9 | 北京市 | 海淀区 | 10 | 100080 |

**注意**

仅在面板宽度不足以显示全部列宽、且 fitColumns 为 false 时才有效。冻结列的设置方法与 columns 完全相同。

### ❸ showHeader 与 showFooter 属性

这两个属性分别用于设置是否显示表标题与行脚。表标题很好理解，行脚是什么？

行脚是显示在数据页底部的内容，一般用于对表格进行简单说明。行脚数据对应的属性名称为 footer，它必须在数据中存在才会显示。

例如，我们在 PHP 程序中增加返回行脚部分的数据，代码如下：

```
    $sql = "select '本页小计' as area,concat('共',count(*),'条记录') as city,sum(code) as code,sum(postcode) as postcode from ($sql) t";
    $result = mysqli_query($link,$sql);
    while ($row = mysqli_fetch_assoc($result)) {
        $footer[] = $row;
    }
    $data['footer'] = $footer;
```

其中，第一行代码将生成当前页数据的 SQL 查询语句作为一个数据表来进行统计（必须有别名，可随便设置，这里为 t），生成 4 列数据：area、city、code 和 postcode（code、postcode 分别是区号和邮政编码，对它们进行 sum 汇总是没有任何意义的，该代码仅作示例说明）。

本示例只生成了一行行脚数据。由于使用了 while 循环，即使多行也都能正常处理。得到行脚数据后，继续将它添加到要返回的 $data 数组变量中，其键名为 footer，最后再统一转为 JSON 格式数据输出到客户端。

运行效果如图所示。

| 编号 | 名称 | 市县 | 区号 | 邮编 |
| --- | --- | --- | --- | --- |
| 1 | 北京市 | 北京市 | 10 | 100000 |
| 2 | 北京市 | 东城区 | 10 | 100010 |
| 3 | 北京市 | 西城区 | 10 | 100030 |
| 4 | 北京市 | 崇文区 | 10 | 100060 |
| 5 | 北京市 | 宣武区 | 10 | 100050 |
| 6 | 北京市 | 朝阳区 | 10 | 100020 |
| 7 | 北京市 | 丰台区 | 10 | 100070 |
| 8 | 北京市 | 石景山区 | 10 | 100040 |
| 9 | 北京市 | 海淀区 | 10 | 100080 |
| 10 | 北京市 | 门头沟区 | 10 | 102300 |
|  | 本页小计 | 共10条记录 | 100 | 1002660 |

10　第 1 共247页

**注意**

即使返回了 footer 数据，如果不将 showFooter 设置为 true，行脚也是不会显示的；同理，即使将其设置为 true，但返回的数据中没有 footer，依然还是无法显示行脚。

### ❹ rowStyler 属性

该属性用于返回数据行样式，它的值为自定义函数，可以传两个参数。

index：该索引每页都从 0 开始。

row：与此相对应的记录行。

例如：

```
rowStyler: function(index,row){
    if (row.city == '宣武区' || index == 2){
        return ' background-color:blue;color:white';
    }
},
```

浏览器运行后，只要是市县名称等于“宣武区”或者每页序号为 2 的数据记录都会显示为蓝底白字。

**注意**

列属性的 styler 只能用在列中，对列有效；rowStyler 用于 datagrid 中，对行有效。

### ❺ singleSelect、ctrlSelect、checkOnSelect、selectOnCheck 属性

这 4 个属性用于定义如何选择数据行。默认情况下，数据记录是可以多选的，鼠标直接单击数据行即可选择，再次单击取消。如果希望只能单选一条数据记录，或者必须通过 Ctrl 组合键才能多选，可将 singleSelect 或 ctrlSelect 设置为 true。

例如，我们在 columns 中增加一个逻辑列，代码如下：

```
{field:'ck',checkbox:true},
```

该列指定的 ck 字段在数据库中并不存在，我们主要是看一下选择数据行。运行效果如图所示。

| | 序号 | 地区 | 市县 | 区号 | 邮编 |
|---|---|---|---|---|---|
| | 1 | 北京市 | 北京市 | 10 | 100000 |
| | 2 | 北京市 | 东城区 | 10 | 100010 |
| | 3 | 北京市 | 西城区 | 10 | 100030 |
| ✔ | 4 | 北京市 | 崇文区 | 10 | 100060 |
| | 5 | 北京市 | 宣武区 | 10 | 100050 |
| | 6 | 北京市 | 朝阳区 | 10 | 100020 |
| | 7 | 北京市 | 丰台区 | 10 | 100070 |
| | 8 | 北京市 | 石景山区 | 10 | 100040 |
| | 9 | 北京市 | 海淀区 | 10 | 100080 |
| | 10 | 北京市 | 门头沟区 | 10 | 102300 |

默认情况下，当单击记录行时，同时选中或取消选中复选框；单击复选框时，也会同时选择或取消选择数据行。如要改变此设置，可修改 checkOnSelect 或 selectOnCheck 的属性值。

## 5.4.2 顶部工具栏及其他附加按钮

### ❶ toolbar 属性

该属性用于设置 datagrid 面板的顶部工具栏，它的值有两种形式：数组或选择器。

- 数组

每个工具栏按钮的属性和 linkbutton 一样。例如：

```
toolbar:[{
    text:'增加记录',
    iconCls:'icon-add',
    handler:function(){alert('增加记录')}
},{
    text:'删除记录',
    iconCls:'icon-remove',
    handler:function(){alert('删除记录')}
},'-',{      //分割线
    text:'保存退出',
    iconCls:'icon-save',
    handler:function(){alert('保存退出')}
}],
```

运行效果如图所示。

增加记录　删除记录　保存退出

| | 序号 | 地区 | 市县 | 区号 | 邮编 |
|---|---|---|---|---|---|
| | 1 | 北京市 | 北京市 | 10 | 100000 |

- 选择器

选择器可以让工具栏内容更加丰富。例如，在页面中增加一个 div 用于存放工具栏内容，代码如下：

```
<div id="tb" style="padding:5px;">
     <button id="s1"></button>
     <button id="s2"></button>
     <input id="s3">
     <input id="s4">
     <select id="s5"></select>
</div>
```

在这个 div 中，又加了 5 个子元素，按顺序分别为“按钮、按钮、输入框、输入框、选择框”。现在在 JS 中对这 5 个子元素分别设置属性，代码如下：

```
$('#s1').linkbutton({                //第1个子元素的按钮属性设置
     width:80,
     iconCls:'icon-save',
     text:'保存数据',
     plain:true,
});
$('#s2').linkbutton({                //第2个子元素的按钮属性设置
     width:80,
     iconCls:'icon-undo',
     text:'取消修改',
     plain:true,
});
$('#s3,#s4').datebox({               //第3个和第4个子元素初始化为日期，这里仅设置了宽度
     width:100
});
$('#s5').combobox({                  //第5个子元素初始化为下拉列表框，直接读取后台数据
     width:160,
     url:'datalist.php',
     mode:'remote',
     queryParams:{
          field: 'area',
     },
     valueField:'area',
     textField:'area',
```

```
        icons: [{
            iconCls:'icon-search',
            handler: function(e){
                $.messager.alert('信息','这里可以执行查询代码','warning')
            }
        }]
    });
```

其中，第 5 个元素下拉列表框读取数据的 datalist.php 代码直接复制自 combobox 中的示例，仅将 SQL 语句做了适当修改。如需查看源代码，请参阅源文件或 combobox 一节说明，这里不再重复贴出。

以上代码完成后，再到 datagrid 属性中作如下设置：

```
    toolbar: '#tb',
```

运行效果如图所示。

在这个工具栏里，不仅可以通过日期控件选择输入日期，还能输入关键字，直接通过后台数据库选择要查询的内容。

❷ **其他附加按钮**

由于存放表格的容器是基于 panel 的，因此，panel 面板中的 header、tools 和 footer 等属性在这里一样可以使用，这样就能在面板的头部和尾部再随意附加一些其他按钮。

## 5.4.3 编辑器属性

之前学习列属性的时候，已经知道可以在定义列时设置该列所用的编辑器。datagrid 表格中还有两个和编辑器相关的属性。

editorHeight：编辑器高度。只能在表格中修改记录行时才能看出效果。

editors：表格所有的编辑器对象。例如，使用每个组件都拥有的 options 方法，就可以获取数据表格所支持的编辑器类型。代码如下：

```
console.log($('#t').datagrid('options').editors);
```

如果想自行扩展或修改编辑器，可以通过 editors 属性重新设置。例如，以下就是重写的 datatimebox 编辑器（默认的 datatimebox 编辑器是可以手工输入的，但这里由于使用了 options.editable = false，再次启用此编辑器时将只能选择输入）：

```
editors:{datetimebox:{
    init: function(container, options){
        var input = $('<input type="text">').appendTo(container);
        options.editable = false;
        input.datetimebox(options);
        return input;
    },
    getValue: function(target){
        return $(target).datetimebox('getValue');
    },
    setValue: function(target, value){
        $(target).datetimebox('setValue', value);
    },
    resize: function(target, width){
        $(target).datetimebox('resize', width);
    },
    destroy : function (target) {
        $(target).datetimebox('destroy');
    }
}},
```

每个编辑器对象都应包含以下几种动作（actions）。

| 名称 | 参数 | 描述 |
| --- | --- | --- |
| init | container,options | 初始化编辑器并返回目标对象 |
| getValue | target | 从编辑器中获取值 |
| setValue | target,value | 向编辑器中写入值 |
| resize | target,width | 如有必要可调整编辑器宽度 |
| destroy | target | 如有必要可销毁编辑器 |

以上属性仅在修改编辑器默认值的时候才需使用，一般读者可忽略。关于编辑器的具体使用效果将在 datagrid 方法和事件中一并讲解。

## 5.4.4 视图属性

视图（view）是一个对象，它告诉 datagrid 如何渲染行。本部分知识一般读者可忽略。

视图可使用以下函数。

| 名称 | 参数 | 描述 |
|---|---|---|
| render | target,container,frozen | 渲染数据行。<br>target：数据表格 DOM 对象<br>container：行容器<br>frozen：如何渲染冻结容器 |
| renderFooter | target,container,frozen | 渲染行脚，参数与 render 相同 |
| renderRow | target,fields,frozen,index,row | 渲染行属性，调用 render 函数 |
| refreshRow | target,index | 如何刷新指定的行 |
| onBeforeRender | target,rows | 表视图被呈现之前触发 |
| onAfterRender | target | 表视图在呈现之后触发 |

### ❶ 改变行脚样式

默认情况下，rowStyler 样式属性对行脚是无效的。现在通过重写 view，可让 rowStyler 同样作用于行脚。示例代码如下：

```
view:$.extend({},$.fn.datagrid.defaults.view,{
    renderFooter: function(target, container, frozen){
        var opts = $.data(target,'datagrid').options;   //得到datagrid属性对象
        var rows = $.data(target,'datagrid').footer || [];  //得到页脚数据对象
        var fields = $(target).datagrid('getColumnFields', frozen);  //得到列字段
        var table = ['<table class="datagrid-ftable" cellspacing="0" cellpadding="0"
        border="0"><tbody>'];
        for(var i=0; i<rows.length; i++){  //对行脚数据记录循环拼接
            var styleValue = opts.rowStyler ? opts.rowStyler.call(target,i,rows[i]) : '';
            var style = styleValue ? 'style="' + styleValue + '"' : '';
            table.push('<tr class="datagrid-row" datagrid-row-index="' + i + '"' + style + '>');
            table.push(this.renderRow.call(this, target, fields, frozen, i, rows[i]));
            table.push('</tr>');
        }
        table.push('</tbody></table>');
        $(container).html(table.join(''));  //拼接后的HTML代码赋给行脚容器
```

```
        },
    }),
```

然后再设置 rowStyler 属性，代码如下：

```
    rowStyler: function(index,row){
        if (row.area == '本页小计'){
            return 'background-color:blue;color:white';
        }
    },
```

运行效果如图所示。

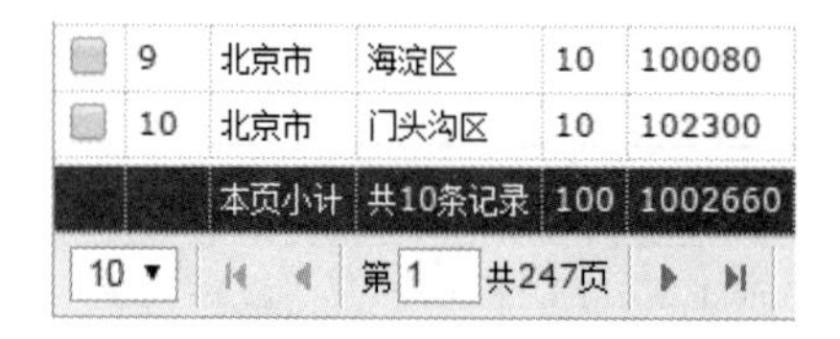


## ❷ 改变表格数据

如果将地区名称为“北京市”的数据行改为“北京”，代码如下：

```
    view:$.extend({},$.fn.datagrid.defaults.view,{
        onBeforeRender: function (target, rows) {
            $.each(rows, function (index, row) {
                row.area = (row.area == '北京市') ? '北京' : row.area;
            });
        }
    }),
```

## ❸ 卡片式数据效果

```
    view:$.extend({},$.fn.datagrid.defaults.view,{
        renderRow: function(target, fields, frozen, rowIndex, rowData){
            var cc = [];
            cc.push('<td colspan=' + fields.length + ' style="padding:10px 5px;border:0;">');
            if (!frozen){
                cc.push('<img src="logo.png" style="width:150px;float:left">');
                cc.push('<div style="float:left;margin-left:20px;">');
                for(var i=1; i<fields.length; i++){  //第1列在库中没有值，故从第2列开始
                    var copts = $(target).datagrid('getColumnOption', fields[i]);
                    cc.push('<p><b>' + copts.title + ':</b> ' + rowData[fields[i]] + '</p>');
                }
                cc.push('</div>');
```

```
            }
            cc.push('</td>');
            return cc.join('');
        }
    }),
```

运行效果如图所示。

这种卡片式的数据列表，排序、分页都不受影响，但最好不要显示行脚。

## 5.5 datagrid方法

datagrid 方法中，有几种常用的传递参数说明如下。

index：行索引，每页的行索引都从 0 开始。

row：行数据。

field：列名称。

### 5.5.1 常规方法

| 方法名 | 参数 | 描述 |
|---|---|---|
| options | none | 返回属性对象 |
| getPager | none | 返回分页对象。例如，返回分页的属性对象：<br>`$('#t').datagrid('getPager').pagination('options')` |
| getPanel | none | 返回表格的面板容器对象 |
| getColumnFields | frozen | 返回列字段数组。参数可选，如设置为 true，则返回冻结字段 |

续表

| 方法名 | 参数 | 描述 |
|---|---|---|
| getColumnOption | field | 返回指定列属性。如：<br>`$('#t').datagrid('getColumnOption','city')` |
| showColumn | field | 显示指定列 |
| hideColumn | field | 隐藏指定列 |
| fitColumns | none | 使列自动展开 / 收缩到合适的表格宽度 |
| fixColumnSize | field | 固定列大小。省略参数时，所有列大小都是固定的 |
| autoSizeColumn | field | 自动调整列宽度以适应内容 |
| scrollTo | index | 滚动到指定行 |
| fixRowHeight | index | 固定行高度。省略参数时，所有行高度都是固定的 |
| highlightRow | index | 指定行高亮 |
| freezeRow | index | 冻结指定行，必须从 0 开始。例如，冻结最上面的两行：<br>`$('#t').datagrid('freezeRow',0).datagrid('freezeRow',1);` |
| mergeCells | options | 合并单元格。参数对象包含以下属性：<br>index 开始合并的行索引、field 开始的字段名称、rowspan 合并行数、colspan 合并列数 |
| sort | param | 排序表格。例如：`$('#t').datagrid('sort', 'id');`<br>也可以指定排序方式：<br>`$('#t').datagrid('sort', {`<br>`    sortName: 'productid',`<br>`    sortOrder: 'desc'`<br>`});` |
| gotoPage | param | 跳转到指定页。例如，跳转到第 3 页：<br>`$('#t').datagrid('gotoPage',3);`<br>也可在跳转后执行回调函数：<br>`$('#t').datagrid('gotoPage', {`<br>`    page: 3,`<br>`    callback: function(page){`<br>`        console.log(page)`<br>`    }`<br>`});` |
| resize | param | 重置大小 |

以上方法都很好理解。现在重点学习一下如何通过返回的面板容器对象来修改表格边框样式。

在页面的 head 中先添加以下样式：

```
<style type="text/css">
    .lines-right .datagrid-body td{                /*表格只有竖线*/
        border-bottom:1px dotted transparent;
    }
    .lines-bottom .datagrid-body td{               /*表格只有横线*/
        border-right:1px dotted transparent;
    }
    .lines-no .datagrid-body td{                   /*表格无线*/
        border-right:1px dotted transparent;
        border-bottom:1px dotted transparent;
    }
    .lines-both .datagrid-body td{                 /*默认有横线和竖线*/
    }
</style>
```

其中，每种样式中的 lines-right、lines-bottom、lines-no、lines-both 都是自定义的样式属性名称，而 datagrid-body 是 EasyUI 本身自带的，且已经应用于表格的 class 样式，td 指的是单元格。它们三者用空格连接起来就形成了一个样式选择器。

然后在 JS 中使用以下代码：

```
$('#t').datagrid('getPanel').addClass('lines-bottom');
```

该代码的意思是，为表格所在面板添加 lines-bottom 样式。而该样式所对应的选择器如下：

```
.lines-bottom .datagrid-body td
```

这是一个后代选择器，也就是只作用于面板所属表格中的单元格。运行效果如图所示。

| 序号 | 地区 | 市县 | 区号 | 邮编 | 邮箱 | 日期时间 | 是否审核 |
|---|---|---|---|---|---|---|---|
| 1 | 北京市 | 北京市 | 10 | 100000 | | | 1 |
| 2 | 北京市 | 东城区 | 10 | 100010 | | | 1 |
| 3 | 北京市 | 西城区 | 10 | 100030 | | | |
| 4 | 北京市 | 崇文区 | 10 | 100060 | | | |
| 5 | 北京市 | 宣武区 | 10 | 100050 | | | |
| 6 | 北京市 | 朝阳区 | 10 | 100020 | | | |
| 7 | 北京市 | 丰台区 | 10 | 100070 | | | |
| 8 | 北京市 | 石景山区 | 10 | 100040 | | | |
| 9 | 北京市 | 海淀区 | 10 | 100080 | | | |
| 10 | 北京市 | 门头沟区 | 10 | 102300 | | | |

如果将上述选择器改为 .lines-bottom td，则连表格标题和行尾的竖线都不会显示。这是因为，原来的选择器指定了 datagrid-body，因而只对表格身体有效。当然，也可以将样式改为仅对 datagrid-header 或 datagrid-footer 有效。

同样的道理，如果给面板添加 lines-right、lines-no 或 lines-both 样式，则表格只显示竖线、全不显示或全部显示。

## 5.5.2　选择数据行与返回数据方法

| 方法名 | 参数 | 描述 |
|---|---|---|
| selectRow | index | 选择指定行 |
| selectRecord | idValue | 通过 ID 值参数选择行。该值根据属性 idField 确定 |
| unselectRow | index | 取消选择指定行 |
| selectAll | none | 选择当前页中所有的行 |
| unselectAll | none | 取消选择所有当前页中所有的行 |
| checkRow | index | 勾选指定行 |
| uncheckRow | index | 取消勾选指定行 |
| checkAll | none | 勾选当前页中的所有行 |
| uncheckAll | none | 取消勾选当前页中的所有行 |
| clearSelections | none | 清除所有选择的行 |
| clearChecked | none | 清除所有勾选的行 |
| getData | none | 返回当前页已加载的全部数据对象（含 rows、footer 和 total） |
| getRows | none | 返回当前页的所有数据行。没有数据时返回空数组 |
| getFooterRows | none | 返回行脚数据对象 |
| getRowIndex | row | 返回指定行的索引号，参数为数据行或 ID 字段值。未找到时返回 -1 |
| getChecked | none | 返回所有被勾选的数据行。没有勾选行时返回空数组 |
| getSelected | none | 返回第一个被选择的行。没有选中行时返回 null |
| getSelections | none | 返回所有被选择的行。没有选中行时返回空数组 |

本类方法都很简单，但需要注意 selectRecord 和 getRowIndex 方法中的指定 ID 值并不一定就是 id 列，它由属性 idField 决定。例如：

```
$('#t').datagrid('options').idField='area';
var dt = $('#t').datagrid('selectRecord','北京市');
console.log(dt);
```

这里指定的 idField 为 area，而该列对应的值并不是唯一的。比如，当指定 area 为“北京市”时，就会有很多条记录；如果使用 selectRecord 方法，则仅选择第 1 条记录。

如果接着上面的代码，再加上以下两行，可以获得指定行的 index：

```
var i = $('#t').datagrid('getRowIndex',$('#t').datagrid('getSelected'));
console.log(i);
```

当然，使用了 getRowIndex 方法的这行代码也可以简写为如下形式：

```
var i = $('#t').datagrid('getRowIndex','北京市');
```

一般来说，为选择方便，idField 属性都是指定数值内容不重复的字段。

## 5.5.3 数据记录编辑方法

| 方法名 | 参数 | 描述 |
|---|---|---|
| appendRow | row | 添加数据行。新行将被添加到当前页的最后位置 |
| insertRow | param | 插入行。参数包括两个属性：index 和 row（省略 index 则追加新行） |
| updateRow | param | 修改指定行的数据。参数包含下列属性：index 和 row |
| deleteRow | index | 删除指定行 |
| beginEdit | index | 开始编辑行，进入编辑状态 |
| endEdit | index | 结束编辑行。执行编辑器验证：通过就提交，否则仍保持编辑状态 |
| cancelEdit | index | 取消编辑行。此方法不执行任何验证，直接取消编辑状态 |
| getEditors | index | 获取指定行的所有编辑器数组。每个编辑器都有以下属性。<br>actions：编辑器可以执行的动作，具体请参考编辑器属性说明<br>target：目标编辑器的 jQuery 对象<br>field：字段名称<br>type：编辑器类型，如 text、combobox、datebox 等 |
| getEditor | options | 获取指定编辑器。options 参数必须包含两个属性：index 和 field |
| validateRow | index | 验证指定行，验证通过时返回 true |
| getChanges | type | 获取发生数据改变的所有行。指定参数时，还可返回发生改变的具体类型数据行。可用值：inserted、updated、deleted（通过 appenndRow 方法添加的也属于 inserted 类型） |
| acceptChanges | none | 提交所有更改后的数据 |
| rejectChanges | none | 回滚所有更改后的数据（取消更改） |

使用以上方法时，需要注意几点。

**❶ 对数据记录的增改删可以直接使用相应的方法**

例如，在表格尾部添加数据记录，代码如下：

```
$('#t').datagrid('appendRow',{
     area:'北京市',
     city:'新增'
});
```

在指定行位置插入数据记录，代码如下：

```
$('#t').datagrid('insertRow',{
     index:1,
     row:{
          area:'北京市',
          city:'插入'
     }
});
```

修改更新指定行的数据记录，代码如下：

```
$('#t').datagrid('updateRow',{
     index:1,
     row:{
          area:'北京市',
          city:'修改'
     }
});
```

删除指定记录，代码如下：

```
$('#t').datagrid('deleteRow',4);
```

**❷ 在表格中手工修改数据或者验证某行数据时，必须先使用开始编辑方法。而且，数据表中至少要有一列指定了编辑器，否则将无法进入编辑状态**

例如，给 email、dt、mark 三列分别设定编辑器，代码如下：

```
{field:'email',title:'邮箱',editor:{
     type:'validatebox',
     options:{validType:'email',required:true}
}},
{field:'dt',title:'日期时间',editor:'datetimebox'},
{field:'mark',title:'是否审核',align:'center',editor:{
     type:'checkbox',
     options:{
          on: 1,
          off: 0
```

```
        }
    },formatter:function(val,row,index){
        if (row.id !== undefined)    //排除行脚
        if (val == 1) {
            return '<input type="checkbox" checked>';
        }else{
            return '<input type="checkbox">';
        }
    }}
```

其中，邮箱列的编辑器为 validatebox，并设置其验证规则为 email，且必须输入；日期时间列的编辑器为 datetimebox；审核列的编辑器为 checkbox，并设置勾选时值为 1，否则为 0，同时还设置了 formatter 属性，以便该列内容显示为复选框。

然后在“编辑按钮”的单击事件中使用以下代码，对第 3 行数据记录进行编辑：

```
    $('#t').datagrid('beginEdit',2);
```

运行效果如图所示。

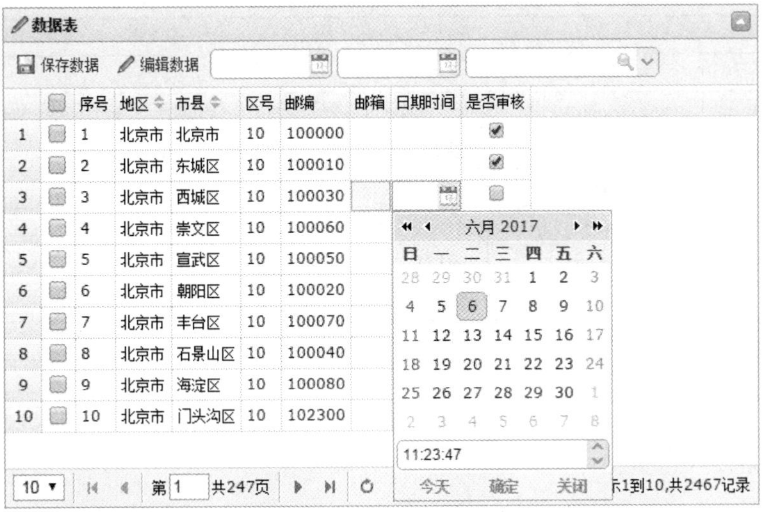

选择日期时间后，单击“确定”即可完成输入。

假如希望单击“编辑数据”时，同时给日期列生成默认值，可以通过 getEditors 或 getEditor 方法获得编辑器，然后再使用编辑器的 setValue 方法赋值。例如：

```
    $('#t').datagrid('beginEdit',2);
    var ed = $('#t').datagrid('getEditors',2)[1];
    $(ed.target).datetimebox('setValue','2012-1-1 12:33:55');
```

由于 getEditors 方法获取的是该行所有列的编辑器数组（本例有 3 个编辑器），而日期时间编辑器是第 2 个，因此这里必须加上 [1]。也可以使用 getEditor 方法，获取指定行、指定字段的编辑器，代码如下：

```
var ed = $('#t').datagrid('getEditor',{
     index:2,
     field:'dt'
});
```

要结束编辑状态，可使用 endEdit 或 cancelEdit 方法。两种方法是有区别的，请参考上表。

请注意，一旦使用了编辑器，那么设置默认值时就要按照指定编辑器的方式。如上例中，“是否审核”列的编辑器类型是 checkbox，如果默认选中，可使用以下代码：

```
$(ed.target)[0].checked = true;    //加上[0]是将jquery对象转为DOM对象
```

**❸ 以上方法对数据表的任何修改都只是基于客户端。即使使用 acceptChanges 方法提交了修改数据，也仅仅只是体现在客户端。如需同步更新后台数据，还要表格事件的配合**

## 5.5.4　数据加载与刷新方法

| 方法名 | 参数 | 描述 |
| --- | --- | --- |
| load | param | 仅重载第一页数据。如果指定参数，将取代 queryParams 属性设置 |
| reload | param | 重载行。等同于 load 方法，但它保持在当前页 |
| reloadFooter | footer | 重载行脚数据 |
| loading | none | 显示载入状态 |
| loaded | none | 隐藏载入状态 |
| loadData | data | 重新加载数据。请参考之前的 loader 属性示例 |
| refreshRow | index | 刷新指定行 |

例如，首页数据重载代码如下：

```
$('#t').datagrid('load',{
     q:'01'
});
```

重载数据时，将发送 q 参数到服务器，queryParams 属性中的设置在这里全部无效，但分页及排序本身自带的 page、rows、sort、order 等参数仍然正常提交。

再如，更新原有的行脚数据（未更新的字段仍显示原来的内容）代码如下：

```
var rows = $('#t').datagrid('getFooterRows');
rows[0]['area'] = '本页总计';
```

```
    rows[0]['city'] = '共10条数据';
    $('#t').datagrid('reloadFooter');
```

也可以重新载入行脚数据，代码如下：

```
    $('#t').datagrid('reloadFooter',[
        {area: '总计', code: 10},
        {area: '平均', code: 1}
    ]);
```

**注意**

行脚数据重新载入后，如果有页面数据的 load 或 reload 操作，则行脚数据仍显示服务器返回的内容。

## 5.6 datagrid事件

datagrid 事件继承自 panel（面板），以下都是新增的事件。

### 5.6.1 数据加载事件

| 事件名 | 参数 | 描述 |
|---|---|---|
| onBeforeLoad | param | 加载数据之前触发。如果返回 false 可终止载入数据操作 |
| onLoadError | none | 在载入远程数据产生错误时触发 |
| onLoadSuccess | data | 在数据加载成功时触发 |

通过 url、loader 等方式远程加载数据，使用 load、reload 等方法重载数据，远程排序及远程换页时都会触发以上事件。

其中，onBeforeLoad 事件被触发时，将向服务器发送 queryParams 属性设置的参数。在使用 load、reload 等方法重载数据时，如果指定 param 参数，则此参数将取代 queryParams 参数，但分页及排序本身自带的 page、rows、sort、order 等参数仍然正常提交。

#### ❶ “合并同类项”实例

如果将相邻且相同的“地区”合并到一个单元格，可在 onLoadSucess 事件中使用以下代码：

```
    onLoadSuccess: function(data){
        var area = data.rows[0].area;      //首行的地区内容
        var i = 0;
        var j = 0;
```

```
        $.each(data.rows,function(k) {          //对加载成功的数据行循环
            if (this.area !== area) {           //这里的this就是指的循环到的数据记录
                area = this.area;
                i = k;
                j = 0;
            }
            j += 1;
            $('#t').datagrid('mergeCells',{    //执行合并单元格
                index: i,
                field: 'area',
                rowspan: j
            });
        })
    },
```

以上代码逻辑非常清晰，也很容易理解。即便是换页或者排序，都可正常合并。运行效果如图所示。

|  |  | 序号 | 地区 | 市县 | 区号 | 邮编 | 邮箱 | 日期时间 | 是否审核 |
|---|---|---|---|---|---|---|---|---|---|
| 1 |  | 2230 | 陕西省 | 柞水县 | 914 | 711400 |  |  |  |
| 2 |  | 206 | 山西省 | 左云县 | 352 | 37100 |  |  |  |
| 3 |  | 238 |  | 左权县 | 354 | 32600 |  |  |  |
| 4 |  | 2085 | 西藏自治区 | 左贡县 | 8055 | 854400 |  |  |  |
| 5 |  | 1862 | 贵州省 | 遵义县 | 852 | 563100 |  |  |  |
| 6 |  | 1859 |  | 遵义市红花岗区 | 852 | 563000 |  |  |  |
| 7 |  | 62 | 河北省 | 遵化市 | 315 | 64200 |  |  |  |
| 8 |  | 1106 | 山东省 | 邹平县 | 543 | 256200 |  |  |  |
| 9 |  | 1054 |  | 邹城市 | 537 | 273500 |  |  |  |
| 10 |  | 1698 | 四川省 | 自贡市 | 813 | 643000 |  |  |  |

同样的道理，也可对“市县”列进行合并。

### ❷ “生成动态提示框”实例

本实例实现的效果是，将鼠标移动到数据表中的指定单元格，可动态显示对应的图片提示框。

假如希望将鼠标移动到“市县”列时实现悬浮效果，需要在该列先设置 formatter 属性，代码如下：

```
    formatter:function(val,row,index){
        if (row.id !== undefined) {  //行脚不用设置提示框效果
            var con = "<b>图片资料: "+row.city+"</b><br><img src='ep.jpg' width='200px'>";
            return '<a href="#" title="'+con+'" class="tip">' + row.city + '</a>';
        }else{
            return row.city;        //如果是行脚，直接返回内容
        }
    },
```

这里的 con 拼接的是一个 HTML 字符串，它用于显示提示框的 title 内容。

然后在 onLoadSuccess 事件中设置如下代码：

```
onLoadSuccess:function(data){
    $('.tip').tooltip({
        onShow: function(){
            $(this).tooltip('tip').css({
                width:200,
                boxShadow: '1px 1px 3px #292929'
            });
        }
    });
}
```

该代码的作用是，在数据加载完成之后，对 formatter 返回的 DOM 元素进行 tooltip 初始化。这样处理之后，将鼠标放到“市县”列的任何单元格内容上，都将动态显示对应的图片。运行效果如图所示。

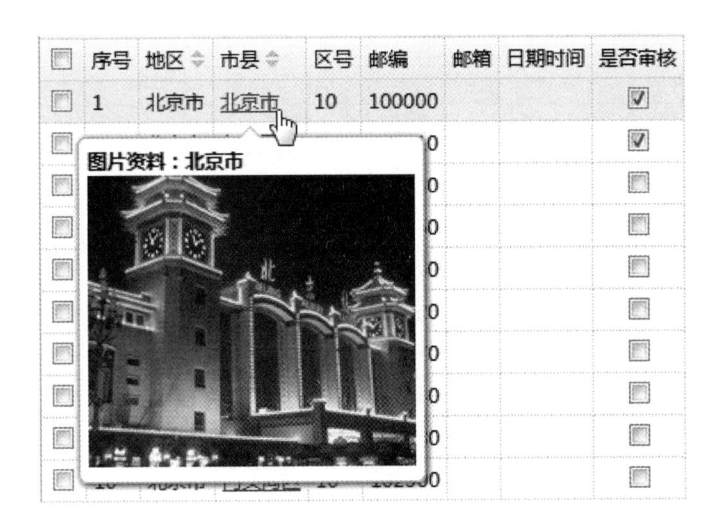


## 5.6.2 选择行、排序及右键菜单事件

| 事件名 | 参数 | 描述 |
|---|---|---|
| onBeforeSelect | index,row | 选择行之前触发。返回 false 取消该动作 |
| onSelect | index,row | 选择行时触发 |
| onBeforeUnselect | index,row | 取消选择行之前触发。返回 false 取消该动作 |
| onUnselect | index,row | 取消选择行时触发 |

续表

| 事件名 | 参数 | 描述 |
| --- | --- | --- |
| onSelectAll | rows | 选择所有行时触发 |
| onUnselectAll | rows | 取消选择所有行时触发 |
| onBeforeCheck | index,row | 勾选行之前触发。返回 false 取消该动作 |
| onCheck | index,row | 勾选行时触发 |
| onBeforeUncheck | index,row | 取消勾选行之前触发。返回 false 取消该动作 |
| onUncheck | index,row | 取消勾选行时触发 |
| onCheckAll | rows | 勾选所有行时触发 |
| onUncheckAll | rows | 取消勾选所有行时触发 |
| onBeforeSortColumn | sort,order | 排序列之前触发。返回 false 取消排序 |
| onSortColumn | sort,order | 排序列时触发 |
| onResizeColumn | field, width | 调整列大小时触发 |
| onHeaderContextMenu | e,field | 鼠标右击表格头时触发 |
| onRowContextMenu | e,index,row | 鼠标右击行记录时触发 |

请注意，和 Check 相关的事件仅对通过列属性 checkbox 为 true 生成的复选列有效，对于设定编辑器为 checkbox 类型的列无效。如上图，该类事件对于左边的复选框有效，但对于右边的审核列无效。

例如，要实现“动态隐藏 / 显示列”效果，可在 onHeaderContextMenu 事件中设置如下代码：

```
onHeaderContextMenu: function(e, field){
    e.preventDefault();          //阻止默认右键菜单
    if (!cmenu){                 //如果cmenu不存在，就执行createColumnMenu创建菜单
        obj.createColumnMenu();
    }
    cmenu.menu('show',{          //执行menu的show方法，在鼠标当前位置显示
        left:e.pageX,
        top:e.pageY
    });
},
```

上述代码中，obj 是自定义的对象名称，主要是方便代码的管理和重用。在这个对象中，可以放置事件代码（函数），也可以设定参数。在引用时，执行的函数名称可以看成是所引用对象的方法，引用的参数可以看成是 obj 的属性。例如，上面的 obj.createColumnMenu() 就可以看作是执行 obj 中的 createColumnMenu 方法。

obj 对象的代码如下：

```
var cmenu = null;
var obj = {
    createColumnMenu:function(){
        cmenu = $('<div/>').appendTo('body');  //在body中创建空的div元素
        cmenu.menu();                          //使用menu组件对DOM元素初始化
        var fields = $('#t').datagrid('getColumnFields');  //获得字段数组
        for(var i=0; i<fields.length; i++){    //将字段全部添加到菜单中
            var field = fields[i];
            var col = $('#t').datagrid('getColumnOption', field);
            cmenu.menu('appendItem', {
                text: col.title,
                name: field,
                iconCls: 'icon-ok'
            });
        };
        cmenu.menu({                           //设置菜单项的onClick事件代码
                onClick: function(item){
                if (item.iconCls == 'icon-ok'){      //如果有ok图标就隐藏
                    $('#t').datagrid('hideColumn', item.name);
                    cmenu.menu('setIcon', {
                        target: item.target,
                        iconCls: 'icon-empty'
                    });
                }else{                               //否则就显示
                    $('#t').datagrid('showColumn', item.name);
                    cmenu.menu('setIcon', {
                        target: item.target,
                        iconCls: 'icon-ok'
                    });
                }
            }
        });
    },
};
```

以上代码用到的全部都是 menu 组件中的知识。本实例在创建 DOM 元素时，使用了 <div/> 的简写方式，它和 <div></div> 是等价的。当创建这种双标签的空元素时，可以采用类似于 <div/> 的简写形式。

运行效果如图所示。

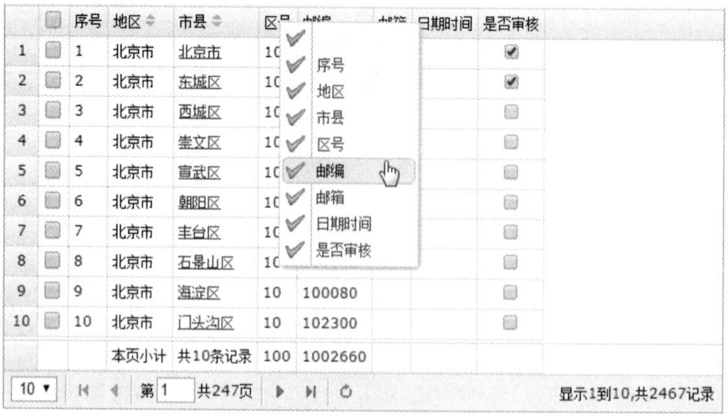

在弹出的右键菜单中，因为第一列没有设置 title，所以为空。单击某列名称，该列将隐藏；再次单击该列又将重新显示。

## 5.6.3 单击、双击及编辑事件

| 事件名 | 参数 | 描述 |
|---|---|---|
| onClickRow | index,row | 单击行时触发 |
| onDblClickRow | index,row | 双击行时触发 |
| onClickCell | index,field,value | 单击单元格时触发 |
| onDblClickCell | index,field,value | 双击单元格时触发 |
| onBeforeEdit | index,row | 编辑数据前触发 |
| onBeginEdit | index,row | 开始编辑数据时触发 |
| onEndEdit | index,row,changes | 已完成编辑但编辑器还没有销毁之前触发 |
| onAfterEdit | index,row,changes | 编辑完成之后触发 |
| onCancelEdit | index,row | 取消编辑时触发 |

例如，双击单元格时开始编辑，并定位到编辑器的输入框上，代码如下：

```
onDblClickCell: function(index,field,value){
    $(this).datagrid('beginEdit',index);    //必须先开始编辑才能获取到编辑器
    var ed = $(this).datagrid('getEditor', {index:index,field:field});
    if (ed!==null) {
        $(ed.target).focus();
    }else{
        $(this).datagrid('cancelEdit',index);
    }
},
```

当用户双击某个单元格时，先将当前行进入编辑状态，然后获取被双击单元格的编辑器。如果编辑器为空，表明这个单元格不能编辑，直接对当前行取消编辑（不能用 endEdit，主要是考虑可能有的字段会因为未通过验证规则而导致无法取消编辑状态）；如果不为空，就将输入焦点定位到编辑器上。

如图所示。

|  |  | 序号 | 地区 | 市县 | 区号 | 邮编 | 邮箱 | 日期时间 | 是否审核 |
|---|---|---|---|---|---|---|---|---|---|
| 1 | ☐ | 1 | 北京市 | 北京市 | 10 | 100000 |  |  | ☑ |
| 2 | ☐ | 2 | 北京市 | 东城区 | 10 | 100010 |  |  | ☑ |
| 3 | ☐ | 3 | 北京市 | 西城区 | 10 | 100030 |  |  | ☐ |
| 4 | ☐ | 4 | 北京市 | 崇文区 | 10 | 100060 |  |  | ☐ |

但是，这里有个问题：如果当前行还没编辑完成，就允许双击编辑另外一行的单元格，那原来行有验证规则没通过时怎么办？这样可能就会带来一些数据安全方面的隐患。因此，当换行双击时，应该对原来的行数据做一些判断。

先在 obj 中添加一个属性 editIndex，用于记录用户选择的行序号，并将其初始值设为 undefined，表示初始没有选择行。

然后将 onDblClickCell 的事件代码修改如下：

```
onDblClickCell: function(index,field,value){
    if (obj.editIndex != index){      //如果重新选择新的行
        if (obj.endEditing()){       //对原来的行进行判断，如果通过验证就进入到新行
            $(this).datagrid('beginEdit', index);
            var ed = $(this).datagrid('getEditor', {index:index,field:field});
            if (ed!==null) {
                $(ed.target).focus();
                obj.editIndex = index;
            }
        } else {                     //否则就取消选择新行
            $(this).datagrid('unselectRow', index);
        }
    }
},
```

如果 editIndex 属性的值和当前选择的行序号不相同，表明已经选择了新行，以上代码就是对选取新行时所做的处理：如果 obj 的 endEditing 方法返回值为 false，就取消对新行（index）的选择；如果为 true，就进入编辑状态，请注意这里加了一行非常关键的代码 obj.editIndex=index，也就是将 editIndex 属性的值替换为当前选择行的序号，以方便用户再次选择新行时进行比较。

obj 中设置的 endEditing 事件代码如下：

```
endEditing:function(){
    if (this.editIndex == undefined){return true}
    if ($('#t').datagrid('validateRow', this.editIndex)){
        $('#t').datagrid('endEdit', this.editIndex);
        $('#t').datagrid('unselectRow',this.editIndex);
        this.editIndex = undefined;
        return true;
    } else {
        return false;
    }
},
```

如果 editIndex 的属性值为 undefined，表示这是第一次选择行，直接返回 true 没话说；如果不是 undefined，那么就要对 editIndex 所在行数据执行验证：如果验证通过，就结束编辑，并取消选择此行，同时把 editIndex 的值再恢复为 undefined，然后返回 true；如果验证未通过，就返回 false，也就是不允许用户选择新行。

同样的道理，以上代码稍作修改一样可以用于单击或双击数据行事件中，具体如下：

```
onDblClickRow: function(index){
    if (obj.editIndex != index){
        if (obj.endEditing()){
            $(this).datagrid('selectRow',index).datagrid('beginEdit', index);
            obj.editIndex = index;
        } else {
            $(this).datagrid('selectRow', obj.editIndex);
        }
    }
},
```

以上双击行事件代码的改动重点在于选择行：如果验证通过就允许选择新行并进入编辑；否则仍选择原来的数据行。当然，上述 onDblClickCell 和 onDblClickRow 的事件代码只需保留一个即可。

**注意**

官方实例中提供了一个扩展的编辑单元格方法 enableCellEditing，如有需要可以直接拿来就用。该示例文件名为：cellediting.html。除此之外，官方还提供了“可编辑数据表格（edatagrid）”和“单元格编辑表格（datagrid-cellediting）”两个扩展，具体请参考第 7 章“数据表格功能扩展”！

## 5.7　datagrid之CRUD完整实例

数据表操作离不开 CRUD（增加数据 Create、查询数据 Retrieve、更新数据 Update 和删除数据

Delete），本节就完整学习一个这样的实例。

## 5.7.1 在页面中增加相应的DOM元素

为实现增删改查，必要的操作按钮是必须的。先在页面中增加一些 DOM 元素，代码如下：

```
<div id="tb" style="padding:5px;">
    <div>
        <button id="s1"></button>
        <button id="s2"></button>
        <button id="s3"></button>
        <button id="s4"></button>
        <button id="s5"></button>
    </div>
    <div style="margin:5px;">
        从: <input id="s6">
        到: <input id="s7">
        关键字: <select id="s8"></select>
    </div>
</div>
```

其中，第 1 个子 div 用于存放操作按钮，这里有 5 个，分别对应：增加、编辑、删除、保存、放弃；第 2 个子 div 用于设置查询的起始日期、截止日期和关键字。

由于放置的内容比较多，所以分成了上、下两个 div，也便于整体调整它们的样式。

## 5.7.2 对操作按钮和查询项目的初始化

这个代码看起来很多，但都非常简单，具体如下：

```
$('#s1,#s2,#s3,#s4,#s5').linkbutton({    //先统一设置5个按钮的宽度及简洁样式
    width:80,
    plain:true,
});
$('#s1').linkbutton({                    //再分别设置5个按钮的图标和文本内容
    iconCls:'icon-add',
    text:'增加记录',
});
$('#s2').linkbutton({
    iconCls:'icon-edit',
    text:'编辑记录',
});
$('#s3').linkbutton({
    iconCls:'icon-remove',
```

```
        text:'删除记录',
    });
    $('#s4').linkbutton({
        iconCls:'icon-save',
        text:'保存数据',
        disabled:true,          //保存和修改按钮仅在编辑时才有效，初始先为不可用
    });
    $('#s5').linkbutton({
        iconCls:'icon-redo',
        text:'放弃修改',
        disabled:true,          //保存和修改按钮仅在编辑时才有效，初始先为不可用
    });
    $('#s6,#s7').datebox({      //日期编辑宽度，且只能选择输入，不能直接编辑
        width:100,
        editable:false
    });
    $('#s8').combobox({         //列表下拉框设置，可输入关键字也可以选择
        width:160,
        url:'datalist.php',
        mode:'remote',
        queryParams:{
            field: 'area',      //从后台数据库中读取area字段的值
        },
        valueField:'area',
        textField:'area',
        icons: [{
            iconCls:'icon-search',
        }]
    });
```

运行效果如图所示。

## 5.7.3　增改删事件前端代码

### ❶ “保存数据”与“放弃修改”代码

如上图所示，“保存数据”和“放弃修改”两个按钮仅在“增加记录”或“编辑记录”时才有效。

同样的，在没有“保存数据”或“放弃修改”之前，“增加记录”“编辑记录”和“删除记录”这 3 个按钮也应该被禁用。

为方便代码的重用，我们在 obj 对象中先设置两个方法，具体如下：

```
    enable:function () {
        $('#s1').linkbutton('disable');
        $('#s2').linkbutton('disable');
        $('#s3').linkbutton('disable');
        $('#s4').linkbutton('enable');
        $('#s5').linkbutton('enable');
    },
    disable:function () {
        $('#s1').linkbutton('enable');
        $('#s2').linkbutton('enable');
        $('#s3').linkbutton('enable');
        $('#s4').linkbutton('disable');
        $('#s5').linkbutton('disable');
        this.editIndex = undefined; //此行不能省略。否则，在放弃修改后将无法再双击进入编辑
    }
```

再回到上一节的“双击记录行”或“双击单元格”事件中来。当双击进入编辑状态时，就应该让“保存数据”和“编辑修改”按钮启用，结束编辑或取消编辑时再禁用。要实现此效果，在相关的事件代码中设置即可，具体如下：

```
    onBeginEdit:function (index,row) {   //进入编辑状态时启用
        obj.enable();
    },
    onAfterEdit: function (index,row,changes) {      //结束编辑时禁用
        obj.disable();
    },
    onCancelEdit: function (index,row,changes) {     //取消编辑时禁用
        obj.disable();
    },
```

有了上述事件代码后，不论是双击单元格还是双击行进入编辑时，都会启用“保存数据”与“放弃修改”按钮。

但这里还是有个问题：当处于编辑状态时，如果用户单击了刷新或者换页，“保存数据”与“放弃修改”按钮仍然是可用的，这显然不合常理。因此，还应该在数据加载完成事件中设置以下代码：

```
    onLoadSuccess:function (data) {
        obj.disable();
    }
```

以上准备工作完成后，现在来看一下“放弃修改”按钮的事件代码：

```
$('#s5').linkbutton({
    iconCls:'icon-redo',
    text:'放弃修改',
    disabled:true,
    onClick:function () {
        $('#t').datagrid('rejectChanges')
    }
});
```

其中，onClick 就是要执行的单击事件代码。它只有一行，就是执行 datagrid 的 rejectChanges 方法。执行该方法时，会同时触发 onCancelEdit 事件，因此，无需再执行 obj.disable 方法即可自动禁用相关按钮。不过，为了能给用户一个“悔过”的机会，这里一般会用 messager 的 confirm 方法提醒用户作一下确认，代码如下：

```
onClick:function () {
    $.messager.confirm('确认提示','您确定要放弃修改吗？',function (r) {
        if(r) $('#t').datagrid('rejectChanges');
    })
}
```

运行效果如图所示。

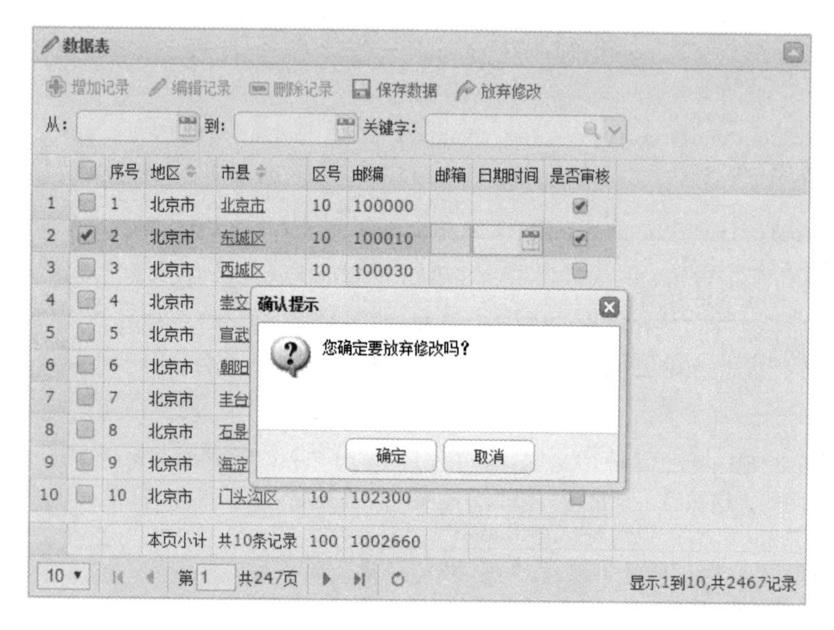


由上图可以看出，在处于编辑状态时，“保存数据”和“放弃修改”按钮是可用的，其他 3 个按钮不

可用。一旦确定放弃修改，则当前行取消编辑，其他 3 个按钮恢复可用状态。

“保存数据”的按钮单击事件代码如下：

```
onClick:function () {
    if (!$('#t').datagrid('validateRow',obj.editIndex)) {
        $.messager.alert('警告','当前行没有通过验证，不能保存数据！','warning')
    }else{
        $('#t').datagrid('endEdit',obj.editIndex);
    }
}
```

单击“保存数据”按钮时，先对当前行执行验证：如果通过，就执行 endEdit 方法结束编辑；如果没通过，就给出警告提示。

**❷ “增加记录”代码**

增加记录有两种方法：appendRow 和 insertRow。

如果采用 appendRow，事件代码如下：

```
onClick:function () {
    obj.editIndex = $('#t').datagrid('getRows').length;   //最后一条记录的index
    $('#t').datagrid('appendRow',{}).datagrid('beginEdit',obj.editIndex);
}
```

如果采用 insertRow，事件代码如下：

```
onClick:function () {
    obj.editIndex = 0;
    $('#t').datagrid('insertRow',{
        index:obj.editIndex,
        row:{}
    }).datagrid('beginEdit',obj.editIndex);
}
```

新增记录时，可以同时为新增加的记录设置指定字段的默认值。具体请参考第 4 节“datagrid 方法”。

**❸ “编辑记录”代码**

同一时间内只能编辑修改一条记录。因此，当表格允许选择多条记录时，要进行相应的判断并给出提示。代码如下：

```
onClick:function () {
    var rows = $('#t').datagrid('getSelections');   //获取所有的选择记录
```

```
        if (rows.length == 0) {
            $.messager.alert('信息提示','请先选择要编辑的记录行！','warning');
        }else if(rows.length == 1) {
            obj.editIndex = $('#t').datagrid('getRowIndex', rows[0]);
            $('#t').datagrid('beginEdit', obj.editIndex);
        }else{
            $.messager.alert('信息提示','编辑记录时请不要选择多行！','warning');
        }
    }
```

当然，在执行 beginEdit 之前，也可以先用 updateRow 方法对编辑行进行修改。

**❹ “删除记录”代码**

要删除记录，需要先选定要删除的记录行。代码的思路和“编辑记录”相同，具体如下：

```
    onClick:function () {
        var rows = $('#t').datagrid('getSelections');
        if (rows.length == 0) {
            $.messager.alert('信息提示','请先选择要删除的记录行！','info');
        }else{
            $.messager.confirm('确认提示','您确定要删除所选择的数据记录吗？',function (r) {
                if (r) {
                    $.each(rows,function (i) {
                        var index = $('#t').datagrid('getRowIndex',this);
                        $('#t').datagrid('deleteRow',index);
                    })
                }
            });
        }
    }
```

上述代码中，在使用 deleteRow 方法之前和之后，也可以分别加上 beginEdit 和 endEdit 方法，以触发 onBeginEdit 和 onCancelEdit 事件（但不会触发 onAfterEdit 事件）。如果不加上这两个方法，在删除记录时将不会触发与此相关的任何事件。

## 5.7.4　增改删事件后台代码

之前所做的增改删操作都是在前端进行的，数据并没有同步更新到后台。如需更新到后台，可以使用 AJAX 进行提交。

**❶ 增加和修改后台数据**

不论是增加数据还是修改数据，它们在结束编辑时都会触发 onAfterEdit 事件。以下是修改后的事件代码：

```
onAfterEdit: function (index,row,changes) {
    obj.disable();
    var inserted = $('#t').datagrid('getChanges', 'inserted');
    var updated = $('#t').datagrid('getChanges', 'updated');
    var type = inserted.length > 0 ? 'add' : 'update';
    obj.myAjax(type,row)
},
```

这里使用 getChanges 方法，获得增加或者修改的记录；然后根据它们的记录数是否大于 0，来判断究竟是哪一种类型。因为不同的类型，后台数据库的处理方法是不一样的，所以必须知道它们的类型。

知道了类型 type 之后，再连同当前记录 row 一起传递给 obj 的 myAjax 方法执行后台操作。

**❷ 删除后台数据**

尽管 getChanges 也能获得删除的记录，但由于删除记录操作并不会触发 onAfterEdit 事件，因此，只能在原有的删除按钮单击事件中继续设置。核心代码如下：

```
$.messager.confirm('确认提示','您确定要删除所选择的数据记录吗？',function (r) {
    if (r) {
        var ids = [];
        for (i=0;i<rows.length;i++) {
            ids.push(rows[i].id);
        }
        obj.myAjax('delete',ids.join(','))
    }
});
```

以上代码就是对用户选择的数据记录进行循环，将所选择记录的 id 号添加到数组 ids 中，然后再把这个数组转为字符串，连同类型 delete 一起传给 obj 的 myAjax 方法执行后台操作。

由于后台删除记录后一般还要执行一次重新载入操作，那么删除后的数据就肯定不会再次出现在数据列表中，因此，原有的通过 deleteRow 方法删除记录的代码就可以省略了。

**❸ AJAX 事件代码**

前端与后台数据库的交互，使用 AJAX 是最方便的。以下是在 obj 中自定义的 myAjax 事件代码：

```
myAjax: function (type,row) {      //传入的两个参数
    $.ajax({
        type:'post',               //post方式请求
        url:'crud.php',            //请求的服务器程序
        data:{                     //提交的数据，就是传过来的2个参数
            type: type,
```

```
                    row: row,
                },
                beforeSend : function () {                    //请求之前显示加载中…
                    $('#t').datagrid('loading');
                },
                success : function (data) {                   //请求成功后
                    $('#t').datagrid('reload');               //重新加载当前数据页
                    $('#t').datagrid('loaded');               //显示加载完成
                    $.messager.show({                         //显示服务器返回的信息
                        title : '信息提示',
                        msg : data,
                    });
                }
            });
        }
```

## ❹ 服务器端 crud.php 代码

完整代码如下：

```
    $link = mysqli_connect('localhost','root','','test');
    mysqli_set_charset($link,'utf8');
    //获取客户端的值
    $type = $_POST['type'];       //这是客户端传来的数据处理类型：add、update或delete
    $row = $_POST['row'];         //这是传来的数据记录。删除记录时是id字符串
    if (is_array($row)) {         //如果是数组，表明传来的就是数据记录
        $email = $row['email'];              //从数据记录中获取email
        date_default_timezone_set('PRC');   //如果数据记录的日期时间为空，就使用北京时间获取
        $dt = ($row['dt']=='') ? date('Y-m-d H:i:s') : $row['dt'];
        $mark = $row['mark'];                //从数据记录中获取mark
    }
    //生成sql语句执行操作
    $sql = '';
    $info = '';
    switch($type){
        case 'add':      //如果是增加记录，就用insert语句
            $sql = "insert into area(email,dt,mark) values('$email','$dt',$mark)";
            $info = '记录增加成功！';
            break;
        case 'update':  //如果是编辑记录，就用update语句
            $id = $row['id'];
            $sql = "update area set email='$email',dt='$dt',mark=$mark where id=$id";
            $info = '记录修改成功！';
            break;
        case 'delete':  //如果是删除记录，就用delete语句
```

```
            $sql = "delete from area where id in ($row)";
            $info = '记录删除成功！';
            break;
    }
    mysqli_query($link,$sql);
    $num = mysqli_affected_rows($link);      //得到SQL操作成功受影响的记录行数
    mysqli_close($link);
    //返回信息
    if ($num > 0) {
        echo '恭喜，'.$num.'条'.$info;
    }else{
        echo '数据提交失败！';
    }
```

## 5.7.5 数据查询

数据查询是根据用户输入的条件在当前表格中重新加载数据，它其实就是在加载数据之前将条件值发送到服务器，再由服务器生成 where 查询条件即可。数据查询必须用到 load 方法。

### ❶ 客户端 JS 代码

由于没有在本示例中设置专门的查询按钮，而是直接使用列表下拉框中的 icons 图标按钮属性，因此，JS 部分的代码要写在这里：

```
    $('#s8').combobox({
        …之前代码略…
        icons: [{
            iconCls:'icon-search',             //搜索图标按钮
            handler: function(e){
                $('#t').datagrid('load',{      //执行load方法，并传递3个参数到服务器
                    d1: $('#s6').val(),        //起始日期的值
                    d2: $('#s7').val(),        //结束日期的值
                    keyword:$(e.data.target).combobox('getValue')      //地区关键字
                });
            }
        },{
            iconCls:'icon-clear',              //为方便操作，再增加一个清除的图标按钮
            handler: function(e){
                $('#s6').datebox('clear');
                $('#s7').datebox('clear');
                $(e.data.target).combobox('clear')
            }
        }]
    });
```

#### ❷ 服务器端代码

由于查询出来的数据仍然在当前表中加载显示，因此，服务器端的程序只能继续使用 test.php。以下是新增加的获取查询条件代码：

```
$query = '';
if (!empty($_POST['d1'])) {
    $query .= "dt>='{$_POST['d1']}' and ";
}
if (!empty($_POST['d2'])) {
    $query .= "dt<='{$_POST['d2']}' and ";
}
if (!empty($_POST['keyword'])) {
    $query .= "area like '%{$_POST['keyword']}%' and ";
}
if (!empty($query)) {
    $query = ' where '.substr($query,0,-4);
}
```

查询条件生成之后，还要将它分别添加到相应的 SQL 语句中。

一个是获取总记录数的语句，具体如下：

```
$sql = "SELECT * FROM area".$query;
```

另一个是获取分页数据的语句，具体如下：

```
$sql = "SELECT * FROM area ".$query.$order." limit $first,$rows";
```

这样处理好之后，该程序即可按用户输入的关键字返回查询数据。运行效果如图所示。

# 第6章 数据表格增强组件

本章学习的组件都在 datagrid 的基础上进行了功能定制或者增强，具体包含以下 5 个组件：propertygrid、datalist、combogrid、treegrid 和 combotreegrid。

## 6.1　propertygrid（属性表格）

该组件扩展自 datagrid，通过该组件可以非常简单地创建一个分层的可编辑属性列表和表示任何数据类型的项。

### 6.1.1　行数据

属性表格的行数据与 datagrid 是一样的。但由于这些都是属性行，它们必须包含以下字段。

name：字段名称。

value：字段值。

group：分组字段。

editor：编辑属性值时所使用的编辑器对象。

例如，以下就是属性表格所用到的行数据，共 7 条记录，每条记录都有 4 个字段：

```
{total:7,rows:[
    {name:'姓名',value:'张三',group:'基本信息',editor:'text'},
    {name:'地址',value:'广州市天河区',group:'基本信息',editor:'text'},
    {name:'年龄',value:40,group:'基本信息',editor:'numberbox'},
    {name:'登记日期',value:'2012-01-18',group:'基本信息',editor:'datebox'},
    {name:'手机',value:'123-456-7890',group:'基本信息',editor:'text'},
    {name:'邮箱',value:'zhangsan@163.com',group:'备注信息',editor:{
        type:'validatebox',
        options:{
            validType:'email'
        }
    }},
    {name:'是否在职',value:'false',group:'备注信息',editor:{
        type:'checkbox',
        options:{
            on:true,
            off:false
        }
    }}
]},
```

以上数据格式与 datagrid 完全相同：total 表示记录总数，rows 表示具体的数据记录。但区别也是很明显的，主要表现在两个方面。

- datagrid 是在列属性中设置编辑器，而本组件是在行数据中设置。
- datagrid 需要使用 columns 属性来定义显示列，而本组件已经内置，无需再去声明。

例如，在使用 propertygrid 对指定 DOM 元素初始化时，只需将上述数据赋给 data 属性，即可直接生成一个属性表格。

示例代码如下：

```
$('#pg').propertygrid({
    title: '资料登记',
    width: 300,
    data: …与上同，此略…
})
```

运行效果如图所示。

资料登记

| Name | Value |
| --- | --- |
| 姓名 | 张三 |
| 地址 | 广州市天河区 |
| 年龄 | 40 |
| 登记日期 | 2012-01-18 |
| 手机 | 123-456-7890 |
| 邮箱 | zhangsan@163.com |
| 是否在职 | false |

## 6.1.2 新增属性和方法

### ❶ 新增属性

| 属性名 | 属性类型 | 描述 | 默认值 |
| --- | --- | --- | --- |
| showGroup | boolean | 是否显示属性分组 | false |
| groupField | string | 分组字段名称 | group |
| groupFormatter | function(group,rows) | 格式化分组值。该函数拥有如下参数。<br>group：分组字段值；<br>rows：属于该分组的行记录数组 | |

以之前代码为例，由于行数据的分组字段使用的即是默认值 group，因此无需再指定 groupField；现仅使用另外两个属性：

```
    showGroup:true,
    groupFormatter:function(group,rows){
        return group + ' (<span style="color:red">共' + rows.length + '项</span>)';
    },
```

运行效果如图所示。

单击左侧按钮，可展开或折叠分组；单击属性名称标题，可自动按属性及分组名称排序。这些都是内嵌的功能，无需任何手工设置。如需修改属性表格的列标题，可使用 datagrid 中的 columns 属性，代码如下：

```
    columns: [[
        {field:'name',title:'项目',width:100,sortable:true,halign:'center'},
        {field:'value',title:'值',width:100,resizable:false,halign:'center'}
    ]],
```

运行效果如图所示。

很显然，属性表格使用起来非常简单，无需任何复杂的事件设置，单击“属性值”列即可直接进入行数据编辑状态。当然，在数据编辑前或编辑完成后，仍然会自动触发 onBeforeEdit、onAfterEdit 等事件，这些与 datagrid 中的事件完全相同，不再赘述。

属性表格中，如果不需显示右侧的滚动条，可将 scrollbarSize 设置为 0。

如下面的代码：

```
    scrollbarSize:0,
    tools:[{
        iconCls:'icon-search',
        handler:function () {
            var s = '';
            var rows = $('#pg').propertygrid('getChanges');
            for(var i=0; i<rows.length; i++){
                s += rows[i].name + ':' + rows[i].value + ',';
            }
            alert(s);
        }
    },{
        iconCls:'icon-add',
        handler:function(){
            var row = {
                name:'家庭状况',
                value:'',
                group:'备注信息',
                editor:'text'
            };
            $('#pg').propertygrid('appendRow',row);
        }
    }]
```

运行效果如图所示。

资料登记

| 项目 | 值 |
| --- | --- |
| 基本信息（共5项） | |
| 姓名 | 张三 |
| 地址 | 广州市天河区 |
| 年龄 | 40 |
| 登记日期 | 2012-01-18 |
| 手机 | 123-456-7890 |
| 备注信息（共2项） | |
| 邮箱 | zhangsan@163.com |
| 是否在职 | false |

单击左上角的“查询”按钮，将弹出发生修改的行数据信息；单击“增加”按钮，将增加一行数据。这些都是使用 datagrid 中的方法。

### ❷ 新增方法

| 方法名 | 方法参数 | 描述 |
| --- | --- | --- |
| groups | none | 返回所有分组。每个分组均包含如下属性。<br>value： 分组的字段值<br>rows： 属于该分组的数据行<br>startIndex： 当前行相对于所有行的索引 |
| expandGroup | groupIndex | 展开指定分组。如果未指定参数，则展开所有分组 |
| collapseGroup | groupIndex | 折叠指定分组。如果未指定参数，则折叠所有分组 |

## 6.2　datalist（数据列表）

该组件扩展自 datagrid，它一般专用于渲染一列数据。

该组件支持 datagrid 中的所有属性、事件和方法。例如，默认情况下，数据列表是不显示表头的，如果将它的 showHeader 属性设置为 true，则正常显示表头；如果在列属性中设置排序等属性，单击标题同样可以进行排序。例如，以下代码并没有用到 datalist 中的任何新增属性，仅仅是使用 datalist 进行初始化，即可直接生成数据列表：

```
$('#d').datalist({
    title: '数据列表',
    iconCls:'icon-search',
    width:160,
    height:200,
    collapsible:true,
    data:[
        {id:1,dhy:'大家电',xhy:'家用空调器',sales:21791,percent:'20.63%'},
        {id:2,dhy:'大家电',xhy:'彩色电视机',sales:37148,percent:'35.17%'},
        {id:3,dhy:'大家电',xhy:'家用电冰箱',sales:14448,percent:'13.68%'},
        {id:4,dhy:'大家电',xhy:'洗衣机',sales:12210,percent:'11.56%'},
        {id:5,dhy:'大家电',xhy:'抽油烟机灶具',sales:20042,percent:'18.97%'}
    ],
    columns:[[
        {field:'xhy'}
    ]],
});
```

运行效果如图所示。

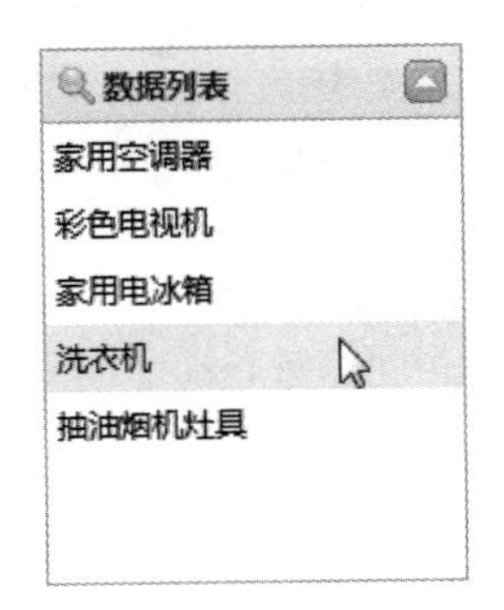


由于数据列表默认情况下是不需要分页，也不需要显示表头及行脚的，因此，这里的数据结构相对比较简单，无需 total、footer 等数据。

当然，既然已经独立做成了 datalist 组件，肯定还是需要有点新增的内容，以方便使用和代码开发。例如，在 datalist 中，可以直接使用 textField 属性来指定要显示的列，无需再用 columns，这样的代码写起来就非常简单具体如下：

```
textField:'xhy',
```

新增属性如下表。

| 属性名 | 值类型 | 描述 | 默认值 |
|---|---|---|---|
| lines | boolean | 是否显示分割线 | false |
| checkbox | boolean | 是否显示复选框 | false |
| valueField | string | 绑定的字段值名称 | value |
| textField | string | 绑定的字段显示名称 | text |
| groupField | string | 绑定的字段分组名称 | |
| textFormatter | function(value,row,index) | 格式化列表显示内容 | |
| groupFormatter | function(value,rows) | 格式化分组内容 | |

当未指定 valueField 时，字段值与 textField 绑定的列内容相同。

例如，再增加以下属性设置：

```
groupField:'dhy',          //分组
checkbox: true,            //显示复选框
lines:true,                //显示分割线
selectOnCheck: false,      //勾选复选框时并不选择行
singleSelect: false,       //允许多选
```

运行效果如图所示。

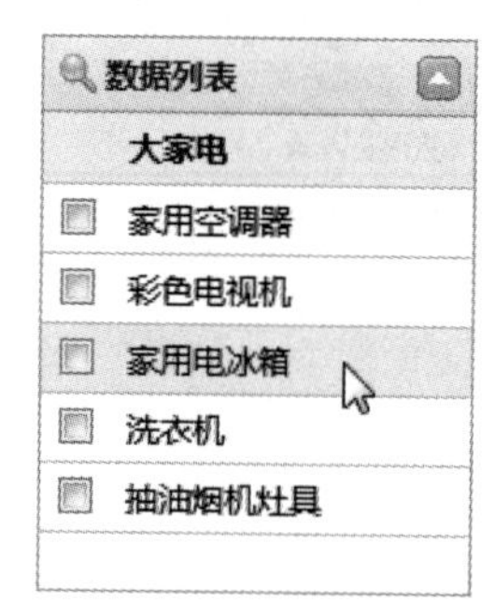


textFormatter 属性用于对列表显示内容进行格式化，例如：

```
textFormatter:function(val,row,index){
    if (index < 3) {
        return '<span style="color:red">' + val + '【' + row.sales + '】</span>';
    }else{
        return val;
    }
},
```

运行效果如图所示。

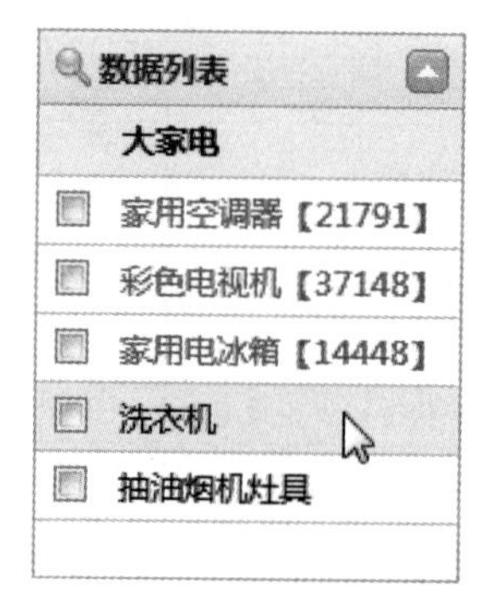


如果要设置分组内容的显示格式，可以使用 groupFormatter 属性。例如：

```
groupFormatter:function (value,rows) {
    return '<span style="color:red;font-style:italic">' + value + '</span>';
},
```

这里的 value 是指分组字段对应的值，rows 为指定分组字段名称所对应的数据行记录数组。

和 datagrid 一样，data 属性中的数据也可改用 url 或 loader 方式加载。源文件中已同时提供 test.json 和 datalist.php，大家可自行测试。

运行效果如图所示。

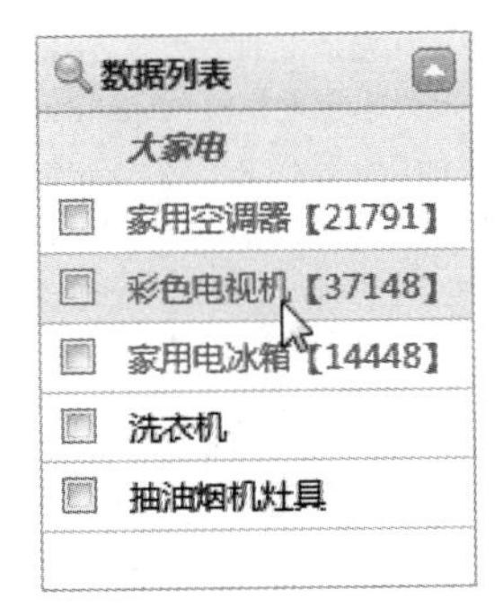


## 6.3 combogrid（表格下拉框）

该组件扩展自 combo 和 datagrid。

通过该组件，用户可以很方便地查找、筛选表格数据，甚至可以将它作为编辑器在表格中使用，从而实现多列数据的快速填充输入。

该组件所使用的属性、方法和事件全部基于 combo 和 datagrid，只增加了 3 个属性 textField、mode、filter 和 1 个方法 grid。

textField 用于指定显示在文本框中的文本字段（数值字段使用 datagrid 自带的 idField），mode 用于设置文本框内容改变时如何读取数据（默认为 local，也就是本地读取），filter 用于查找本地数据，grid 用于获取数据表格对象。例如：

```
var g = $('#c').combogrid('grid');          // 获取数据表格对象
var r = g.datagrid('getSelected');          // 获取表格中所选择的行
alert(r.city);                              // 输出该行city列的内容
```

### 6.3.1 本地数据的加载与查询

本地数据可以使用 data 属性加载，也可以使用 url 的 JSON 格式文件加载。例如：

```
$('#c').combogrid({
    panelWidth: 400,
    label: '请选择：',
    labelPosition: 'top',
    selectOnNavigation:true,      //使用键盘导航完成输入
    fitColumns: true,
    idField: 'id',
    textField: 'xhy',
    value: 2,
    data:[
```

```
            {id:1,dhy:'大家电',xhy:'家用空调器',sales:21791,percent:'20.63%'},
            {id:2,dhy:'大家电',xhy:'彩色电视机',sales:37148,percent:'35.17%'},
            {id:3,dhy:'大家电',xhy:'家用电冰箱',sales:14448,percent:'13.68%'},
            {id:4,dhy:'大家电',xhy:'洗衣机',sales:12210,percent:'11.56%'},
            {id:5,dhy:'大家电',xhy:'抽油烟机灶具',sales:20042,percent:'18.97%'}
        ],
        columns: [[
            {field:'id',title:'序号',width:80},
            {field:'dhy',title:'行业大类',width:80},
            {field:'xhy',title:'行业小类',width:80},
            {field:'sales',title:'销售总额',width:80,align:'right'},
            {field:'percent',title:'销售份额',width:80,align:'right'}
        ]],
        filter:function(q,row){
            var opts = $(this).combogrid('options');
            return row[opts.textField].indexOf(q) !== -1;
        }
    });
```

其中，idField 属性用于指定文本框的值，textField 用于指定文本框显示的内容。运行效果如图所示。

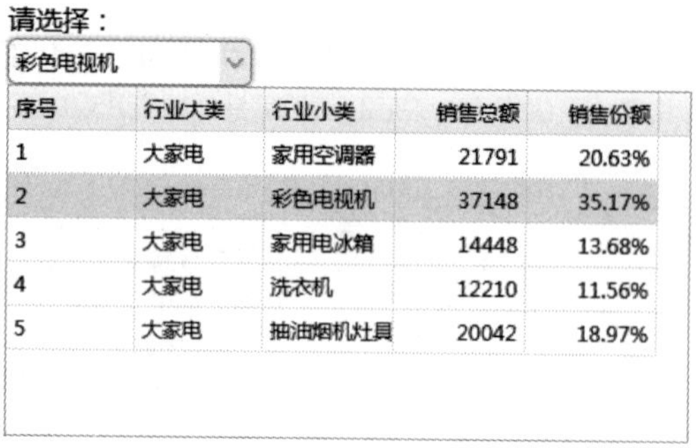

请选择：

彩色电视机

| 序号 | 行业大类 | 行业小类 | 销售总额 | 销售份额 |
| --- | --- | --- | --- | --- |
| 1 | 大家电 | 家用空调器 | 21791 | 20.63% |
| 2 | 大家电 | 彩色电视机 | 37148 | 35.17% |
| 3 | 大家电 | 家用电冰箱 | 14448 | 13.68% |
| 4 | 大家电 | 洗衣机 | 12210 | 11.56% |
| 5 | 大家电 | 抽油烟机灶具 | 20042 | 18.97% |

由于设置了默认值为 2，因而打开下拉框时，表格自动选择第 2 行。另由于同时设置了 selectOnNavigation 属性为 true，因而可以用键盘上下移动行并直接改变文本框中的取值。

也可以将 multiple 设置为 true，以实现多选功能，但键盘导航输入将失效。在多选模式下，默认值可以为多个，例如：

```
    value: [2,3],
```

需要说明的是，这里的 filter 属性和之前其他组件用到的 filter 有点不同：它在 combogrid 中只能快速选择符合条件的数据行，而不能过滤数据行。它传入两个参数 q 和 row：q 为输入的关键字，row 为数据行。

以上面的代码为例，它的意思是：如果数据表中的指定文本字段包含所输入的关键字，则快速选择该行。运行效果如图所示。

油

| 序号 | 行业大类 | 行业小类 | 销售总额 | 销售份额 |
|---|---|---|---|---|
| 1 | 大家电 | 家用空调器 | 21791 | 20.63% |
| 2 | 大家电 | 彩色电视机 | 37148 | 35.17% |
| 3 | 大家电 | 家用电冰箱 | 14448 | 13.68% |
| 4 | 大家电 | 洗衣机 | 12210 | 11.56% |
| 5 | 大家电 | 抽油烟机灶具 | 20042 | 18.97% |

由于输入的关键字是“油”，因此数据表自动定位，并选择包含“油”的数据行，直接回车即可完成输入。此时，文本框的值为 5，显示的内容是“抽油烟机灶具”。

如果需要获取该行多列数据，可以使用 datagrid 中的各种事件。例如：

```
onClickRow:function(i,r){
     $('#c').combogrid('setValue', {
          id: '22',
          media: r.id+','+r.dhy+','+r.xhy
     });
},
```

使用以上代码后，当单击数据表中的记录行时，将把文本框的值改为 22，显示的内容为行记录的 id、dhy 和 xhy 三列内容相加。

请注意，combogrid 中的 setValue 方法，和 combotree 组件一样，不仅可以直接给文本框赋“值”，也可同时赋“键值对”。例如：

```
$('#c').combogrid('setValue', '002');
$('#c').combogrid('setValue', {
     id:'003',
     name:'name003'
});
```

setValues 方法同理，代码如下：

```
$('#c').combogrid('setValues', ['001','007']);
$('#c').combogrid('setValues', ['001','007',{id:'008',name:'name008'}]);
```

## 6.3.2 远程数据的加载与查询

远程数据可通过 url 或 loader 方式加载。但一定要将 mode 属性设置为 remote，否则无效。这是因为，只有当 mode 为 remote 时，用户在文本框中输入的关键字才会发送到远程服务器。

### ❶ url 方式加载

示例代码如下：

```
mode:'remote',
queryParams:{
     field:'area'
},
columns: [[
     {field:'id',title:'序号',width:80},
     {field:'area',title:'地区',width:80},
     {field:'city',title:'市县',width:80},
     {field:'code',title:'区号',width:80,align:'right'},
     {field:'postcode',title:'邮编',width:80,align:'right'}
]],
idField: 'id',
textField: 'city',
url: 'datalist.php',
```

服务器端 datalist.php 程序代码如下：

```
$link = mysqli_connect('localhost','root','','test');
mysqli_set_charset($link,'utf8');
//生成加载条件
$query = false;      //默认不加载任何数据，以免初始数据太多
if (!empty($_POST['q'])) {
     $q = mysqli_real_escape_string($link, $_POST['q']);   //对变量q再作转义
     $fd = $_POST['field'];
     $query = "$fd like '%$q%'";
}
$sql = "SELECT * FROM area where $query";
$result = mysqli_query($link,$sql);       //执行sql语句，得到结果集
while ($row = mysqli_fetch_assoc($result)) {
     $data[] = $row;
}
echo json_encode($data);
mysqli_close($link);
```

该 PHP 代码之前已经多次用到，这里只是稍作修改而已，无需再做解析。

假如用户输入了关键字“上海”，那么服务器返回的就是指定字段包含“上海”的数据。如图所示。

上海

| 序号 | 地区 | 市县 | 区号 | 邮编 |
|---|---|---|---|---|
| 580 | 上海市 | 上海市 | 21 | 200000 |
| 581 | 上海市 | 黄浦区 | 21 | 200000 |
| 582 | 上海市 | 卢湾区 | 21 | 200020 |
| 583 | 上海市 | 徐汇区 | 21 | 200030 |
| 584 | 上海市 | 长宁区 | 21 | 200050 |
| 585 | 上海市 | 静安区 | 21 | 200040 |
| 586 | 上海市 | 普陀区 | 21 | 200060 |

#### ❷ loader 方式加载

如果改用 loader 方式加载，代码如下：

```
loader: function(param,success,error){
    var fd = param.field || 'area';    //当参数对象里没有field时，设为area
    var q = param.q || '';             //当参数对象里没有q时，设为''
    $.ajax({
        url: 'datalist.php',
        data: {
            field: fd,
            q: q
        },
        method:'post',
        dataType: 'json',
        success: function(data){
            $('#c').combogrid('grid').datagrid('loadData',data);
        }
    });
},
```

运行效果与 url 方式完全相同，且 datalist.php 无需做任何改动。

### 6.3.3 将表格下拉框作为编辑器使用

先在页面添加一个 id 为 t 的 table 元素，然后在 JS 中对该元素应用 datagrid，代码如下：

```
$('#t').datagrid({
    fitColumns: true,
    width:400,
    data: $('#c').combogrid('grid').datagrid('getRows'),
    columns: [[
        {field:'id',title:'序号',width:80},
```

```
            {field:'dhy',title:'行业大类',width:80},
            {field:'xhy',title:'行业小类',width:100,editor:{
                type:'combogrid',
                options:$('#c').combogrid('options')
            }},
            {field:'sales',title:'销售总额',width:80,align:'right'},
            {field:'percent',title:'销售份额',width:80,align:'right'}
        ]],
    }).datagrid('beginEdit',0);
```

为演示方便，这个数据表直接用 id 为 c 的表格下拉框数据，xhy 列的编辑器为 combogrid，其参数为表格下拉框中的参数。运行效果如图所示。

| 序号 | 行业大类 | 行业小类 | 销售总额 | 销售份额 |
|---|---|---|---|---|
| 1 | 大家电 | 请选择：洗衣 | 21791 | 20.63% |
| 2 | 大家电 | | | |
| 3 | 大家电 | | | |
| 4 | 大家电 | | | |
| 5 | 大家电 | | | |

| 序号 | 行业大类 | 行业小类 | 销售总额 | 销售份额 |
|---|---|---|---|---|
| 1 | 大家电 | 家用空调器 | 21791 | 20.63% |
| 2 | 大家电 | 彩色电视机 | 37148 | 35.17% |
| 3 | 大家电 | 家用电冰箱 | 14448 | 13.68% |
| 4 | 大家电 | 洗衣机 | 12210 | 11.56% |
| 5 | 大家电 | 抽油烟机灶具 | 20042 | 18.97% |

在单元格中输入“洗衣”，表格下拉框一样可以定位指定条件的数据行。为了让效果变直观，现重新给 xhy 列定义一个 combogrid 编辑器，代码如下：

```
    var opts = {
        panelWidth:160,
        panelHeight:110,
        fitColumns: true,
        idField:'id',
        data:[
            {id:1,dhy:'小家电',xhy:'微波炉'},
            {id:2,dhy:'小家电',xhy:'电饭锅'},
            {id:3,dhy:'小家电',xhy:'面包机'}
        ],
        columns:[[
            {field:'dhy',title:'行业大类',width:60},
            {field:'xhy',title:'行业小类',width:60}
        ]],
        onClickRow:function(i,r){
```

```
            $('#t').datagrid('updateRow', {
                index: 0,
                row:{
                    dhy:r.dhy,
                    xhy:r.xhy
                }
            });
        }
    };
```

然后再将这个编辑器重新绑定到数据表的 xhy 列属性上，代码如下：

```
    {field:'xhy',title:'行业小类',width:100,editor:{
        type:'combogrid',
        options:opts
    }},
```

运行效果如图所示。

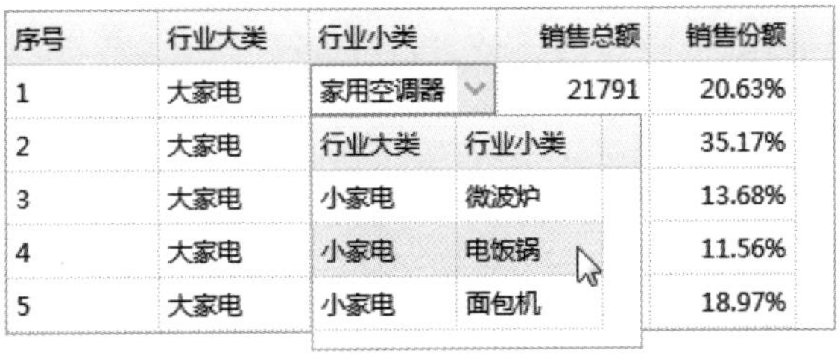

| 序号 | 行业大类 | 行业小类 | 销售总额 | 销售份额 |
|---|---|---|---|---|
| 1 | 大家电 | 家用空调器 | 21791 | 20.63% |
| 2 | 大家电 | | | 35.17% |
| 3 | 大家电 | | | 13.68% |
| 4 | 大家电 | | | 11.56% |
| 5 | 大家电 | | | 18.97% |

| 行业大类 | 行业小类 |
|---|---|
| 小家电 | 微波炉 |
| 小家电 | 电饭锅 |
| 小家电 | 面包机 |

在表格下拉框的任意行上单击，该行上的“行业大类”和“行业小类”列内容将自动填充到数据表相应的单元格中，从而实现快速输入。

## 6.4 treegrid（树形表格）

该组件扩展自 datagrid 和 tree，用于显示或动态加载分层数据。

### 6.4.1 新增属性

| 属性名 | 值类型 | 描述 | 默认值 |
|---|---|---|---|
| idField | string | 树节点标识字段 | null |
| treeField | string | 树节点显示文本字段 | null |
| animate | boolean | 展开或折叠时是否显示动画 | false |
| checkbox | boolean,function | 是否在节点前面显示复选框 | false |

续表

| 属性名 | 值类型 | 描述 | 默认值 |
|---|---|---|---|
| cascadeCheck | boolean | 是否进行级联选择 | true |
| onlyLeafCheck | boolean | 是否仅在末级节点显示复选框 | false |
| lines | boolean | 是否显示树的连接虚线 | false |
| loader | function(param,success,error) | 自定义读取数据 | |
| loadFilter | function(data,parentId) | 返回过滤后的数据进行展示 | |

以上属性中，真正新增的只有前面两个：idField 和 treeField，其他在 tree 或 datagrid 组件中都有相应的同名属性，只是用法可能略有不同。建议将本节内容与 tree 及 datagrid 结合起来学习。

例如，按照之前所学的 tree 节点属性知识来设置 data 数据，代码如下：

```
$('#tg').treegrid({
    title:'树形表格',
    width:300,
    collapsible: true,
    data:[{
        id:1,
        text:'江苏省',
        iconCls:'icon-save',
        children: [
            {id:2,text:'南京市',iconCls:'icon-open',bj:0},
            {id:3,text:'苏州市',bj:1}
        ]
    },{
        id:4,
        text:'浙江省',
        bj:0,
    }],
    idField: 'id',
    treeField: 'text',
    columns:[[
        {field:'text',title:'省市',width:80},
        {field:'id',title:'标识',width:80,align:'right'},
    ]],
    rownumbers: true,
    fitColumns: true,
});
```

以上代码虽然设置了 data 属性的值，但还必须指定生成树所必须的 idField 列、treeFiled 列以及表格中要显示的列，这样才能生成树形表格。运行效果如图所示。

树形表格

| | 省市 | 标识 |
|---|---|---|
| 1 | 江苏省 | |
| 2 | 南京市 | 0 |
| 3 | 苏州市 | 1 |
| 4 | 浙江省 | 0 |

如果将 data 的属性值保存为 JSON 格式的文件，采用 url 方式加载，效果也是一样的。由于这里是将树用于表格中，因此，JSON 格式的数据最好是采用与 datagrid 相同的数据结构。例如：

```
data:{rows:[
    {id:1,text:'江苏省',iconCls:'icon-save'},
    {id:2,text:'南京市',iconCls:'icon-open',bj:0,_parentId:1},
    {id:3,text:'苏州市',bj:1,_parentId:1},
    {id:4,text:'浙江省',bj:0}
]},
```

如果还需要分页或者显示行脚的话，上述数据中还要加上 total 和 footer。需要注意的是，对于这种静态加载的本地数据，下级节点必须使用 _parentId 来指定其对应的父节点。如上述代码中的“南京市”和“苏州市”，都将 _parentId 的值设置为 1，表示是“江苏省”的下级节点。

本组件中的 checkbox 属性比 tree 中的同名属性功能有所增强：它不仅能统一设置节点前是否显示复选框，还可以指定部分符合要求的节点显示复选框。例如：

```
checkbox: function(row){
    var texts = ['南京市','浙江省'];
    if ($.inArray(row.text,texts)>=0){
        return true;        //返回true时显示，否则不显示
    }
},
```

上述代码的意思是，只有节点内容包含在指定的数组中时，才会显示复选框。

运行效果如图所示。

树形表格

| | 省市 | 标识 |
|---|---|---|
| 1 | 江苏省 | |
| 2 | ☐南京市 | 0 |
| 3 | 苏州市 | 1 |
| 4 | ☐浙江省 | 0 |

## 6.4.2 方法

本组件方法扩展自 tree 和 datagrid。很多方法都使用 id 参数，该参数代表树节点的值。

以下是与树相关的方法，其中绝大部分在 tree 组件中都有，加粗部分是本组件新增的。

| 方法名 | 参数 | 描述 |
| --- | --- | --- |
| **showLines** | **none** | **显示树连接线** |
| getRoot | none | 获取根节点，返回节点对象 |
| getRoots | none | 获取所有根节点，返回节点数组 |
| getParent | id | 获取父节点 |
| getChildren | id | 获取子节点 |
| getSelected | none | 获取选择的节点，如果没有节点被选中，则返回 null |
| **getSelections** | **none** | **获取所有选择的节点（tree 组件为 getNode、getChecked）** |
| **getLevel** | **id** | **获取节点等级，根节点为 1，然后 2（tree 组件为 isLeaf）** |
| find | id | 查找指定节点并返回节点数据 |
| select | id | 选择节点 |
| **unselect** | **id** | **取消选择节点** |
| **selectAll** | **none** | **选择所有节点** |
| **unselectAll** | **none** | **取消选择所有节点** |
| **checkNode** | **id** | **勾选节点（tree 组件为 check）** |
| **uncheckNode** | **id** | **取消勾选节点（tree 组件为 uncheck）** |
| collapse | id | 折叠节点 |
| expand | id | 展开节点 |
| collapseAll | id | 折叠所有节点 |
| expandAll | id | 展开所有节点 |
| expandTo | id | 展开从根节点到指定节点之间的所有节点 |
| toggle | id | 展开 / 折叠状态触发器 |
| append | param | 追加节点到父节点 |
| insert | param | 插入新节点 |
| update | param | 更新节点 |
| remove | id | 移除节点（包括所有子节点） |
| pop | id | 弹出并返回节点数据以及它的子节点之后删除 |
| beginEdit | id | 开始编辑节点 |
| endEdit | id | 结束编辑节点 |
| cancelEdit | id | 取消编辑节点 |

以下是与表格相关的方法，参数用法与 datagrid 大致相同，只是将原来的 index 行号换成了行节点 id。

| 方法名 | 参数 | 描述 |
| --- | --- | --- |
| loadData | data | 加载本地表格数据 |
| load | param | 读取并显示首页内容 |
| reload | id | 重新加载表格数据，保持在当前页。参数省略时为重载所有行 |
| refresh | id | 刷新指定行（datagrid 组件为 refreshRow） |
| reloadFooter | footer | 重新载入页脚数据 |
| getData | none | 获取载入数据 |
| getFooterRows | none | 获取页脚数据 |
| getEditors | id | 获取指定行编辑器 |
| getEditor | param | 获取指定编辑器 |
| fixRowHeight | id | 修正指定的行高 |
| getPager | none | 返回数据分页对象 |
| getPanel | none | 返回面板对象 |

除上述方法外，treegrid 还包括其他各组件都有的两种通用方法。

| 方法名 | 参数 | 描述 |
| --- | --- | --- |
| options | none | 返回树形表格的属性对象 |
| resize | options | 设置树形表格大小，options 可包含两个属性：width 和 height |

## 6.4.3 事件

本组件事件扩展自 datagrid。以下是新增或重新定义的事件。

| 事件名 | 事件参数 | 描述 |
| --- | --- | --- |
| onBeforeLoad | row,param | 数据加载前触发。返回 false 可取消加载 |
| onLoadSuccess | row,data | 数据加载完成后触发 |
| onLoadError | arguments | 数据加载失败时触发，参数和 AJAX 的 error 回调函数相同 |
| onClickRow | row | 单击节点时触发 |
| onDblClickRow | row | 双击节点时触发 |
| onClickCell | field,row | 单击单元格时触发 |
| onDblClickCell | field,row | 双击单元格时触发 |
| onBeforeSelect | row | 选择行之前触发，返回 false 取消该动作 |
| onSelect | row | 选择行时触发，返回 false 取消该动作 |
| onBeforeUnselect | row | 取消选择行之前触发，返回 false 取消该动作 |

续表

| 事件名 | 事件参数 | 描述 |
| --- | --- | --- |
| onUnselect | row | 取消选择行时触发，返回 false 取消该动作 |
| onBeforeCheckNode | row,checked | **勾选节点前触发，返回 false 取消该动作** |
| onCheckNode | row,checked | **勾选节点时触发，返回 false 取消该动作** |
| onBeforeExpand | row | 展开节点前触发，返回 false 取消该动作 |
| onExpand | row | 展开节点时触发 |
| onBeforeCollapse | row | 折叠节点前触发，返回 false 取消该动作 |
| onCollapse | row | 折叠节点时触发 |
| onContextMenu | e, row | 右键单击节点时触发 |
| onBeforeEdit | row | 编辑节点前触发 |
| onAfterEdit | row,changes | 编辑节点完成后触发 |
| onCancelEdit | row | 取消编辑节点时触发 |

以上事件中，只有 onBeforeCheckNode 和 onCheckNode 事件是新增的（它们在 datagrid 中的对应事件分别是 onBeforeCheck 和 onCheck），其他事件在 datagrid 和 tree 中都有。

## 6.4.4　远程数据加载综合实例

现以远程数据加载实例来综合讲解以上方法与事件的用法。

### ❶ 数据库结构及内容

在名为 test 的 MySQL 数据库中，有一个名为 products 的数据表。

| id | parentId | name | quantity | price |
| --- | --- | --- | --- | --- |
| 1 | 0 | 家电类 | (Null) | (Null) |
| 2 | 0 | 电脑类 | (Null) | (Null) |
| 3 | 2 | 平板电脑 | (Null) | (Null) |
| 4 | 2 | 台式机 | (Null) | (Null) |
| 5 | 2 | 笔记本电脑 | (Null) | (Null) |
| 6 | 2 | 外设 | (Null) | (Null) |
| 7 | 1 | 彩电 | (Null) | (Null) |
| 8 | 1 | 冰箱 | (Null) | (Null) |
| 9 | 1 | 洗衣机 | (Null) | (Null) |
| 10 | 3 | 苹果 | 12 | 74.97 |
| 11 | 3 | 华为 | 143 | 109.99 |
| 12 | 3 | 小米 | 32 | 91.52 |

其中，parentId 表示的是父节点 id 号，name 表示产品，quantity 表示数量，price 表示价格。

### ❷ JS 代码

```
    url:'test.php',
    pagination: true,
    pageSize: 2,
    pageList: [1,2,3],
    idField: 'id',
    treeField: 'name',
    columns:[[
        {field:'name',title:'产品',width:100,halign:'center'},
        {field:'quantity',title:'数量',width:60,align:'right',halign:'center'},
        {field:'price',title:'价格',width:60,align:'right',halign:'center'},
        {field:'total',title:'总价',width:60,align:'right',halign:'center',formatter:function(value){
            if (value){
                return '$'+value;
            } else {
                return '';
            }
        }}
    ]],
```

上述代码中，显示的表格列 total 在后台表中并不存在，它可在 test.php 数据处理程序中动态生成并返回。这里还同时给该列设置 formatter 属性，以方便在“总价”列显示 $ 货币符号。

### ❸ PHP 代码

根据之前学习的知识，在表格中启用分页后，请求远程数据时，默认会向服务器发送两个参数：页号 page 和每页行数 rows。同时，当用户单击展开 state 为 closed 的节点时，还会向服务器发送当前节点的 id 号。根据这样的数据请求规则，服务器端的 test.php 代码编写如下：

```
    // 连接数据库
    $link = mysqli_connect('localhost','root','','test');
    mysqli_set_charset($link,'utf8');
    // 分页
    $page = isset($_POST['page']) ? intval($_POST['page']) : 1;    //没有page参数时设为1
    $rows = isset($_POST['rows']) ? intval($_POST['rows']) : 10;   //没有rows参数时设为10
    $first = ($page-1)*$rows;
    // 生成数据
    $id = isset($_POST['id']) ? intval($_POST['id']) : 0;          //没有id参数时设为0
    $data = [];
    if ($id == 0){                  //如果id为0就根据parentId=0生成根级节点并进行分页
        $rs = mysqli_query($link,"select count(*) from products where parentId=0");
        $row = mysqli_fetch_row($rs);
        $data['total'] = $row[0];       //生成总的记录数，便于分页
        $rs = mysqli_query($link,"select * from products where parentId=0 limit $first,$rows");
```

```
        $items = [];
        while($row = mysqli_fetch_assoc($rs)){
            $row['state'] = has_child($row['id'],$link) ? 'closed' : 'open';
            array_push($items, $row);
        }
        $data["rows"] = $items;
    } else {          //id不为0时不用分页
        $rs = mysqli_query($link,"select * from products where parentId=$id");
        while($row = mysqli_fetch_assoc($rs)){
            $row['state'] = has_child($row['id'],$link) ? 'closed' : 'open';
            $row['total'] = $row['price'] * $row['quantity'];   //动态添加total列的值
            array_push($data, $row);
        }
    }
    echo json_encode($data);
    // 判断是否含有下级节点函数
    function has_child($id,$link){
        $rs = mysqli_query($link,"select count(*) from products where parentId=$id");
        $row = mysqli_fetch_row($rs);
        return $row[0] > 0 ? true : false;
    }
```

上述代码中的加粗部分非常关键：如果当前节点存在下级记录，state 节点属性就设置为 closed ；否则设为 open。

初始运行时，如果服务器没有收到 id 参数，那么就会自动执行 id 为 0 时的代码，并返回根节点数据。运行效果如图所示。

树形表格

| | 产品 | 数量 | 价格 | 总价 |
|---|---|---|---|---|
| 1 | 家电类 | | | |
| 2 | 电脑类 | | | |

2 ▾　第 1 共1页　显示1到2,共2记录

如果将 pageSize 修改为 1，那么它就会将 rows 为 1 的参数发送到服务器，这样就会显示为两页。运行效果如图所示。

树形表格

| | 产品 | 数量 | 价格 | 总价 |
|---|---|---|---|---|
| 1 | 家电类 | | | |

1 ▾　第 1 共2页　显示1到1,共2记录

如上图所示，“家电类”节点的 state 值为 closed，如果单击展开它，就会将当前节点的 id 发送到服

务器。这样，服务器收到的 id 就不再是 0，自动执行 id 不为 0 时的代码。如此便可逐级展开。

树形表格

| | 产品 | 数量 | 价格 | 总价 |
| --- | --- | --- | --- | --- |
| 1 | 家电类 | | | |
| 2 | 彩电 | | | |
| 3 | 长虹 | 69 | 121.29 | $8369.01 |
| 4 | 康佳 | 12 | 110.12 | $1321.44 |
| 5 | 飞利浦 | 63 | 33.95 | $2138.85 |
| 6 | 冰箱 | | | |
| 7 | 洗衣机 | | | |

1 ▾ 第 1 共2页 显示1到1,共2记录

如上图，当单击“家电类”节点时，服务器收到该节点的 id 后自动返回与该节点相匹配的下级记录：彩电、冰箱、洗衣机。由于这些节点还包含下级节点，因此它们的 state 属性值都是 closed。再单击“彩电”节点，就会再次展开与之匹配的 3 记录。以此类推，其他节点也都可以逐级展开，从而实现动态加载数据的效果。

#### ❹ 增加行脚并实时统计数据

要增加行脚，首先服务器要返回行脚数据。在 PHP 程序中增加以下一行代码：

```
if ($id == 0){
    …代码略…
    $data['total'] = $row[0];      //生成总的记录数，便于分页
    $data["footer"][0] = array('name'=>'合计','iconCls'=>'icon-sum','quantity'=>null,
    'total'=>null);
    …代码略…
```

由于 footer 返回的值是数组，而这个数组中可能包含多个对象值，因此上述代码加上 [0] 表示这是返回的第一个数组对象。有了这个行脚的返回值之后，还要在 JS 程序中增加以下代码：

```
showFooter: true,
```

这样，树形表格下面就会显示行脚内容了。

但是，这个行脚内容的 quantity 列和 total 列始终为空。要动态统计已经展开的下级节点数据，还需要使用 reloadFooter 方法对行脚数据进行更新。为便于引用，我们先自定义一个 obj 对象，然后在这个对象里设置一个 foot 方法，代码如下：

```
var obj = {
    foot:function(){
        var quantity = 0;
        var total = 0;
```

```
            var rows = $('#tg').treegrid('getChildren');
            $.each(rows,function () {
                var q = parseInt(this.quantity);
                var t = parseFloat(this.total);
                if (!isNaN(q)){
                    quantity += q;
                }
                if (!isNaN(t)){
                    total += t;
                }
            })
            var frow = $('#tg').treegrid('getFooterRows')[0];
            frow.quantity = quantity;
            frow.total = Math.round(total*100)/100;  //保留2位小数
            $('#tg').treegrid('reloadFooter');
        },
    }
```

以上代码的意思是，先获取当前树形表格的全部子节点，然后对这些子节点记录进行循环。循环时将每条记录的 quantity 值转换为整数，将 total 值转换为浮点数，并进行累计。累计完成，将它们分别赋给行脚的 quantity 和 total，然后使用 reloadFooter 方法更新。

由于用户每展开一次 state 为 closed 的节点时，都会向服务器发送 id 并请求加载数据，因此，只要在 onLoadSuccess 事件中执行 obj.foot()，即可自动实现全部已展开数据的行脚统计，代码如下：

```
onLoadSuccess:function (row,data) {
    obj.foot();
},
```

运行效果如图所示。

| | 产品 | 数量 | 价格 | 总价 |
|---|---|---|---|---|
| 1 | 家电类 | | | |
| 2 | 彩电 | | | |
| 3 | 冰箱 | | | |
| 4 | 海尔 | 103 | 79.95 | $8234.85 |
| 5 | 美的 | 34 | 209.99 | $7139.66 |
| 6 | 美菱 | 67 | 89.99 | $6029.33 |
| 7 | 洗衣机 | | | |
| 8 | 小天鹅 | 45 | 9.93 | $446.85 |
| 9 | 西门子 | 89 | 37.69 | $3354.41 |
| 10 | 三洋 | 41 | 34.99 | $1434.59 |
| 11 | 松下 | 67 | 59.99 | $4019.33 |
| 12 | 电脑类 | | | |
| | Σ 合计 | 446 | | $30659.02 |

2 第1 共1页 显示1到2,共2记录

如果再展开其他节点，行脚的合计数据仍然会同步更新。

### ❺ 数据的添加、修改和保存

虽然树形表格更适合用来分层展示数据，但它同样可以进行数据的追加、修改和删除。这里仅以前台操作为例，如需同时更改后台数据，请参考 datagrid 中的后台程序代码。

首先在自定义的 obj 对象中设置 editingId 属性，用于保存正在编辑的记录行，然后再定义相应的事件代码：

```
    editingId:undefined,
    add:function(){      //添加记录，这里可以根据需要自行限制添加记录的条件
        if(this.editingId != undefined){
            $('#tg').treegrid('select', this.editingId);
            var row = $('#tg').treegrid('getSelected');
            if (row){
                $('#tg').treegrid('append',{
                    parent: row.id,
                    data: [{
                        id: '999',
                        name:'新增节点'
                    }]
                });
            }
        }else{
            $.messager.alert('信息提示','请先选择要添加到的父节点！','warning');
        }
    },
    edit:function(){        //编辑记录
        if (this.editingId != undefined){
            $('#tg').treegrid('select', this.editingId);
            var row = $('#tg').treegrid('getSelected');
            if (row){
                $('#tg').treegrid('beginEdit', this.editingId);
            }
        }else{
            $.messager.alert('信息提示','请先选择要编辑的记录行！','warning');
        }
    },
    cancel:function(){      //放弃修改
        if (this.editingId != undefined){
            $('#tg').treegrid('cancelEdit', this.editingId);
        }
    },
    save:function(){        //保存修改
        if (this.editingId != undefined){
            var t = $('#tg');
            t.treegrid('endEdit', this.editingId);
```

```
        }
    }
```

接着在 treegrid 中设置 toolbar 属性及相关的事件代码，具体如下：

```
    toolbar:[{
        text:'增加记录',
        iconCls:'icon-add',
        handler:function(){obj.add()}     //执行obj中的add方法
    },{
        text:'编辑记录',
        iconCls:'icon-edit',
        handler:function(){obj.edit()}  //执行obj中的edit方法
    },'-',{
        text:'保存记录',
        iconCls:'icon-save',
        handler:function(){obj.save()}  //执行obj中的save方法
    },{
        text:'取消编辑',
        iconCls:'icon-cancel',
        handler:function(){obj.cancel()} //执行obj中的cancel方法
    }],
    onSelect:function (row) {
        obj.editingId = row.id;          //一旦选中记录行，obj中的editingId就改为当前id
    },
```

经测试，以上代码虽可正常运行，但单击“编辑记录”时无效。这是因为还没有在列属性中指定要编辑的列。

假如可以修改“数量”列，就应该给该列指定编辑器。例如：

```
    {field:'quantity',title:'数量',……,editor:'numberbox'},
```

虽然这样已经可以修改“数量”列，但在保存数据后，“总价”及行脚数据并没有同步更新。要实现这样的效果，可以在 onAfterEdit 事件中再使用以下代码：

```
    onAfterEdit:function (row,changes) {
        var q = parseInt(row.quantity);
        var p = parseFloat(row.price);
        if (!isNaN(q) && !isNaN(p)){
            $(this).treegrid('update',{
                id:row.id,
                row:{
                    total:Math.round(q*p*100)/100
                }
            })
```

```
        }
        obj.foot();
    },
```

运行效果如图所示。

树形表格

增加记录 编辑记录 保存记录 取消编辑

|  | 产品 | 数量 | 价格 | 总价 |
|---|---|---|---|---|
| 1 | 家电类 |  |  |  |
| 2 | 彩电 |  |  |  |
| 3 | 长虹 | 691 | 121.29 | $83811.39 |
| 4 | 康佳 | 12 | 110.12 | $1321.44 |
| 5 | 飞利浦 | 63 | 33.95 | $2138.85 |
| 6 | 冰箱 |  |  |  |
| 7 | 洗衣机 |  |  |  |
| 8 | 电脑类 |  |  |  |
|  | Σ 合计 | 766 |  | $87271.68 |

2 第 1 共1页 显示1到2,共2记录

修改“数量”并单击“保存记录”后，总价及行脚数据都会同步更新。

### ❻ 右键菜单

在 datagrid 中，我们举了一个在标题单击右键弹出菜单的实例。这里再举一个右击记录行的菜单实例。仍然继续使用上面的代码，先在页面中添加生成菜单的 DOM 元素，具体如下：

```
    <div id="mm" class="easyui-menu" style="width:120px;">
        <div onclick="obj.add()" data-options="iconCls:'icon-add'">增加记录</div>
        <div class="menu-sep"></div>
        <div onclick="obj.edit()" data-options="iconCls:'icon-edit'">编辑记录</div>
    </div>
```

然后在 JS 中添加 onContextMenu 属性，代码如下：

```
    onContextMenu:function(e,row){
        if (row){
            e.preventDefault();
            $(this).treegrid('select', row.id);
            $('#mm').menu('show',{
                left: e.pageX,
                top: e.pageY
            });
        }
    }
```

浏览器运行后，在任一行上单击鼠标右键，确实可以弹出菜单，但执行“增加记录”或“编辑记录”时却没任何反应。不是同样调用的 obj 中的方法吗？

这是因为，原来的 obj 对象是使用 var 声明的，它仅在 JS 所在的程序块中起作用；而这里的 onclick 事件是写在页面的元素属性中的，它要调用的 obj 对象必须是全局的。

要将 obj 全局变为对象也很简单，将 var 关键字去掉即可。

运行效果如图所示。

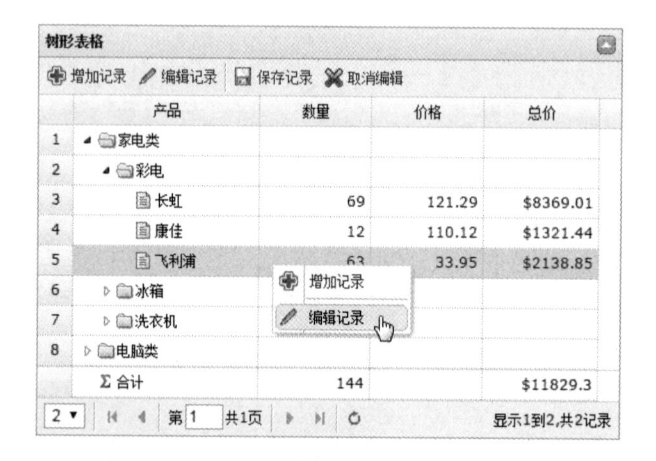


## 6.4.5　不存在父节点id列的远程数据加载

上一个实例中，后台数据表有专门的父节点列，用于指定它的上级节点。但在实际的项目应用中，经常是没有这样的父节点列的。例如，之前我们一直在使用的 area 数据表，如图所示。

| id | area | city | code | postcode | email | dt | mark |
|---|---|---|---|---|---|---|---|
| 1 | 北京市 | 北京市 | 10 | 100000 | (Null) | (Null) | 1 |
| 2 | 北京市 | 东城区 | 10 | 100010 | (Null) | (Null) | 1 |
| 3 | 北京市 | 西城区 | 10 | 100030 | (Null) | (Null) | (Null) |
| 4 | 北京市 | 崇文区 | 10 | 100060 | (Null) | (Null) | (Null) |
| 5 | 北京市 | 宣武区 | 10 | 100050 | (Null) | (Null) | (Null) |
| 6 | 北京市 | 朝阳区 | 10 | 100020 | (Null) | (Null) | (Null) |
| 7 | 北京市 | 丰台区 | 10 | 100070 | (Null) | (Null) | (Null) |
| 8 | 北京市 | 石景山区 | 10 | 100040 | (Null) | (Null) | (Null) |
| 9 | 北京市 | 海淀区 | 10 | 100080 | (Null) | (Null) | (Null) |
| 10 | 北京市 | 门头沟区 | 10 | 102300 | (Null) | (Null) | (Null) |

对于这样的数据表，由于不存在父节点列和 id 进行匹配，因此就只能另想其他办法。观察此表发现，下级节点 city 都是按照 area 列来进行分组的，那么就可以将 area 既作为树的数值列，同时也是树的显示列，代码如下：

```
    url:'test.php',
    pagination: true,
    pageSize: 10,
    pageList: [5,10,20],
    idField: 'area',
    treeField: 'area',
    columns:[[
        {field:'area',title:'市县',width:80},
        {field:'code',title:'区号',width:80,align:'right'},
        {field:'postcode',title:'邮编',width:80,align:'right'}
    ]],
```

既然将 area 列作为 idField，那么单击展开节点时，发送到服务器的 id 参数就是该列所对应的文本值。相应的 test.php 示例代码如下：

```
    //连接数据库
    $link = mysqli_connect('localhost','root','888','test');
    mysqli_set_charset($link,'utf8');
    //生成数据
    $data = array();
    $id = isset($_POST['id']) ? $_POST['id'] : null;    //这里收到的id实际上是area的值
    if (empty($id)){        //如果为空，就根据area生成不重复的根节点
        $page = isset($_POST['page']) ? intval($_POST['page']) : 1;
        $rows = isset($_POST['rows']) ? intval($_POST['rows']) : 10;
        $first = ($page-1)*$rows;
        $rs = mysqli_query($link,"select count(distinct area) from area");
        $row = mysqli_fetch_row($rs);      //得到总记录数，以方便分页
        $data['total'] = $row[0];
        $rs = mysqli_query($link,"select distinct area from area limit $first,$rows");
        $items = array();
        while($row = mysqli_fetch_assoc($rs)){
            $row['state'] = 'closed';
            array_push($items, $row);
        }
        $data['rows'] = $items;
    } else {        //如果不为空，表示用户展开了某个节点，就以此节点的值为条件返回节点数据
        $rs = mysqli_query($link,"select id,city as area,code,postcode from area where area='$id'");
        while($row = mysqli_fetch_assoc($rs)){
            $row['state'] = 'open';
            array_push($data, $row);
        }
    }
    echo json_encode($data);
```

请注意以上加粗的几行代码：如果获取的 id 值为空，表明这是初始加载，就在 select 语句中使用

distinct 关键字生成不重复的 area 数据，该数据返回后即可生成根节点。在这个过程中，同时根据客户端传来的 page 和 rows 参数，对根节点数据进行分页。

如果获取的 id 值不为空，即表示用户已经单击展开了某个节点，那么就按照该 id 的值进行条件查询。这里需要注意的是，由于树节点的显示列为 area，因此在使用 select 获取数据记录时，city 列应使用别名 area。运行效果如图所示。

树形表格

| | 市县 | 区号 | 邮编 |
|---|---|---|---|
| 1 | 北京市 | | |
| 2 | 天津市 | | |
| 3 | 河北省 | | |
| 4 | 山西省 | | |
| 5 | 内蒙古自治区 | | |
| 6 | 呼和浩特市 | 471 | 10000 |
| 7 | 托克托县 | 471 | 10200 |
| 8 | 武川县 | 471 | 11700 |
| 9 | 和林格尔县 | 471 | 11500 |
| 10 | 清水河县 | 471 | 11600 |
| 11 | 土默特左旗 | 471 | 10100 |
| 12 | 包头市 | 472 | 14000 |
| 13 | 固阳县 | 472 | 14200 |
| 14 | 土默特右旗 | 472 | 14100 |

使用这种方式加载树形数据时需要注意：city 列中的值不能和其对应的分组列 area 内容相同。例如，area 为“天津市”的分组中，还有个 city 为“天津市”。当选择子节点为“天津市”的数据行时，它会同时将父级的“天津市”一起选中，就是因为这里的 area 是作为 id 使用的。

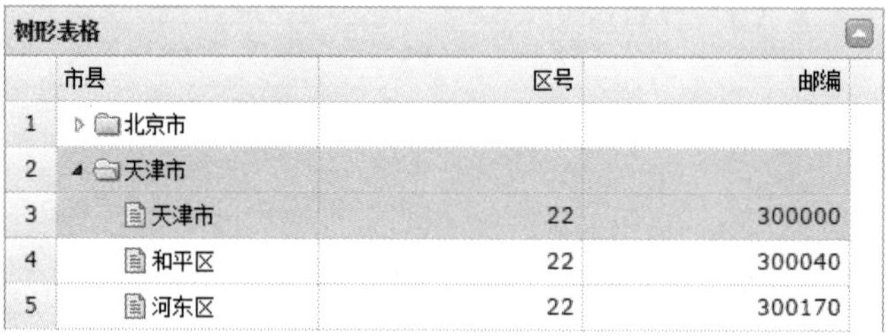

树形表格

| | 市县 | 区号 | 邮编 |
|---|---|---|---|
| 1 | 北京市 | | |
| 2 | 天津市 | | |
| 3 | 天津市 | 22 | 300000 |
| 4 | 和平区 | 22 | 300040 |
| 5 | 河东区 | 22 | 300170 |

如上图。当选择和父节点名称不相同的节点时，就正常了。

因此，对于这种可能存在重名的情况，应在 select 返回数据时进行适当的处理。例如，将 SQL 语句中的 city as area 改成这样：

```
case when city='$id' then concat('[',city,']') else city end as area
```

其意思为，如果 city 和 id 值相同，就给其前后加上中括号；如果不相同，仍按原值输出。运行效果如图所示。

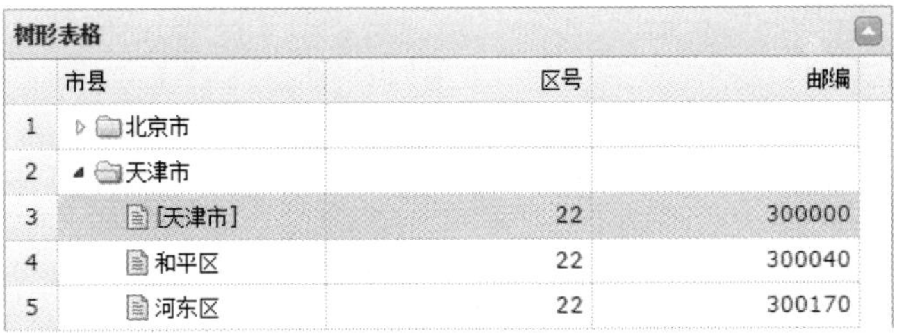

树形表格

| | 市县 | 区号 | 邮编 |
|---|---|---|---|
| 1 | 北京市 | | |
| 2 | 天津市 | | |
| 3 | [天津市] | 22 | 300000 |
| 4 | 和平区 | 22 | 300040 |
| 5 | 河东区 | 22 | 300170 |

## 6.5 combotreegrid（树形表格下拉框）

该组件扩展自 combo 和 treegrid，它允许用户快速从树形表格中选择一条或多条记录。以下是新增的属性和方法，事件完全继承自 combo 和 treegrid。

### 6.5.1 新增属性

| 属性名 | 值类型 | 描述 | 默认值 |
|---|---|---|---|
| textField | string | 要显示在文本框中的文本字段 | null |
| limitToGrid | boolean | 是否只能输入树形表格中存在的值 | false |

例如，以下示例代码：

```
$('#ct').combotreegrid({
    width: 200,
    panelHeight:150,
    panelWidth:260,
    editable:true,
    data:{rows:[
        {id:1,text:'江苏省',bj:1,iconCls:'icon-save'},
        {id:2,text:'南京市',iconCls:'icon-open',bj:2,_parentId:1},
        {id:3,text:'苏州市',bj:3,_parentId:1},
        {id:4,text:'浙江省',bj:1}
    ]},
    idField: 'id',
    treeField: 'text',
    columns:[[
        {field:'text',title:'省市',width:80},
        {field:'bj',title:'标识',width:80,align:'right'},
    ]],
    rownumbers: true,
    fitColumns: true,
});
```

上述代码用到的全部是 combo 和 treegrid 中的属性。其中，加粗的两行代码，一个用来指定树的 id 字段，一个用来指定树的节点显示内容字段。运行效果如图所示。

当在文本框中输入关键字“南”时，会自动定位到包含该关键字的记录。鼠标单击该记录，即可完成输入。默认情况下，文本框中的显示内容就是 treeField 指定的字段，除非另外指定 textField。

如上面的代码，由于没设置 textField 属性，单击后在文本框中显示的内容是“南京市”；如果加上以下代码，则文本框中显示的内容是 2：

```
textField:'bj',
```

如要实现多选效果，可使用 combo 中的 multiple 属性：将其设置为 true，树节点自动增加复选框。

## 6.5.2　新增方法

| 方法名 | 方法参数 | 描述 |
|---|---|---|
| options | none | 返回属性对象 |
| grid | none | 返回 treegrid 对象 |

**注意**

这里的 grid 方法返回的是 treegrid 对象，而 combogrid 组件中的 grid 方法返回的是 datagrid 对象。返回的对象不同，后续所使用的方法也不同。例如：

```
buttonText:'测试',
onClickButton:function () {
    var g = $(this).combotreegrid('grid');   //获得treegrid对象
    var rows = g.treegrid('getData');
    console.log(rows);
},
```

请注意加粗部分的代码，这里使用的是 treegrid 中的 getData 方法，可以正常得到树节点数据；但如果改用下面的代码：

```
var rows = g.datagrid('getData');
```

尽管 getData 同样是 datagrid 组件中的方法，但由于这里的 g 并不是 datagrid 对象，因而该方法不会得到表格中的任何数据。当然，treegrid 毕竟是基于 datagrid 扩展而来的，除了少数的几个方法外，大部分都是可以通用的。

例如，将上面的 onClickButton 事件代码改为：

```
var g = $(this).combotreegrid('grid');
var r = g.treegrid('getSelected');     //这里改用datagrid中的getSelected方法也可以
if (r) {
    var str = 'id值：'+r.id+'，<br>树节点文本：'+r.text+'，<br>文本框内容：'+r.bj;
    $.messager.alert('信息',str,'info')
}
```

运行效果如图所示。

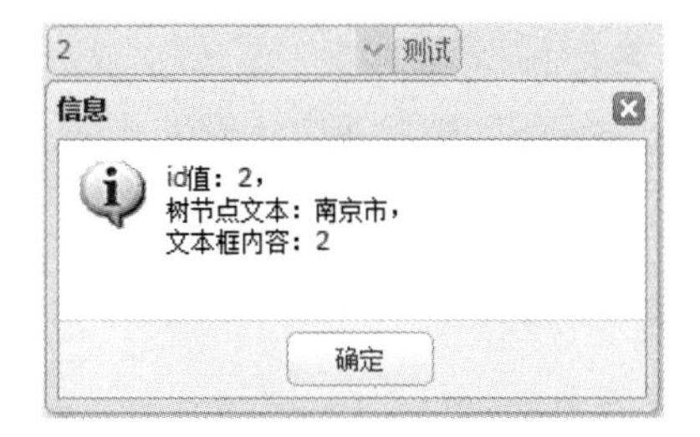


除此之外，combo 中的方法在本组件中也都可使用。例如，setValue 和 setValues 方法与 combotree、combogrid 组件中的用法一样，赋值时既可以使用单个数值，也可以使用键值对。例如：

```
$(this).combotreegrid('setValue',2);
$(this).combotreegrid('setValue',{id:9,text:'新内容'});
$(this).combotreegrid('setValues',[2,3,{id:9,text:'新内容'}]);
```

**注意**

键值对方式中的 id 如果已经存在于树节点中，则设置的显示内容无效。

# 第7章　数据表格功能扩展

所谓的功能扩展，是指官方在各种常规插件基础上所扩展的功能。例如，在 datagrid 中要实现表格内的数据编辑，需要使用 beginEdit、endEdit 等方法，还要编写相关的事件代码，相对比较繁琐，如果改用相关的扩展功能就会非常简单；再如，对于 datagrid 的 view 视图属性，没有相当的 JS 开发功底是很难玩得转的，功能扩展就专门针对此项应用提供了多个解决方案。

事实上，除了官方提供的各种扩展功能外，作为用户的我们也可对这些现有的组件进行扩展。例如，之前在学习各种常规组件时，就已经举了多个例子。比如，通过重写 $.fn.validatebox.defaults.rules 属性，重新定义了多个验证规则；通过 $.fn.datagrid.defaults.view 属性，自行定义了多个表格视图，等等。

那么，如何扩展呢？这就要用到 jQuery 中的 extend 方法。该方法可包含两个参数：一个是要扩展的对象，另一个是扩展的具体内容。例如，之前为验证框扩展的一个名为 minLength 的验证规则，其代码如下：

```
$.extend($.fn.validatebox.defaults.rules, {
    minLength: {
        validator: function(value, param){
            return value.length >= param[0];
        },
        message: '请至少输入 {0} 个字符! '
    }
});
```

这里的 $.fn.validatebox.defaults.rules 就是要扩展的对象，后面用 {} 包起来的参数对象就是具体的扩展内容。

各组件的属性、方法和事件自行扩展方法如下（一般读者可忽略）。

### ❶ 属性和事件（回调函数）

在 EasyUI 中，每个组件的属性和事件（回调函数）都定义在 $.fn.{plugin}.defaults 里面。其中：{plugin} 表示组件的名称。例如：

对话框定义在 $.fn.dialog.defaults 中，验证框定义在 $.fn.validatebox.defaults 中，数据表格定义在 $.fn.datagrid.defaults 中……每个组件的 defaults 里又包含多个具体的属性和事件，如，验证框中的 rules 属性、数据表格的 view 属性等。所有这些属性和事件都可通过每个组件的 options 方法予以输出查看。

### ❷ 方法

在 EasyUI 中，每个组件的方法都定义在 $.fn.{plugin}.methods 里面。

每个方法都有两个参数：jq 和 param。其中，第一个参数 jq 是必须的，指的是 jQuery 对象；第二个参数 param 是指传入方法的实际参数。

例如，为 dialog 组件扩展一个方法，并将其命名为 mymove，代码如下：

```
$.extend($.fn.dialog.methods, {
	mymove: function(jq, newposition){
		return jq.each(function(){
			$(this).dialog('move', newposition);
		});
	}
});
```

扩展完成后，即可调用 mymove 方法将对话框移动到指定位置。例如：

```
$('#dd').dialog('mymove',{
	left:200,
	top:100
});
```

**❸ 如何使用官方自带的扩展组件**

在之前的学习过程中，全部示例都是在页面中引用 jquery.easyui.min.js 文件。该文件包含了所有的 EasyUI 常规组件程序库，但并未包含扩展的 JS 文件。事实上，jquery.easyui.min.js 就是全部常规组件 JS 的集合，在实际开发应用中如果仅用到其中的部分组件，也可直接引用相应的 JS 文件。这些 JS 文件全部保存在 plugins 中，其文件名称格式如下：

```
jquery.{plugin}.js
```

例如，文件 jquery.dialog.js 就是对话框组件所对应的 JS 文件，其他以此类推。

官方的各种扩展功能都是以 JS 程序文件方式提供的，它们并没有包含在公开下载的压缩包中。如需使用这些扩展功能，可到官网的 Extension 菜单项下分别下载，也可直接将本书附带的 JS 文件拷贝到 plugins 中，以方便后期使用（本章及下一章的所有示例都包含相应的 JS 功能扩展文件）。

有了这些扩展 JS 文件之后，如要使用其功能，还必须在页面中引用。例如，要实现“可编辑数据表格”的功能，就必须像引用 jquery.easyui.min.js 等文件一样，再添加以下一行代码：

```
<script type="text/javascript" src="jquery.edatagrid.js"></script>
```

当然，也可以在 JS 中通过 AJAX 的 getScript 方法动态引用。例如：

```
$.getScript('jquery.edatagrid.js');
$.getScript('jquery.edatagrid.js',function(
```

```
    …这里写js代码…
});
```

## 7.1 edatagrid（可编辑数据表格）

edatagrid 表示可编辑的数据表格（Editable DataGrid）。很显然，该扩展基于 datagrid，datagrid 中所有的属性、方法和事件在这里都可使用。

例如，以下代码使用的都是 datagrid 中的属性，仅仅是将组件名称改为 edatagrid 而已：

```
$('#tt').edatagrid({
    title:'可编辑数据表格',
    width:500,
    fitColumns:true,
    url:'test.json',
    singleSelect:true,
    columns:[[
        {field:'itemid',title:'编号',width:100,editor:{
            type:'validatebox',
            options:{
                required:true
            }}
        },
        {field:'productid',title:'产品',width:100,editor:'text'},
        {field:'listprice',title:'单价',width:100,align:'right',editor:{
            type:'numberbox',
            options:{
                precision:1
            }}
        },
        {field:'unitcost',title:'成本',width:100,align:'right',editor:'numberbox'},
        {field:'attr',title:'备注',width:150,editor:'text'},
        {field:'status',title:'状态',width:50,editor:{
            type:'checkbox',
            options:{
                on: 'P',
                off: ''
            }}
        }
    ]],
})
```

运行效果如图所示（test.json 中的数据略，具体请查看源文件代码）。

可编辑数据表格

| 编号 | 产品 | 单价 | 成本 | 备注 | 状态 |
|---|---|---|---|---|---|
| EST-1 | FI-SW-01 | 16.5 | 10 | Large | P |
| EST-2 | K9-DL-01 | 18.5 | 12 | Spotted Adult Femal | P |
| EST-3 | RP-SN-01 | 18.5 | 12 | Venomless | P |
| EST-5 | RP-LI-02 | 18.5 | 12 | Green Adult | |
| EST-6 | FL-DSH-01 | 58.5 | 12 | Tailless | P |
| EST-7 | FL-DSH-01 | 23.5 | 12 | With tail | P |
| EST-8 | FL-DLH-02 | 93.5 | 12 | Adult Female | P |
| EST-9 | FL-DLH-02 | 93.5 | 12 | Adult Male | P |
| EST-4 | RP-SN-01 | 18.5 | 12 | Rattleless | P |
| EST-10 | AV-CB-01 | 193.5 | 92 | Adult Male | P |

双击数据表中的任一行即可开始编辑操作。最主要的是，本组件还新增了多个属性、方法与事件，以方便用户将客户端数据自动同步到服务器端。

## 7.1.1　新增属性

| 属性名 | 值类型 | 描述 | 默认值 |
|---|---|---|---|
| autoSave | boolean | 是否在单击表格外部时自动保存编辑的行 | false |
| saveUrl | string | 保存数据到服务器的 URL 地址并返回保存的行 | null |
| updateUrl | string | 更新数据到服务器的 URL 地址并返回更新的行 | null |
| destroyUrl | string | 将 id 参数发送到 URL 服务器以销毁（删除）行 | null |
| destroyMsg | object | 销毁（删除）数据行时显示的确认对话框消息 | |
| tree | selector | 以选择器方式绑定的树控件 | null |
| treeUrl | string | 检索树控件数据的 URL 地址 | null |
| treeDndUrl | string | 拖拽树控件数据的 URL 地址 | null |
| treeTextField | string | 树节点文本字段 | name |
| treeParentField | string | 树的父节点字段 | parentId |

## 7.1.2　新增方法

| 方法名 | 参数 | 描述 |
|---|---|---|
| options | none | 返回属性对象 |
| enableEditing | none | 启用数据表格编辑 |

续表

| 方法名 | 参数 | 描述 |
| --- | --- | --- |
| disableEditing | none | 禁用数据表格编辑 |
| editRow | index | 编辑指定行 |
| addRow | none | 添加一个新的空行 |
| saveRow | none | 保存编辑行并发送到服务器 |
| cancelRow | none | 取消编辑行 |
| destroyRow | none | 销毁当前选择的行 |

其中，使用 addRow 方法添加新行时，也可以使用参数。例如：

```
$('#tt').edatagrid('addRow');                    // 追加一个空行
$('#tt').edatagrid('addRow',0);                  // 在第一行追加空行
$('#tt').edatagrid('addRow',{                    // 新增一个带默认值的行
    index: 2,
    row:{
        name:'name1',
        addr:'addr1'
    }
});
```

销毁（删除）行时，也可以指定行。例如：

```
$('#dg').edatagrid('destroyRow');             // 销毁所有选择的行
$('#dg').edatagrid('destroyRow', 0);          // 销毁首行
$('#dg').edatagrid('destroyRow', [3,4,5]); // 销毁指定的行
```

再如，在之前的示例中再加上以下属性代码：

```
destroyMsg:{
    norecord:{              //没选择行时的提示信息
        title:'提示',
        msg:'请先选择一条数据记录！'
    },
    confirm:{               //有选择行时的确认信息
        title:'提示',
        msg:'确定要删除当前选择的数据记录吗？'
    }
},
tools:[{
    iconCls:'icon-add',
```

```
        handler:function(){$('#tt').edatagrid('addRow')}
    },{
        iconCls:'icon-save',
        handler:function(){$('#tt').edatagrid('saveRow')}
    },{
        iconCls:'icon-cancel',
        handler:function(){$('#tt').edatagrid('cancelRow')}
    },{
        iconCls:'icon-remove',
        handler:function(){$('#tt').edatagrid('destroyRow')}
    }],
```

浏览器运行时，单击面板上最右侧的工具栏按钮，将弹出 destroyMsg 属性中设置的信息，运行效果如图所示。

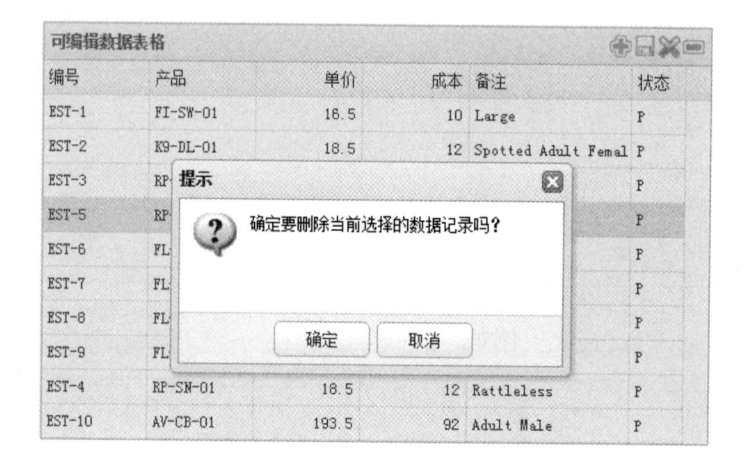


## 7.1.3　新增事件

可编辑表格的事件扩展自 DataGrid（数据表格），可编辑表格新增的事件如下。

| 事件名 | 参数 | 描述 |
| --- | --- | --- |
| onAdd | index,row | 添加新行时触发 |
| onEdit | index,row | 编辑数据行时触发 |
| onBeforeSave | index | 保存数据行之前触发，返回 false 可取消保存操作 |
| onSave | index,row | 保存数据行时触发 |
| onSuccess | index,row | 成功保存到服务器时触发 |
| onDestroy | index,row | 销毁数据行时触发 |
| onError | index,row | 服务器返回错误时触发 |

其中，onError 事件触发时，服务器端需返回一个包含 isError 参数的 JSON 字符串。当该参数等于 true 时，表示请求发生了错误。例如，服务器端的 PHP 示例代码如下：

```
echo json_encode(array(
    'isError' => true,
    'msg' => '请求发生错误！'
));
```

客户端的 JS 示例代码如下：

```
onError:function(index,row){
    alert(row.msg);
}
```

## 7.2 datagrid-cellediting（单元格编辑表格）

和 edatagrid 不同，cellediting 并不是一个独立的组件，它仅仅是在 datagrid 的基础上扩展了一些属性、方法和事件，使得用户可以很方便地单击或双击单元格即可直接进入编辑。因此，这里所有的新增成员都只能用在 datagrid 中，但前提是必须引用示例附带的 datagrid-cellediting.js 文件。

实际上，之前在学习 datagrid 组件的时候，官方已经提供了一个实例 cellediting.html。如果大家对这个实例看不太懂，但又需要单元格编辑功能，干脆直接使用这个扩展好了，而且功能更强。

### 7.2.1 新增属性

| 属性名 | 值类型 | 描述 | 默认值 |
|---|---|---|---|
| clickToEdit | boolean | 是否在单击单元格时启用编辑功能 | true |
| dblclickToEdit | boolean | 是否在双击单元格时启用编辑功能 | false |

### 7.2.2 新增方法

| 方法名 | 参数 | 描述 |
|---|---|---|
| enableCellEditing | none | 在数据表格中启用单元格编辑器 |
| disableCellEditing | none | 在数据表格中禁用单元格编辑器 |

续表

<table>
<tr><th>方法名</th><th>参数</th><th>描述</th></tr>
<tr><td>editCell</td><td>param</td><td>编辑指定单元格。参数包含两个属性：<br>index 行索引、field 字段名。例如：<br><pre>$('#dg').datagrid('editCell',{
    index: 0,
    field: 'productid'
});</pre></td></tr>
<tr><td>isEditing</td><td>index</td><td>返回指定行的编辑状态，正在编辑时返回 true</td></tr>
<tr><td>enableCellSelecting</td><td>none</td><td>启用 datagrid 的单元格选择。</td></tr>
<tr><td>disableCellSelecting</td><td>none</td><td>禁用 datagrid 的单元格选择（变为选择行）</td></tr>
<tr><td>getSelectedCells</td><td>none</td><td>返回所有选择的单元格</td></tr>
<tr><td>gotoCell</td><td>param</td><td>跳转到高亮单元格，可用参数包括：<br>up、down、left、right 或者包含 index 和 field 的对象。例如：<br><pre>$('#dg').datagrid('gotoCell','down');
$('#dg').datagrid('gotoCell',{
    index: 0,
    field: 'productid'
});</pre></td></tr>
<tr><td>input</td><td>none</td><td>返回当前编辑框对象。例如：<br><pre>var input = $('#dg').datagrid('input',{
    index: 0,
    field: 'productid'
});
if (input){
    //...
}</pre></td></tr>
<tr><td>cell</td><td>none</td><td>返回当前包含 index 和 field 属性的单元格信息</td></tr>
</table>

现仍以上一节的数据为例：

```
$('#dg').datagrid({
    title:'单元格编辑表格',
    width:500,
    fitColumns:true,
    url:'test.json',      //数据略，请查看源文件代码
    singleSelect:true,
    columns:[[
```

```
        …与上一节的代码相同，此处略…
    ]],
    dblclickToEdit:true,
    clickToEdit:false
}).datagrid('enableCellEditing')
```

以上代码在 datagrid 中使用了两个新属性，也就是取消单击，改用双击进入单元格编辑状态；初始化之后再使用新增的 enableCellEditing 方法，启用单元格编辑器。

运行效果如图所示。

单元格编辑表格

| 编号 | 产品 | 单价 | 成本 | 备注 | 状态 |
|---|---|---|---|---|---|
| EST-1 | FI-SW-01 | 16.5 | 10 | Large | P |
| EST-2 | K9-DL-01 | 18.5 | 12 | Spotted Adult Femal | P |
| EST-3 | RP-SN-01 | 18.5 | 12 | Venomless | P |
| EST-5 | RP-LI-02 | 18.5 | 12 | Green Adult | P |
| EST-6 | FL-DSH-01 | 58.5 | 12 | Tailless | P |
| EST-7 | FL-DSH-01 | 23.5 | 12 | With tail | P |
| EST-8 | FL-DLH-02 | 93.5 | 12 | Adult Female | P |
| EST-9 | FL-DLH-02 | 93.5 | 12 | Adult Male | P |
| EST-4 | RP-SN-01 | 18.5 | 12 | Rattleless | P |
| EST-10 | AV-CB-01 | 193.5 | 92 | Adult Male | P |

在任意一个单元格上双击，都可进入编辑。

如果在 enableCellEditing 之后再使用 gotoCell 方法，还可高亮显示初始要编辑的单元格。例如：

```
.datagrid('enableCellEditing').datagrid('gotoCell',{
    index:0,
    field:'productid'
})
```

## 7.2.3 新增事件

| 事件名 | 参数 | 描述 |
|---|---|---|
| onBeforeCellEdit | index,field | 编辑单元格之前触发，返回 false 可取消该动作 |
| onCellEdit | index,field,value | 编辑单元格时触发，返回 false 可取消该动作 |
| onSelectCell | index,field | 选择单元格时触发，返回 false 可取消该动作 |
| onUnselectCell | index,field | 取消选择单元格时触发，返回 false 可取消该动作 |

其中，onCellEdit 事件中的 value 参数是指按下键盘上的字符代码初始化值。当按下 Del 或 Backspace 键的时候，这个值为空字符串。

## 7.3 columns-ext（列扩展表格）

本扩展的列功能有：拖拽移动列、冻结或解冻指定列、排序列、动态生成树表格，需引用的文件名为 columns-ext.js。

### 7.3.1 基于datagrid扩展的方法

| 方法名 | 参数 | 描述 |
| --- | --- | --- |
| columnMoving | none | 启用列移动，该方法允许用户拖拽表格的列 |
| freezeColumn | field | 冻结指定列 |
| unfreezeColumn | field | 解冻指定列 |
| moveColumn | param | 移动列。例如：<br>`$('#dg').datagrid('moveColumn',{`<br>`field: 'itemid',          //要移动的列`<br>`before: 'listprice'     //移动到指定列之前`<br>`// after: 'listprice'   //移动到指定列之后`<br>`});` |
| reorderColumns | fields | 按指定列重新排序。例如：<br>`$('#dg').datagrid('reorderColumns',['listprice','productid'])` |

例如，仍然沿用之前的示例代码，仅仅是启用了 columnMoving 方法，代码如下：

```
$('#dg').datagrid({
    title:'表格列移动',
    width:500,
    fitColumns:true,
    url:'test.json',
    singleSelect:true,
    columns:[[
        …与上一节的代码相同，此处略…
    ]],
}).datagrid('columnMoving');
```

当按住其中任何一列的列标题时，拖拽即可移动到新位置。如图所示。

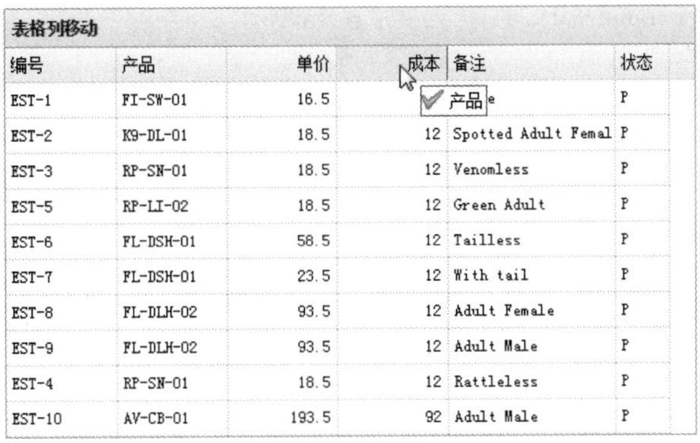

表格列移动

| 编号 | 产品 | 单价 | 成本 | 备注 | 状态 |
| --- | --- | --- | --- | --- | --- |
| EST-1 | FI-SW-01 | 16.5 | | 产品 e | P |
| EST-2 | K9-DL-01 | 18.5 | 12 | Spotted Adult Femal | P |
| EST-3 | RP-SN-01 | 18.5 | 12 | Venomless | P |
| EST-5 | RP-LI-02 | 18.5 | 12 | Green Adult | P |
| EST-6 | FL-DSH-01 | 58.5 | 12 | Tailless | P |
| EST-7 | FL-DSH-01 | 23.5 | 12 | With tail | P |
| EST-8 | FL-DLH-02 | 93.5 | 12 | Adult Female | P |
| EST-9 | FL-DLH-02 | 93.5 | 12 | Adult Male | P |
| EST-4 | RP-SN-01 | 18.5 | 12 | Rattleless | P |
| EST-10 | AV-CB-01 | 193.5 | 92 | Adult Male | P |

## 7.3.2 基于treegrid扩展的方法

| 方法名 | 参数 | 描述 |
| --- | --- | --- |
| groupData | param | 生成树节点的组数据。参数对象包含 3 个属性，例如：<br>`$('#tg').treegrid('groupData',{`<br>`data: data,  //树形表格数据`<br>`fields: ['country','city']  ,  //指定的树数据列`<br>`groupHeader: '#fc'  //指定的组标题`<br>`});` |

由于可以在 groupData 方法中指定树形表格数据，因此，初始化 treegrid 时可以不用设置 data 或 url 属性。需要注意的是，该扩展功能有个 groupHeader，这是用来存放拖拽过来的树节点列的，必须在页面中添加相应的 DOM 元素（通过 JS 代码动态添加亦可）。

例如，在页面文件中添加以下 div 元素：

```
<div id="fc" style="background:#efefef;"></div>
```

然后在 JS 中使用以下代码：

```
$('#dg').treegrid({
    title:'动态树表格',
    width:500,
    fitColumns:true,
    singleSelect:true,
    columns:[[
        …与之前代码相同，此处略。由于这是动态树表格，itemid列可以不显示…
    ]],
    idField: 'itemid',            //虽然可以不显示该列，但必须指定
```

```
        treeField: 'productid',      //树节点显示列
        toolbar: '#fc',
    }).treegrid('groupData', {
        data:v,
        fields: ['listprice','unitcost'],
        groupHeader: '#fc'
    });
```

请注意上述加粗部分的代码。由于这里是动态生成树形表格，因此，必须设置 idField、treeField 属性，分别用于指定树节点 id 列和树节点显示内容列。其中，树形表格数据在 groupData 方法中加载，且只能使用 data 属性。数据内容可以直接指定，也可以通过远程读取。

例如，这里的 data 值是变量 v，它可以直接这样指定：

```
    var v = [
        …这里是一条条的数据记录对象，具体请参考源码文件，此处略…
    ];
```

也可以直接读取 JSON 文件。例如：

```
    var v = [];
    $.ajaxSettings.async = false;
    $.getJSON('test.json',function (data) {
        v = data;
    })
```

这里的 getJSON 是 jQuery 中的方法，专门用于读取 JSON 格式文件中的数据。由于该方法默认采取异步方式，为立即获取返回值，需将 ajaxSetting 中的 async 属性设置为 false。如改用 AJAX 读取，可以这样：

```
    var v = [];
    $.ajax({
        url:'test.json',
        dataType:'json',
        async:false,
        success:function (data) {
            v = data
        }
    })
```

很显然，使用 AJAX 就更加强大了，远程数据都可随意读取。

运行效果如图所示。

动态树表格

listprice x　unitcost x

| 产品 | 单价 | 成本 | 备注 | 状态 |
|---|---|---|---|---|
| 16.5 | | | | |
| 10 | | | | |
| FI-S' | 16.5 | 10 | Large | P |
| 18.5 | | | | |
| 12 | | | | |
| K9-D: | 18.5 | 12 | Spotted Adult Female | P |
| RP-S: | 18.5 | 12 | Venomless | P |
| RP-L: | 18.5 | 12 | Green Adult | P |
| RP-S: | 18.5 | 12 | Rattleless | P |
| 58.5 | | | | |
| 12 | | | | |
| FL-D: | 58.5 | 12 | Tailless | P |
| 23.5 | | | | |
| 12 | | | | |
| FL-D: | 23.5 | 12 | With tail | P |
| 93.5 | | | | |
| 12 | | | | |
| FL-D: | 93.5 | 12 | Adult Female | P |
| FL-D: | 93.5 | 12 | Adult Male | P |
| 193.5 | | | | |
| 92 | | | | |
| AV-C: | 193.5 | 92 | Adult Male | P |

由于在 groupData 方法中指定的 fields 为 listprice 和 unitcost，因此自动按此两列生成树节点，加上 treegrid 本身的 treeField，这就形成了 3 级的目录树。对于已经选定的列，单击列名称旁边的 x 符号，可以删除；同样，对于未选定的列，也可拖拽将其拉入组标题中。如图所示。

动态树表格

listprice x　成本

| 产品 | 单价 | 成本 | 备注 | 状态 |
|---|---|---|---|---|
| 16.5 | | | | |
| FI-SW-0 | 16.5 | 10 | Large | P |
| 18.5 | | | | |
| K9-DL-0 | 18.5 | 12 | Spotted Adult Female | P |
| RP-SN-0 | 18.5 | 12 | Venomless | P |
| RP-LI-0 | 18.5 | 12 | Green Adult | P |
| RP-SN-0 | 18.5 | 12 | Rattleless | P |

当被拖拽的列标题显示绿色的 ok 图标时，松开鼠标即可选定，表中数据自动按新选定的列重新生成树形表格。

### 7.3.3　新增事件

本扩展功能事件基于 datagrid，以下是新增事件。

| 事件名 | 参数 | 描述 |
| --- | --- | --- |
| onBeforeDragColumn | field | 拖拽列之前触发，返回 false 取消该动作 |
| onStartDragColumn | field | 拖拽列时触发，返回 false 取消该动作 |
| onStopDragColumn | field | 停止拖拽列时触发，返回 false 取消该动作 |
| onBeforeDropColumn | toField, fromField, point | 放置列之前触发，返回 false 取消该动作 |
| onDropColumn | toField, fromField, point | 放置列时触发，返回 false 时取消该动作 |

其中，最后两个事件的参数意思分别如下。

toField：放置的目标列。

fromField：来源列。

point：指明放置位置。可用值：before 或 after，也就是放在目标列的前面还是后面。

## 7.4　datagrid-dnd（可拖放行的数据表格）

本扩展实现的功能就是数据行的可拖、可放，需引用的文件名为 datagrid-dnd.js。

仍以之前的代码为例：

```
$('#dg').datagrid({
    title:'数据行拖动',
    width:500,
    fitColumns:true,
    data: //这里是本地静态数据，可以是数组，也可以是对象（具体数据内容请查看源代码）
    singleSelect:true,
    columns:[[
        …显示列与之前代码相同，此处略…
    ]],
}).datagrid('enableDnd');
```

使用了扩展的 enableDnd 方法后，表格中的数据行就可以拖动了。如图所示。

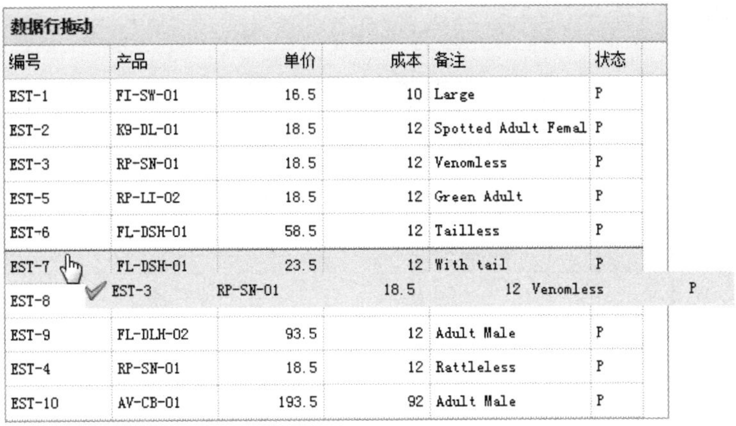

数据行拖动

| 编号 | 产品 | 单价 | 成本 | 备注 | 状态 |
|---|---|---|---|---|---|
| EST-1 | FI-SW-01 | 16.5 | 10 | Large | P |
| EST-2 | K9-DL-01 | 18.5 | 12 | Spotted Adult Femal | P |
| EST-3 | RP-SN-01 | 18.5 | 12 | Venomless | P |
| EST-5 | RP-LI-02 | 18.5 | 12 | Green Adult | P |
| EST-6 | FL-DSH-01 | 58.5 | 12 | Tailless | P |
| EST-7 | FL-DSH-01 | 23.5 | 12 | With tail | P |
| EST-8 | | | | | |
| EST-9 | FL-DLH-02 | 93.5 | 12 | Adult Male | P |
| EST-4 | RP-SN-01 | 18.5 | 12 | Rattleless | P |
| EST-10 | AV-CB-01 | 193.5 | 92 | Adult Male | P |

EST-3 RP-SN-01 18.5 12 Venomless P

按住第 3 行数据的任意位置，可在表格中自由拖动；一旦松开鼠标，数据行将放置在当前红线所示的位置。

请注意，上述使用 enableDnd 的方法，仅在静态数据中有效。如果使用 url 或 loader 方式加载数据，该方法应该放在数据表格的 onLoadSuccess 事件中，也就是只要加载数据完成，就启用该方法。示例代码如下：

```
onLoadSuccess:function(){
    $(this).datagrid('enableDnd');
}
```

此种写法不论对本地数据还是远程数据都有效！

## 7.4.1 新增属性

| 事件名 | 参数 | 描述 | 默认值 |
|---|---|---|---|
| dropAccept | selector | 允许被拖拽的数据行 | tr.datagrid-row |
| dragSelection | boolean | 是否允许拖拽所有选中行 | false |

## 7.4.2 新增方法

| 方法名 | 参数 | 描述 |
|---|---|---|
| enableDnd | index | 启用拖放行功能 |

其中，index 参数用于指定拖放行。该参数省略时，将启用所有行的拖放功能。例如：

```
$('#dg').datagrid('enableDnd', 1);  // 启用第2行的拖放
$('#dg').datagrid('enableDnd');     // 启用所有行的拖放
```

### 7.4.3　新增事件

| 事件名 | 参数 | 描述 |
|---|---|---|
| onBeforeDrag | row | 行拖动之前触发，返回 false 取消拖动 |
| onStartDrag | row | 拖动行时触发 |
| onStopDrag | row | 停止拖动行时触发 |
| onDragEnter | targetRow, sourceRow | 进入目标行时触发，返回 false 取消拖动 |
| onDragOver | targetRow, sourceRow | 经过目标行时触发，返回 false 取消拖动 |
| onDragLeave | targetRow, sourceRow | 离开目标行时触发 |
| onBeforeDrop | targetRow,sourceRow,point | 放置行之前触发，返回 false 取消放置 |
| onDrop | targetRow,sourceRow,point | 放置行时触发 |

其中，最后两个事件的参数意思分别如下。

targetRow：目标行。

sourceRow：被拖动的原始行。

point：指明放置位置。可用值：top 或 bottom，也就是放在目标行的上面还是下面。

## 7.5　treegrid-dnd（可拖放行的树形表格）

本扩展实现的功能是树形表格中的数据行可拖、可放，它和 datagrid-dnd 功能非常相似，只是这里换成了树节点而已。虽然拖动的是节点，可一旦放置将移动整行数据。

需引用的文件名为 treegrid-dnd.js。

示例代码如下：

```
$('#dg').treegrid({
    title:'树节点拖动',
    width:500,
    fitColumns:true,
    data:{rows:[
        {id:1,text:'江苏省',iconCls:'icon-save'},
        {id:2,text:'南京市',iconCls:'icon-open',bj:0,_parentId:1},
        {id:3,text:'苏州市',bj:1,_parentId:1},
        {id:4,text:'浙江省',bj:0}
    ]},
    columns:[[
        {field:'id',title:'编号',width:100},
        {field:'text',title:'省市',width:100},
        {field:'bj',title:'标识',width:100,align:'right'},
```

```
        ]],
        idField:'id',
        treeField:'text',
    }).treegrid('enableDnd');
```

以上代码的重点在于最后的 enableDnd 方法。运行效果如图所示。

请注意拖动到目标节点时的状态：如果目标节点样式为红色边框，则被拖动的节点会自动作为该节点的下级节点。如上图，这时如果停止拖动，则“南京市”就变为“浙江省”的下级节点；如果目标节点的样式为一条完整的红线，则被拖动的节点自动变为该节点的同级节点。如图所示。

此时如果停止拖动，则“浙江省”就变为“苏州市”的同级节点，相当于是“江苏省”的下级节点。

**注意**

拖放节点时， 其对应的整行数据及下级节点都会同时跟着移动到新位置。

和 datagrid-dnd 一样，上述代码的写法仅适用于本地静态数据，如果是 url 或 loader 数据加载方式就无效了。因此，更完美的做法是将 enableDnd 方法写在 onLoadSuccess 事件中。例如：

```
    onLoadSuccess:function(){
        $(this).treegrid('enableDnd');
    }
```

## 7.5.1 新增属性

| 事件名 | 参数 | 描述 | 默认值 |
|---|---|---|---|
| dropAccept | selector | 允许被拖拽的节点行 | tr[node-id] |

和 datagrid-dnd 相比，这里少增加一个 dragSelection 属性。

### 7.5.2　新增方法

| 方法名 | 参数 | 描述 |
| --- | --- | --- |
| enableDnd | id | 启用拖放功能 |

和 datagrid-dnd 不同的是，这里的参数为节点 id，而 datagrid 中是数据行 index；相同的是，该参数都可以省略，省略时将启用所有行节点的拖放功能。

例如，上述 onLoadSuccess 事件还可以写得更完美一些，代码如下：

```
onLoadSuccess: function(row){
    $(this).treegrid('enableDnd', row ? row.id : null);
}
```

### 7.5.3　新增事件

本扩展的新增事件和 datagrid-dnd 完全一样，都是 8 个；但 onBeforeDrop 和 onDrop 中的 point 参数可选值略有变化。在 datagrid-dnd 中，point 参数的可选值只有两个：top 或 bottom。本扩展则扩大到 3 个：top、bottom 或 append。

## 7.6　datagrid-filter（可过滤行的数据表格）

本扩展实现的功能是数据表格的行过滤，需引用的文件名为：datagrid-filter.js。

仍然以之前的 datagrid 代码为例：

```
$('#dg').datagrid({
    title:'行数据过滤',
    width:500,
    fitColumns:true,
    url:'test.json',
    columns:[[
        …显示列与之前代码相同，此处略…
    ]],
}).datagrid('enableFilter')
```

运行效果如图所示。

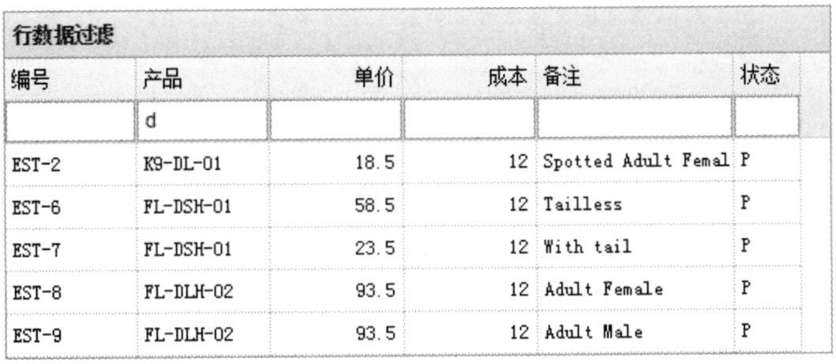

行数据过滤

| 编号 | 产品 | 单价 | 成本 | 备注 | 状态 |
|---|---|---|---|---|---|
| | d | | | | |
| EST-2 | K9-DL-01 | 18.5 | 12 | Spotted Adult Femal | P |
| EST-6 | FL-DSH-01 | 58.5 | 12 | Tailless | P |
| EST-7 | FL-DSH-01 | 23.5 | 12 | With tail | P |
| EST-8 | FL-DLH-02 | 93.5 | 12 | Adult Female | P |
| EST-9 | FL-DLH-02 | 93.5 | 12 | Adult Male | P |

本扩展的默认过滤器为 contains，也就是只要有包含的内容就会被过滤出来。如上图，在产品列输入 p，那么过滤出来的就是该列所有包含 p 的数据记录；如果在“单价”列再输入 18，则过滤出来的数据只有 1 行。

## 7.6.1 新增属性

| 属性名 | 值类型 | 描述 | 默认值 |
|---|---|---|---|
| filterMenuIconCls | string | 过滤菜单项选择图标 | icon-ok |
| filterBtnIconCls | string | 过滤按钮图标 | icon-filter |
| filterBtnPosition | string | 过滤按钮位置。可选值：left、right | right |
| filterPosition | string | 过滤栏相对于列置。可选值：top、bottom | bottom |
| showFilterBar | boolean | 是否显示过滤栏 | true |
| filterDelay | number | 延迟过滤时间 | 400 |
| filterMatchingType | string | 匹配全部或部分过滤器。可选值：all、any | all |
| defaultFilterOperator | string | 默认过滤操作器 | contains |
| defaultFilterType | string | 默认过滤类型 | text |
| defaultFilterOptions | object | 默认过滤设置选项 | |
| filterRules | array | 过滤规则。每个规则都有以下属性：field、op、value | [] |
| remoteFilter | boolean | 是否启用远程过滤 | false |
| filterStringify | function | 把过滤规则字符串化的函数 | |
| val | function | 检索行的字段值，以匹配过滤规则 | |

例如，在上述 datagrid 代码中添加以下属性：

```
defaultFilterType: 'textbox',          //支持各种常见类型，具体请参考数据表格中的列编辑器
defaultFilterOptions:{
    prompt:'请输入...'
},
```

```
filterRules: [{        //这里可设置多个过滤规则
    field: 'itemid',
    op: 'equal',
    value: 'EST-1'
}],
```

运行效果如图所示。

| 行数据过滤 | | | | | |
|---|---|---|---|---|---|
| 编号 | 产品 | 单价 | 成本 | 备注 | 状态 |
| EST-1 | 请输入... | 请输入... | 请输入... | 请输入... | 请输入 |
| EST-1 | FI-SW-01 | 16.5 | 10 | Large | P |

很显然，符合设定过滤规则的记录只有一条。

**注意**

当启用远程过滤时，filterRules 参数将被发送到远程服务器，而 filterRules 的值是从 filterStringify 函数获取的返回值。如：

```
function(data){
    return JSON.stringify(data);
}
```

最后的 val 是最新版本新增的属性，用于检索行的字段值，以匹配过滤规则。例如：

```
function(row, field, formattedValue){
    return formattedValue || row[field];
}
```

## 7.6.2　新增方法

| 方法名 | 参数 | 描述 |
|---|---|---|
| enableFilter | filters | 创建并启用过滤功能 |
| disableFilter | none | 禁用过滤功能 |
| destroyFilter | none | 销毁过滤栏 |
| getFilterRule | field | 获取指定列的过滤规则 |
| addFilterRule | param | 添加过滤规则，参数必须包含 field、op 和 value |
| removeFilterRule | field | 删除过滤规则。如果参数未指定，将删除所有过滤规则 |
| doFilter | none | 按照设定好的过滤规则执行过滤 |

续表

| 方法名 | 参数 | 描述 |
|---|---|---|
| getFilterComponent | field | 获取指定字段的过滤器组件 |
| resizeFilter | field | 调整过滤器大小 |

其中，enableFilter 方法中的 filters 参数是一个过滤器配置数组，这里的每个参数对象都应包含以下属性。

- field：字段名。
- type：过滤类型。可用值有 lable、text、textarea、checkbox 等，具体可参考数据表格的列编辑器。
- options：过滤类型参数。这里的参数与所使用的过滤类型密切相关。
- op：过滤条件，可用值有：contains（包含）、equal（等于）、notequal（不等于）、beginwith（开始为）、endwith（结束为）、less（小于）、lessorequal（小于等于）、greater（大于）、greaterorequal（大于等于）。

例如以下代码：

```
.datagrid('enableFilter',[{
    field:'listprice',              //设置单价列的过滤器
    type:'numberbox',
    options:{precision:1},
    op:['equal']
},{
    field:'unitcost',               //设置成本列的过滤器
    type:'numberbox',
    options:{precision:1},
    op:['equal','notequal','less','greater']
},{
    field:'status',                 //设置状态列的过滤器
    type:'combobox',
    options:{
        panelHeight:'auto',
        data:[{value:'',text:'All'},{value:'P',text:'P'},{value:'N',text:'N'}],
        onChange:function(value){
            if (value == ''){
                $('#dg').datagrid('removeFilterRule', 'status');
            } else {
                $('#dg').datagrid('addFilterRule', {
                    field: 'status',
                    op: 'equal',
                    value: value
                });
            }
```

```
                $('#dg').datagrid('doFilter');
            }
        }
    }]);
```

运行效果如图所示（由于状态列没有设置 op 属性，因而该列就没有生成过滤器按钮）。

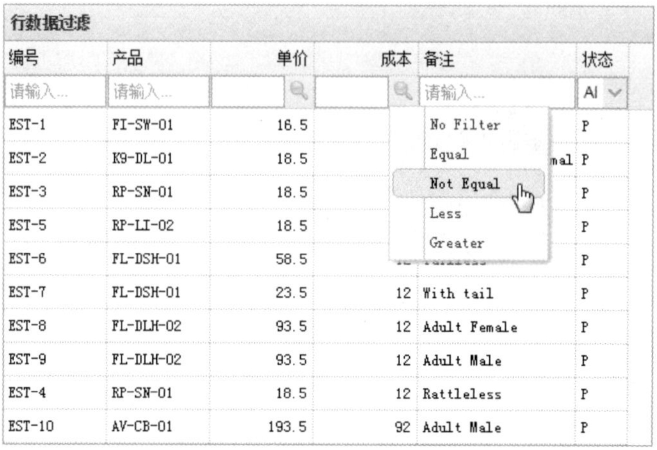

行数据过滤

| 编号 | 产品 | 单价 | 成本 | 备注 | 状态 |
| --- | --- | --- | --- | --- | --- |
| 请输入... | 请输入... | | | 请输入... | All |
| EST-1 | FI-SW-01 | 16.5 | | | P |
| EST-2 | K9-DL-01 | 18.5 | | mal | P |
| EST-3 | RP-SN-01 | 18.5 | | | P |
| EST-5 | RP-LI-02 | 18.5 | | | P |
| EST-6 | FL-DSH-01 | 58.5 | | | P |
| EST-7 | FL-DSH-01 | 23.5 | 12 | With tail | P |
| EST-8 | FL-DLH-02 | 93.5 | 12 | Adult Female | P |
| EST-9 | FL-DLH-02 | 93.5 | 12 | Adult Male | P |
| EST-4 | RP-SN-01 | 18.5 | 12 | Rattleless | P |
| EST-10 | AV-CB-01 | 193.5 | 92 | Adult Male | P |

No Filter
Equal
Not Equal
Less
Greater

虽然状态列没有设置 op 过滤条件，但它却使用 combobox 中的相关参数变相实现了过滤效果，这里用到的 panelHeight、data、onChange 都是 combobox 组件中的成员。其中，data 属性可改用 url 直接读取远程数据库中的内容。

另外两列都设置了 op 过滤条件，因而会生成过滤按钮，单击该按钮，会显示设置的过滤菜单。该菜单默认是英文的，可通过修改 datagrid-filter.js 源代码文件中的菜单文本将其显示为中文。

修改方法为，搜索该文件中的字符串：$.fn.datagrid.defaults.operators。将这个属性里的所有 text 改成需要的中文信息即可（本实例压缩包提供的 JS 文件已经修改）。如图所示。

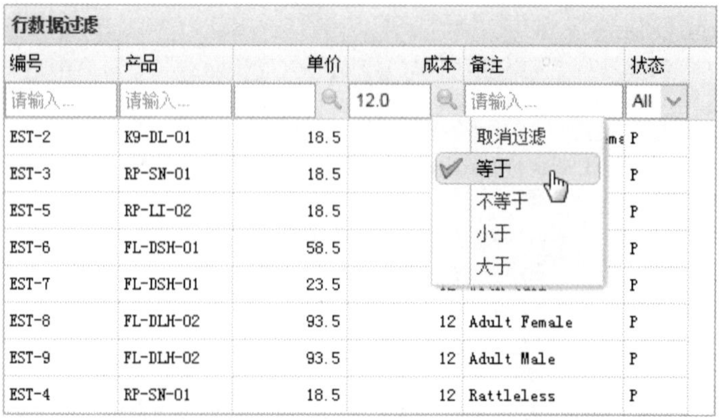

行数据过滤

| 编号 | 产品 | 单价 | 成本 | 备注 | 状态 |
| --- | --- | --- | --- | --- | --- |
| 请输入... | 请输入... | | 12.0 | 请输入... | All |
| EST-2 | K9-DL-01 | 18.5 | | ma | P |
| EST-3 | RP-SN-01 | 18.5 | | | P |
| EST-5 | RP-LI-02 | 18.5 | | | P |
| EST-6 | FL-DSH-01 | 58.5 | | | P |
| EST-7 | FL-DSH-01 | 23.5 | | | P |
| EST-8 | FL-DLH-02 | 93.5 | 12 | Adult Female | P |
| EST-9 | FL-DLH-02 | 93.5 | 12 | Adult Male | P |
| EST-4 | RP-SN-01 | 18.5 | 12 | Rattleless | P |

取消过滤
等于
不等于
小于
大于

### 7.6.3 新增事件

| 事件名 | 参数 | 描述 |
|---|---|---|
| onClickMenu | item,button,field | 单击菜单项的时候触发，返回 false 取消该动作 |

其中，参数 item 表示单击的菜单项；button 表示绑定到过滤器的过滤按钮；field 表示字段名。

## 7.7 datagrid-view（数据表格视图）

关于数据表格视图方面的扩展，具体有 4 种，分别是：DetailView（详细视图）、GroupView（分组视图）、BufferView（缓存视图）和 ScrollView（滚动视图）。

### 7.7.1 DetailView（详细视图）

该扩展需要引用的文件为 datagrid-detailview.js。

仍以之前的数据表格举例，代码如下：

```
$('#dg').datagrid({
    title:'详细数据表格',
    width:500,
    fitColumns:true,
    url:'test.json',
    singleSelect:true,
    columns:[[
        …显示列与之前代码相同，此处略…
    ]],
    view: detailview,
    detailFormatter: function(index, row){
        return '<table><tr>' +
            '<td rowspan=2 style="border:0">' +
                '<img src="images/' + row.itemid + '.png" style="height:50px;">' +
            '</td>' +
            '<td style="border:0">' +
                '<p>备注说明： ' + row.attr + '</p>' +
                '<p>目前状态：： ' + row.status + '</p>' +
            '</td>' +
            '</tr></table>';
    }
})
```

上述代码的关键在于两个属性：首先 view 必须指定为 detailview，然后再设置 detailFormatter 属性，用于返回需要详细展示的内容。本示例返回的其实是一个 table 元素，这个元素只有一行（tr），这一行有两个单元格（td）：一个单元格显示图片，另外一个单元格显示两行文字。

运行效果如图所示。

详细数据表格

| | 编号 | 产品 | 单价 | 成本 | 备注 | 状态 |
|---|---|---|---|---|---|---|
| + | EST-1 | FI-SW-01 | 16.5 | 10 | Large | P |
| − | EST-2 | K9-DL-01 | 18.5 | 12 | Spotted Adult Fema | P |
| | 备注说明：Spotted Adult Female<br>目前状态：: P | | | | | |
| + | EST-3 | RP-SN-01 | 18.5 | 12 | Venomless | P |
| − | EST-5 | RP-LI-02 | 18.5 | 12 | Green Adult | P |
| | 备注说明：Green Adult<br>目前状态：: P | | | | | |
| + | EST-6 | FL-DSH-01 | 58.5 | 12 | Tailless | P |
| + | EST-7 | FL-DSH-01 | 23.5 | 12 | With tail | P |
| + | EST-8 | FL-DLH-02 | 93.5 | 12 | Adult Female | P |
| − | EST-9 | FL-DLH-02 | 93.5 | 12 | Adult Male | P |
| | 备注说明：Adult Male<br>目前状态：: P | | | | | |
| + | EST-4 | RP-SN-01 | 18.5 | 12 | Rattleless | P |
| + | EST-10 | AV-CB-01 | 193.5 | 92 | Adult Male | P |

## ❶ 新增属性

| 属性名 | 值类型 | 描述 | 默认值 |
|---|---|---|---|
| detailFormatter | function(index,row) | 返回数据行详细内容 | |
| autoUpdateDetail | boolean | 更新行时是否同步更新详细内容 | true |

## ❷ 新增方法

| 方法名 | 参数 | 描述 |
|---|---|---|
| fixDetailRowHeight | index | 修复明细行高度 |
| getExpander | index | 获取行展开对象 |
| getRowDetail | index | 获取明细内容 |
| expandRow | index | 展开行 |
| collapseRow | index | 折叠行 |

续表

| 方法名 | 参数 | 描述 |
| --- | --- | --- |
| subgrid | conf | 创建关联子表格 |
| getSelfGrid | none | 获取自我 datagrid 对象 |
| getParentGrid | none | 获取父级 datagrid 对象 |
| getParentRowIndex | none | 获取父行索引 |

其中，subgrid 方法最为常用，它可用来创建一个嵌套的关联子表格。参数 conf 有如下两个属性。

- options：定义数据表格的展现方式。对于子表格 options 对象，会多一个 foreignField 属性，该属性的值会被发送到服务器用于进行数据查询。
- subgrid：继续用于创建下级嵌套子表格。

当使用 subgrid 方法时，datagrid 初始可以不用加载任何数据，改用 subgrid 方法加载。

例如以下代码：

```
$('#dg').datagrid({                    //表格初始仅设置标题和宽高
    title:'详细数据表格',
    width:500,
    height:300
}).datagrid('subgrid',{
    options:{                          //第1级的options相当于生成主表
        fitColumns:true,
        url:'test.json',
        columns:[[
            …显示列与之前代码相同，此处略…
        ]],
    },
    subgrid:{                          //生成子表
        options:{                      //第2级的options就是关联表
            fitColumns:true,
            foreignField:'itemid',    //关联字段，可发送到服务器获取数据
            columns:[[
                {field:'orderdate',title:'订单日期',width:200},
                {field:'shippeddate',title:'发货日期',width:200},
                {field:'freight',title:'运费',width:200,align:'right'}
            ]],
            data:[                           //数据可通过url或loader远程获取
                {orderdate:'2012-08-23',shippeddate:'2012-10-25',freight:9734},
                {orderdate:'2012-09-08',shippeddate:'2012-11-20',freight:6865},
                {orderdate:'2012-11-23',shippeddate:'2012-12-25',freight:8200},
                {orderdate:'2013-05-04',shippeddate:'2013-07-09',freight:9965}
```

```
                ]
            },                          //如果想继续嵌套其它子表，可以在这后面接着再设subgrid
        }
    });
```

运行效果如图所示。

详细数据表格

| | 编号 | 产品 | 单价 | 成本 | 备注 | 状态 |
|---|---|---|---|---|---|---|
| ✚ | EST-1 | FI-SW-01 | 16.5 | 10 | Large | P |
| ▭ | EST-2 | K9-DL-01 | 18.5 | 12 | Spotted Adult Fema | P |

| 订单日期 | 发货日期 | 运费 |
|---|---|---|
| 2012-08-23 | 2012-10-25 | 9734 |
| 2012-09-08 | 2012-11-20 | 6865 |
| 2012-11-23 | 2012-12-25 | 8200 |
| 2013-05-04 | 2013-07-09 | 9965 |

| | 编号 | 产品 | 单价 | 成本 | 备注 | 状态 |
|---|---|---|---|---|---|---|
| ✚ | EST-3 | RP-SN-01 | 18.5 | 12 | Venomless | P |
| ✚ | EST-5 | RP-LI-02 | 18.5 | 12 | Green Adult | P |
| ✚ | EST-6 | FL-DSH-01 | 58.5 | 12 | Tailless | P |

以上代码仅仅是完成了两个表的关联。如果想在子表下面继续关联查询其他表，可以继续设置subgrid。如下图就完成了4级表格的数据关联（详细代码略，具体请查询源码文件）。

详细数据表格

| | 编号 | 产品 | 单价 | 成本 | 备注 | 状态 |
|---|---|---|---|---|---|---|
| ✚ | EST-1 | FI-SW-01 | 16.5 | 10 | Large | P |
| ▭ | EST-2 | K9-DL-01 | 18.5 | 12 | Spotted Adult Fema | P |

| | 订单日期 | 发货日期 | 运费 |
|---|---|---|---|
| ✚ | 2012-08-23 | 2012-10-25 | 9734 |
| ▭ | 2012-09-08 | 2012-11-20 | 6865 |

| | 单价 | 数量 | 扣率 |
|---|---|---|---|
| ▭ | 923 | 2312 | 20% |

| 产品编号 | 产品名称 | 供应商 |
|---|---|---|
| 00100823 | Canon PowerShot A1 | Canon |
| 12023423 | Cisco RV110W-A-NA- | Cisco |
| 82312393 | Nikon COOLPIX L26 | Nikon |

| | 订单日期 | 发货日期 | 运费 |
|---|---|---|---|
| ✚ | 2012-11-23 | 2012-12-25 | 8200 |
| ✚ | 2013-05-04 | 2013-07-09 | 9965 |

| | 编号 | 产品 | 单价 | 成本 | 备注 | 状态 |
|---|---|---|---|---|---|---|
| ✚ | EST-3 | RP-SN-01 | 18.5 | 12 | Venomless | P |
| ✚ | EST-5 | RP-LI-02 | 18.5 | 12 | Green Adult | P |
| ✚ | EST-6 | FL-DSH-01 | 58.5 | 12 | Tailless | P |
| ✚ | EST-7 | FL-DSH-01 | 23.5 | 12 | With tail | P |

虽然理论上可以这样一直嵌套下去，但在实际项目开发中应以不超过3级为宜。

### ❸ 新增事件

| 事件名 | 参数 | 描述 |
| --- | --- | --- |
| onExpandRow | index,row | 展开行时触发 |
| onCollapseRow | index,row | 折叠行时触发 |

## 7.7.2 GroupView（分组视图）

该扩展需要引用的文件为 datagrid-groupview.js。

例如以下代码：

```
$('#dg').datagrid({
    title:'分组数据表格',
    width:500,
    fitColumns:true,
    url:'test.json',
    columns:[[
        …显示列与之前代码相同，此处略…
    ]],
    view: groupview,                    //view属性必须指定为groupview
    groupField:'productid',
    groupFormatter:function(value, rows){
        return value + '（共' + rows.length + '项）';
    },
    groupStyler:function(value,rows){
        if (value == 'RP-SN-01'){
            return 'background-color:#6293BB;color:#fff';
        }
    }
})
```

运行效果如图所示。

分组数据表格

| 编号 | 产品 | 单价 | 成本 | 备注 | 状态 |
| --- | --- | --- | --- | --- | --- |
| ⊕ FI-SW-01（共1项） | | | | | |
| ⊕ K9-DL-01（共1项） | | | | | |
| − RP-SN-01（共2项） | | | | | |
| EST-3 | RP-SN-01 | 18.5 | 12 | Venomless | P |
| EST-4 | RP-SN-01 | 18.5 | 12 | Rattleless | P |
| ⊕ RP-LI-02（共1项） | | | | | |
| ⊕ FL-DSH-01（共2项） | | | | | |
| ⊕ FL-DLH-02（共2项） | | | | | |
| ⊕ AV-CB-01（共1项） | | | | | |

上述代码中，groupField、groupFormatter 和 groupStyler 是新增的 3 个属性，分别用于指定分组列、格式化分组行内容、设定分组行样式。

其中，groupStyler 中的返回样式也可以采用这种写法，具体如下：

```
if (value == 'RP-SN-01'){
    return {
        class:'r1',
        style:{'color':'#fff'}
    };
}
```

该扩展新增属性和方法如下表。

| | 属性名 | 值类型 | 描述 |
|---|---|---|---|
| 新增属性 | groupField | string | 分组字段 |
| | groupFormatter | function(value,rows) | 返回格式化的分组内容。其中：<br>value 表示分组值；<br>rows 表示分组内的数据行 |
| | groupStyler | function(value,rows) | 返回分组行样式 |
| 新增方法 | 方法名 | 参数 | 描述 |
| | expandGroup | groupIndex | 展开分组 |
| | collapseGroup | groupIndex | 折叠分组 |
| | scrollToGroup | groupIndex | 滚动分组 |

### 7.7.3　BufferView（缓存视图）

该扩展用于在不分页的情况下以缓存方式加载，显示海量数据。

使用该功能需要引用的文件名为 datagrid-bufferview.js。

此功能仅仅是改变表格数据的加载显示方式，没有其他任何的新增属性、方法或事件。

例如，我们先用以下代码生成一个包含 8 万条数据记录的数组变量：

```
var rows = [];
for(var i=1; i<=80000; i++){
    var amount = Math.floor(Math.random()*1000);
    var price = Math.floor(Math.random()*1000);
    rows.push({
        inv: 'No '+i,
        date: $.fn.datebox.defaults.formatter(new Date()),
```

```
            amount: amount,
            price: price,
            cost: amount*price
        });
    }
```

海量数据生成之后，在 datagrid 中使用此数据，代码如下：

```
    $('#dg').datagrid({
        title:'数据表格缓存视图',
        width:500,
        height:250,    //必须设置高度，否则缓存功能无效
        fitColumns:true,
        rownumbers:true,
        singleSelect:true,
        pageSize:50,       //每次缓存并显示50条数据
        data:rows,
        columns:[[
            {field:'inv',title:'编号',width:100},
            {field:'date',title:'日期',width:100},
            {field:'amount',title:'数量',width:100,align:'right'},
            {field:'price',title:'单价',width:100,align:'right'},
            {field:'cost',title:'花费',width:100,align:'right'}
        ]],
        view:bufferview
    });
```

以上代码中，如果不指定 view 属性为 bufferview，经测试大概需要 15 分钟左右才能显示表格数据，而且在表格中浏览数据时卡顿得非常厉害，根本无法正常使用；而一旦指定 view 属性为 bufferview，则所有的这些问题都不复存在，数据加载效果可谓有着天壤之别，这就是缓存视图的作用。

当使用缓存视图时，每次将数据滚动到最后一行，都会自动加载下一批指定条数的数据（具体条数由 pageSize 属性指定）。因此，无需担心海量数据导致的运行卡顿问题。如图所示。

数据表格缓存视图

| | 编号 | 日期 | 数量 | 单价 | 花费 |
|---|---|---|---|---|---|
| 293 | No 293 | 2017-07-23 | 389 | 434 | 168826 |
| 294 | No 294 | 2017-07-23 | 837 | 624 | 522288 |
| 295 | No 295 | 2017-07-23 | 946 | 188 | 177848 |
| 296 | No 296 | 2017-07-23 | 142 | 861 | 122262 |
| 297 | No 297 | 2017-07-23 | 85 | 138 | 11730 |
| 298 | No 298 | 2017-07-23 | 551 | 514 | 283214 |
| 299 | No 299 | 2017-07-23 | 868 | 442 | 383656 |
| 300 | No 300 | 2017-07-23 | 716 | 754 | 539864 |

## 7.7.4　ScrollView（滚动视图）

该扩展的作用和 BufferView 相同，都是用于在不分页的情况下加载显示海量数据。和缓存视图相比，滚动视图功能更加强大，运行效果更加流畅。缓存视图每次浏览到最后一条记录时，只能自动缓存加载下一批数据（如果想查看海量数据中的某条记录就会比较麻烦）；而滚动视图不存在这个问题，可以拖拽滚动条迅速定位到需要的数据位置。

仍以上面的代码为例，只需将 view 属性改成 scrollview 即可，其他代码不变。运行效果如图所示。

数据表格滚动视图

| | 编号 | 日期 | 数量 | 单价 | 花费 |
|---|---|---|---|---|---|
| 79993 | No 79993 | 2017-07-23 | 101 | 691 | 69791 |
| 79994 | No 79994 | 2017-07-23 | 286 | 854 | 244244 |
| 79995 | No 79995 | 2017-07-23 | 841 | 966 | 812406 |
| 79996 | No 79996 | 2017-07-23 | 474 | 652 | 309048 |
| 79997 | No 79997 | 2017-07-23 | 232 | 24 | 5568 |
| 79998 | No 79998 | 2017-07-23 | 903 | 692 | 624876 |
| 79999 | No 79999 | 2017-07-23 | 205 | 116 | 23780 |
| 80000 | No 80000 | 2017-07-23 | 330 | 238 | 78540 |

拖动滚动条，很轻易地就将数据滚动到了 8 万条数据的最后一条！

除此之外，滚动视图还支持 detail 详细数据展示。例如，我们再增加以下代码：

```
$('#dg').datagrid({
    title:'数据表格滚动视图',
    width:500,
    …此部分代码与前同，此处略…
    view:scrollview,
    detailFormatter: function(index,row){
        return '<table style="margin-top:10px">' +
        '<caption style="text-decoration:underline;color:red">数据详细说明</caption>'+
            '<tr>' +
                '<td style="border:0;padding-right:80px">' +
                    '<p>编号: ' + row.inv + '</p>' +
                    '<p>日期: ' + row.date + '</p>' +
                '</td>' +
                '<td style="border:0">' +
                    '<p>数量: ' + row.amount + '     单价: ' + row.price + '</p>' +
                    '<p>花费: ' + row.cost + '</p>' +
                '</td>' +
            '</tr>' +
        '</table>';
    }
});
```

这里的 detailFormatter 属性设置方法与 DetailView 扩展中的同名属性一致。运行效果如图所示。

数据表格滚动视图

| | | 编号 | 日期 | 数量 | 单价 | 花费 |
|---|---|---|---|---|---|---|
| 117 | ✚ | No 117 | 2017-07-23 | 943 | 109 | 102787 |
| 118 | ▭ | No 118 | 2017-07-23 | 695 | 834 | 579630 |
| | | 数据详细说明<br>编号：No 118 数量：695 单价：834<br>日期：2017-07-23 花费：579630 | | | | |
| 119 | ✚ | No 119 | 2017-07-23 | 470 | 274 | 128780 |
| 120 | ✚ | No 120 | 2017-07-23 | 786 | 103 | 80958 |

为方便滚动视图操作，该扩展新增了以下几个方法。

<table>
<tr><th>方法名</th><th>参数</th><th>描述</th></tr>
<tr><td>getExpander</td><td>index</td><td>获取展开对象</td></tr>
<tr><td>getRowDetail</td><td>index</td><td>获取明细内容</td></tr>
<tr><td>expandRow</td><td>index</td><td>展开指定行</td></tr>
<tr><td>collapseRow</td><td>index</td><td>折叠指定行</td></tr>
<tr><td>fixDetailRowHeight</td><td>index</td><td>固定明细行行高</td></tr>
<tr><td>getRow</td><td>index</td><td>获取指定行数据</td></tr>
<tr><td>gotoPage</td><td>page</td><td>跳转到指定页面。例如：

```
$('#dg').datagrid('gotoPage', 8); // 跳转到第8页
$('#dg').datagrid('gotoPage',{    //跳转并执行回调函数
    page: 12,
    callback: function(page){
        console.log('已经跳转到: ' + page);
    }
});
```
</td></tr>
<tr><td>scrollTo</td><td>index</td><td>滚动视图到指定行。用法和 gotoPage 相同</td></tr>
</table>

## 7.8 pivotgrid（数据分析表格）

本功能扩展基于 treegrid。它和 edatagrid 一样，是一个独立的组件。

要使用该扩展功能，需引用的文件名为 jquery.pivotgrid.js。

例如，后台数据库中有一个名称为 order 的数据表，如图所示。

| 编号 | 产品 | 客户 | 雇员 | 单价 | 折扣 | 数量 | 日期 |
|---|---|---|---|---|---|---|---|
| 1 | PD05 | CS03 | EP04 | 17 | 0.1 | 650 | 1999-01-02 |
| 2 | PD02 | CS01 | EP01 | 20 | 0.1 | 400 | 1999-01-03 |
| 3 | PD05 | CS04 | EP02 | 17 | 0 | 320 | 1999-01-03 |
| 4 | PD01 | CS03 | EP04 | 18 | 0.15 | 80 | 1999-01-04 |
| 5 | PD03 | CS03 | EP04 | 10 | 0 | 490 | 1999-01-04 |
| 6 | PD04 | CS04 | EP05 | 17.6 | 0 | 240 | 1999-01-07 |
| 7 | PD05 | CS03 | EP04 | 17 | 0 | 160 | 1999-01-07 |
| 8 | PD01 | CS04 | EP05 | 14.4 | 0 | 200 | 1999-01-08 |
| 9 | PD03 | CS02 | EP02 | 8 | 0.1 | 200 | 1999-01-08 |
| 10 | PD01 | CS02 | EP01 | 18 | 0.2 | 800 | 1999-01-10 |
| 11 | PD01 | CS04 | EP02 | 14.4 | 0.05 | 500 | 1999-01-10 |
| 12 | PD03 | CS01 | EP04 | 8 | 0 | 300 | 1999-01-11 |
| 13 | PD04 | CS05 | EP04 | 22 | 0.05 | 500 | 1999-01-11 |
| 14 | PD04 | CS03 | EP04 | 22 | 0 | 30 | 1999-01-12 |
| 15 | PD02 | CS05 | EP04 | 19 | 0.1 | 200 | 1999-01-13 |
| 16 | PD01 | CS03 | EP04 | 14.4 | 0.25 | 200 | 1999-01-14 |
| 17 | PD02 | CS01 | EP04 | 15.2 | 0 | 100 | 1999-01-14 |
| 18 | PD02 | CS05 | EP04 | 15.2 | 0 | 400 | 1999-01-14 |
| 19 | PD05 | CS04 | EP03 | 21.35 | 0 | 50 | 1999-01-16 |
| 20 | PD02 | CS03 | EP01 | 15.2 | 0.1 | 200 | 1999-01-17 |

我们可以通过以下简单的几行 PHP 代码输出其内容（示例文件名为 test.php）:

```
$link = mysqli_connect('localhost','root','','test');
mysqli_set_charset($link,'utf8');
// 生成数据
$rs = mysqli_query($link,'select * from `order`');   //表名oder同时是关键字，必须用`
while($row = mysqli_fetch_assoc($rs)){
    $data[] = $row;
}
echo json_encode($data);
```

如果以此表数据作为源，可使用 pivotgrid 组件生成分析数据表。示例代码如下:

```
$('#dg').pivotgrid({
    title:'数据分析表格',
    width:600,
    height:300,
    rownumbers:true,
    url:'test.php',       //这里的url得到的仅是数据源
    pivot:{
        rows:['产品','客户'],        //指定纵向分组列
        columns:['雇员'],           //指定横向分组列
        values:[                     //指定统计项目
            {field:'单价',op:'max'},      //单价和折扣都统计最大值
            {field:'折扣',op:'max'},
```

```
            {field:'数量',op:'sum'}          //数量统计合计值
        ]
    },
    forzenColumnTitle:'<span style="font-weight:bold">产品/客户</span>', //纵向分组标题
    valueStyler:function(value,row,index){                //统计值字段单元格样式
        if (/数量$/.test(this.field) && value>300 && value<500){
            return 'background:#FE0202;color:white'
        }
    }
})
```

运行效果如图所示。

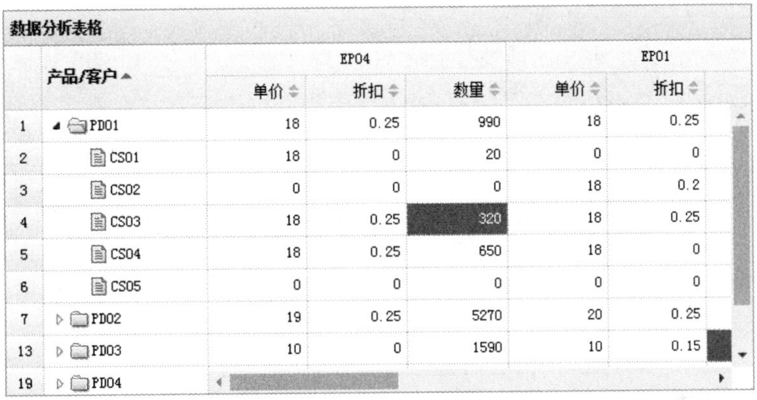

数据分析表格

| | 产品/客户 | EP04 | | | EP01 | |
|---|---|---|---|---|---|---|
| | | 单价 | 折扣 | 数量 | 单价 | 折扣 |
| 1 | PD01 | 18 | 0.25 | 990 | 18 | 0.25 |
| 2 | CS01 | 18 | 0 | 20 | 0 | 0 |
| 3 | CS02 | 0 | 0 | 0 | 18 | 0.2 |
| 4 | CS03 | 18 | 0.25 | 320 | 18 | 0.25 |
| 5 | CS04 | 18 | 0.25 | 650 | 18 | 0 |
| 6 | CS05 | 0 | 0 | 0 | 0 | 0 |
| 7 | PD02 | 19 | 0.25 | 5270 | 20 | 0.25 |
| 13 | PD03 | 10 | 0 | 1590 | 10 | 0.15 |
| 19 | PD04 | | | | | |

其中，所有列都自动加上了排序属性，单击任意列都可对分析结果重新进行排序。当设置的表格宽度不足以完整显示分析内容且 fitColumns 为 false 时，最左侧的树形节点列自动被冻结，从第 2 列开始的统计数据可左右拉动滚动条查看。

本组件扩展自 treegrid，以下是新增属性和方法。

## 7.8.1 新增属性

| 属性名 | 值类型 | 描述 | 默认值 |
|---|---|---|---|
| forzenColumnTitle | string | 最左侧的冻结列显示标题 | |
| valueFieldWidth | number | 值字段列宽度 | 80 |
| valuePrecision | number | 值字段数值精确度 | 0 |
| valueStyler | function | 值字段单元格样式函数 | |
| valueFormatter | function | 值字段单元格格式化函数 | |
| pivot | object | 数据分析表格配置 | |

续表

| 属性名 | 值类型 | 描述 | 默认值 |
| --- | --- | --- | --- |
| operators | object | 值字段的运算符，可用值：sum、count、max、min | sum |
| defaultOperator | string | 默认数据分析运算符 | |
| i18n | object | 国际化配置。该属性需和 layout 方法配合使用 | |

其中，最关键的就是 pivot 属性，该属性用于配置数据分析表格。它包含如下可配置项。

rows：数组，表格纵向展示的行，也就是纵向分组列。

columns：数组，表格横向展示的列，也就是横向分组列。

values：数组，显示在分析结果中的列值字段，也就是统计列。

以上 3 个配置项是最常用的，其用法请参考示例代码。除此之外，还有如下两个配置项。

filters：数组，表示数据过滤器。

filterRules：对象，表示过滤器规则。

这两种配置项很少使用，远不如在获取原始数据时直接用加载条件来的方便。

在使用 pivot 属性配置统计项目时，values 中用到的默认运算符为 sum，其他可选项还有 count、max 和 min。如果觉得这些不够用，可参考以下代码自行扩展 operators 属性：

```
$.extend($.fn.pivotgrid.defaults.operators, {
    sum: function(rows, field){
        var opts = $(this).pivotgrid('options');
        var v = 0;
        $.map(rows,function(row){
            v += parseFloat(row[field])||0;
        });
        return v.toFixed(opts.valuePrecision);
    }
});
```

以上代码实现的是 sum 操作。

假如需要增加平均数的操作，可以在上述代码 return 之前加上一行，代码如下：

```
v = v / rows.length;
```

这样即可得到平均数，然后重新命名（比如 avg），接着就能在 pivot 属性中使用这个新增的运算符了。

## 7.8.2 新增方法

| 方法名 | 参数 | 描述 |
| --- | --- | --- |
| options | none | 返回属性对象 |
| getData | none | 获取加载数据 |
| layout | none | 打开布局对话框，允许用户在运行时更改分析数据设置 |

例如，我们在页面文件中增加一个 a 标签，代码如下：

```
<a id="layout"></a>
```

然后在 JS 中对该标签进行 linkbutton 初始化，代码如下：

```
$('#layout').linkbutton({
    text:'修改配置',
    size:'large',
    iconCls:'icon-layout',
    iconAlign:'top',
    plain:false,
    onClick:function () {
        $('#dg').pivotgrid('layout')        //单击执行layout方法
    }
});
```

运行效果如图所示。

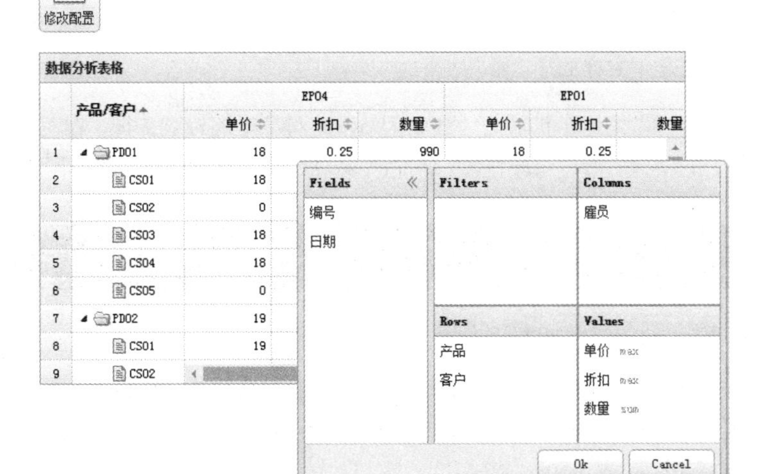

这里弹出的布局窗口中，显示的都是目前分析表中的设置。其中左侧的 Fields 表示数据源中暂未使用到的字段。假如只需纵向分组列，并按“产品”统计，可将“客户”列拖放到 Fields 区域：

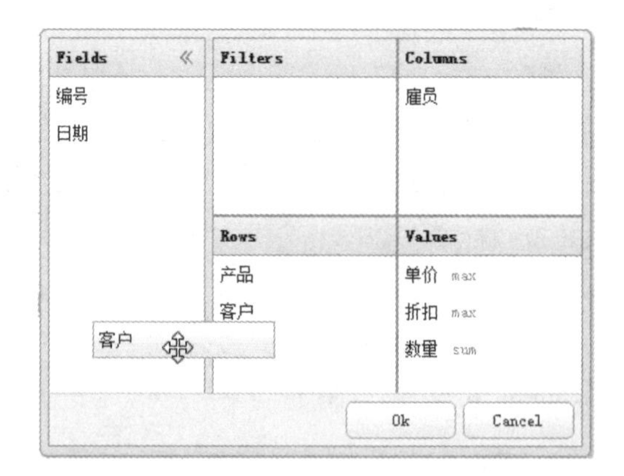


然后单击“OK”键，将重新按照“产品”列进行统计，这样就可在运行过程中动态修改数据分析配置并直接得到统计结果。

如果想将这个布局中的各个区域标题显示为中文，可使用 i18n 属性进行设置。例如：

```
i18n:{
    fields: '选择字段',
    filters: '过滤条件',
    rows: '纵向分组列',
    columns: '横向分组列',
    values:'统计项目',
    ok: '统计',
    cancel: '取消'
}
```

这样运行时就会显示为全中文界面了。

但我们不明白的是，官方做的这个扩展为什么要把 layout 对话框的标题去掉，没有了标题就不方便移动窗口。好在这些扩展模块给的都是源代码，我们可以直接修改 jquery.pivotgrid.js 文件，代码如下：

```
409    state.layoutDialog.dialog({
410        // noheader:true,              //原来是不显示标题的，现在给注释掉
411        title:'请修改统计项目设置',      //加上对话框标题
```

再次试运行，现在用起来就感觉方便很多。

这里还有个问题：本扩展组件 URL 属性加载的是原始数据，最后生成的却是树形统计结果。如果想获取分析数据，怎么处理？经测试，本组件的 getData 方法返回的就是原始数据；要得到分析数据，需使用 treegrid 中的 getRoot 或 getRoots 方法。

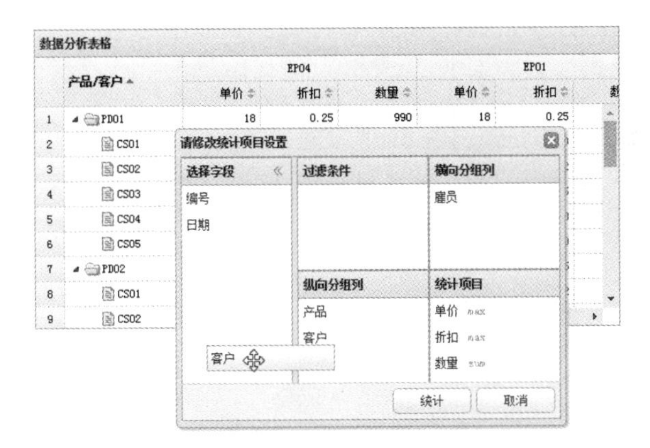


例如，现在想根据“EP04_单价”列生成分析图表，可以先在页面文件中引用相关的图表库插件（本示例引用的是百度 echarts），代码如下：

```
<script type="text/javascript" src="echarts.min.js"></script>
```

然后再在 body 中添加一个 a 标签，代码如下：

```
<a id="load"></a>
```

该标签 linkbutton 初始化代码如下：

```
$('#load').linkbutton({
    text:'生成图表',
    size:'large',
    iconCls:'icon-load',
    iconAlign:'top',
    plain:false,
    onClick:function () {
        var names = [];      //类别数组
        var nums = [];       //数值数组
        $.each($('#dg').pivotgrid('getRoots'),function () {
            names.push(this._tree_field);
            nums.push(this.EP04_单价);
        });
        //添加一个dom元素容器用来存放图表
        var p = $('<div/>').appendTo('body');
        p.dialog({
            title:'统计图表',
            width: 500,
            height:300
        });
        var myChart = echarts.init(p[0]);   //图表初始化
        var option = {
```

```
                legend: {
                    data:['单价']
                },
                xAxis: {
                    data: names
                },
                yAxis: {},
                series: [{
                    name: '单价',
                    type: 'line',
                    data: nums
                }]
            };
            myChart.setOption(option);
        }
    })
```

单击事件其实就是做了三件事。

第一，生成图表所需要的数据。

其中，names 用来保存 x 轴的标识数据，nums 用来保存生成图表的数据。这些数据通过 getRoots 方法获取，然后使用循环将其中的具体数据分别 push 到两个数组变量中。

第二，给 body 增加一个 DOM 元素，这是用来存放图表的容器。

该 DOM 元素使用 dialog 进行初始化，运行时将以对话框方式弹出。

第三，使用 echarts 生成图表。

关于该图表配置项的说明，请参考百度 http://echarts.baidu.com。

运行效果如图所示。

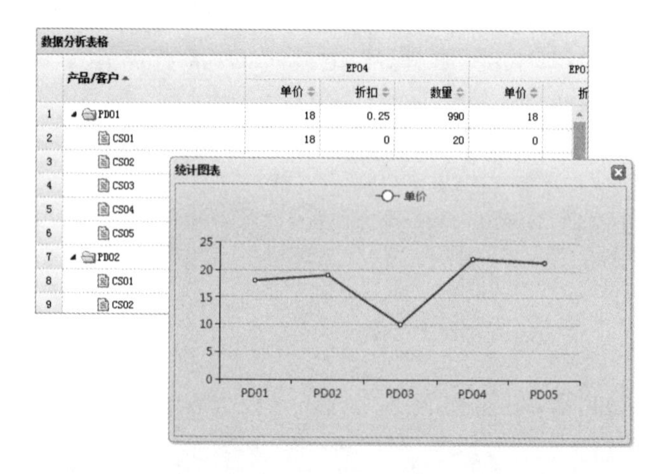

# 第8章　其他功能扩展

EasyUI 官方提供的扩展中，除了第 7 章和数据表格相关的一部分功能外，在其他方面也有一些扩展。现仅学习几个比较实用的扩展功能。

## 8.1　etree（可编辑树）

本扩展和 edatagrid 功能非常相似：edatagrid 用于生成可编辑的数据表格，而 etree 则用于生成可编辑的树，同样省去了使用 bedinEdit、endEdit 等方法的麻烦。

和 edatagrid 一样，etree 是一个独立的组件。要使用该扩展功能，需在页面中引用文件：jquery.etree.js。

例如，我们在页面文件的 body 中有以下代码：

```
<div id="p" style="padding: 6px">
    <ul id="tt"></ul>
</div>
```

其中，包裹在外面的 div 用于生成面板，里面的 ul 用于生成树。JS 代码如下：

```
$('#p').panel({
    width:160,
    height:200,
    title:'双击树节点编辑',
    tools:[{
        iconCls:'icon-edit',
        handler:function(){$('#tt').etree('edit')}    //执行etree的edit方法
    },{
        iconCls:'icon-remove',
        handler:function(){$('#tt').etree('destroy')}  //执行etree的destroy方法
    }],
});
$('#tt').etree({
    url: 'test.json',    //加载树
});
```

上述代码仅仅是在初始化 etree 时设置了 url 属性，其他都是设置的面板属性，生成的树双击即可进入编辑。运行效果如图所示。

单击面板上的编辑或销毁图标按钮，将分别执行 etree 中的 edit 或 destroy 方法。

和 edatagrid 一样，这里也可设置 editMsg 或 destroyMsg 属性，用来给出编辑或删除时的提示信息，代码如下：

```
editMsg:{
      norecord:{
            title:'警告',
            msg:'请先选择节点后再进行编辑操作！'
      }
},
destroyMsg:{
      norecord:{
            title:'警告',
            msg:'请先选择节点后再进行删除操作！'
      },
      confirm:{
            title:'确认',
            msg:'是否真的删除选定的节点？'
      }
}
```

## 8.1.1 新增属性

该扩展新增以下属性，用于将客户端数据同步到服务器端。

### ❶ createUrl

创建新节点时，树控件将父节点 id 赋值给一个名为 parentId 的参数并发送到服务器，服务器将返回对应节点数据。如：

```
{"id":1,"text":"新节点"}
```

### ❷ updateUrl

更新节点时，树控件将发送 id 和 text 参数到服务器，服务器执行更新并返回更新后的节点数据。

### ❸ destroyUrl

销毁节点时，树控件将发送 id 参数到服务器，服务器执行删除后，再返回类似于 {“success”:true} 这样的 JSON 字符串数据。

### ❹ dndUrl

拖拽节点时，树控件将发送如下参数到服务器。

id：拖拽的节点 ID。

targetId：拖拽到的节点 ID。

point：指明放置位置。可用值：append、top 或 bottom。

服务器收到后再做一些数据处理操作，并返回类似于 {"success":true} 这样的 JSON 字符串数据。

### 8.1.2　新增方法

| 方法名 | 参数 | 描述 |
| --- | --- | --- |
| options | none | 返回属性对象 |
| create | none | 创建新节点 |
| edit | none | 编辑当前选中的节点 |
| destroy | none | 销毁当前选中的节点 |

## 8.2　color（颜色下拉框）

该扩展基于 combo。这是一个独立的组件，需引用 jquery.color.js 文件。

此扩展使用起来非常简单，所有的方法和事件全部继承自 combo，仅新增了两个属性。

| 属性名 | 值类型 | 描述 | 默认值 |
| --- | --- | --- | --- |
| cellWidth | number | 颜色面板的单元格宽度 | 20 |
| cellHeight | number | 颜色面板的单元格宽度 | 20 |

例如，直接在页面中使用 easyui-color 样式，代码如下：

```
<input class="easyui-color">
```

运行效果如图所示。

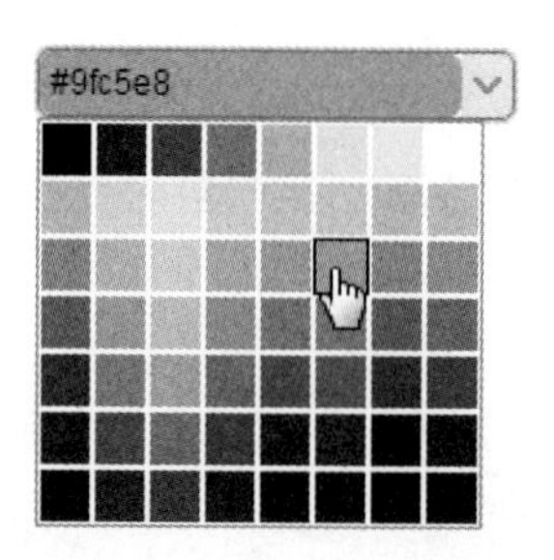

## 8.3 texteditor（文本编辑器）

该扩展基于 dialog。这是一个独立的组件，需在页面中引用如下两个文件：jquery.texteditor.js 和 texteditor.css。

例如，以下 JS 示例代码，仅对指定的 DOM 元素进行 texteditor 初始化，即可生成文本编辑器：

```
$('#te').texteditor({
    title:'文本编辑器',
    width:740,
    height:300,
});
```

运行效果如图所示。

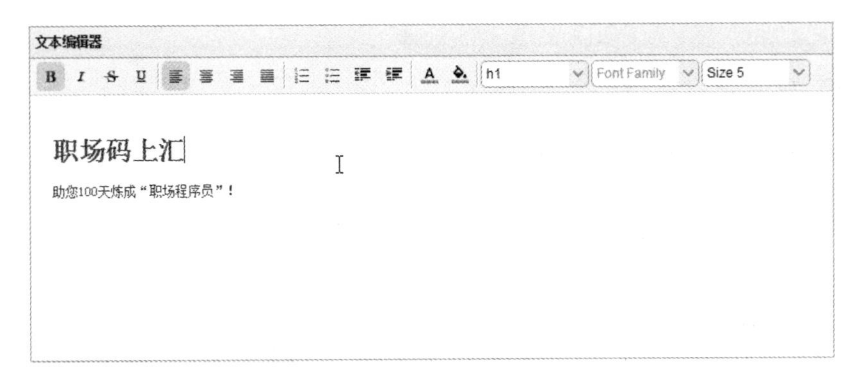


该组件扩展自 dialog，以下是新增属性和方法。

### 8.3.1 新增属性

| 属性名 | 值类型 | 描述 |
| --- | --- | --- |
| name | string | 表单字段名称 |
| toolbar | array | 顶部工具栏 |
| commands | object | 命令定义 |

其中，toolbar 属性的默认值如下：

```
['bold','italic','strikethrough','underline','-','justifyleft','justifycenter','justifyright','justifyfull','-','insertorderedlist','insertunorderedlist','outdent','indent','-','forecolor','backcolor','-','formatblock','fontname','fontsize']
```

默认共 17 个图标按钮。如果不需要其中的某些按钮，或者需要再添加一些按钮，可在 toolbar 属性中重新定义。

上述 17 个按钮的命令操作代码都保存在 commands 属性中。例如，bold（字体加粗）命令代码如下：

```
$.extend($.fn.texteditor.defaults.commands, {
    'bold': {
        type: 'linkbutton',
        iconCls: 'icon-bold',
        onClick: function(){
            $(this).texteditor('getEditor').texteditor('execCommand','bold');
        }
    }
});
```

如果需要新增或修改命令，可参照此代码。当然，也可直接修改 jquery.texteditor.js 文件，上述 17 个命令代码在源文件中都可查看得到。

### 8.3.2　新增方法

| 方法名 | 参数 | 描述 |
|---|---|---|
| options | none | 返回属性对象 |
| execCommand | cmd | 执行指定命令 |
| getEditor | none | 获取编辑器对象 |
| insertContent | html | 将 html 插入到当前光标位置 |
| destroy | none | 销毁编辑器 |
| getValue | none | 获取编辑器的内容（包含 HTML 标签样式） |
| setValue | html | 设置编辑器的内容 |

## 8.4　ribbon界面菜单

该扩展基于 tabs。这是一个独立的组件，需在页面中引用如下 3 个文件：

ribbon.css、ribbon-icon.css 和 jquery.ribbon.js。

### 8.4.1　标签创建方式

示例代码如下：

```
<div class="easyui-ribbon" style="width:500px;">
    <div title="开始">
```

```
            <div class="ribbon-group">
                <div class="ribbon-toolbar">
                    <a class="easyui-menubutton" data-options="name:'paste',iconCls:'
                    icon-paste-large',iconAlign:'top',size:'large'">粘贴</a>
                </div>
                <div class="ribbon-toolbar">
                    <a class="easyui-linkbutton" data-options="name:'cut',iconCls:'
                    icon-cut',plain:true">剪切</a><br>
                    <a class="easyui-linkbutton" data-options="name:'copy',iconCls:
                    'icon-copy',plain:true">复制</a><br>
                    <a class="easyui-linkbutton" data-options="name:'format',iconCls:
                    'icon-format',plain:true">格式刷</a>
                </div>
                <div class="ribbon-group-title">剪贴板</div>
            </div>
            <div class="ribbon-group-sep"></div>
            <div class="ribbon-group">
                <div class="ribbon-toolbar" style="width:200px"></div>
                <div class="ribbon-group-title">其它功能组</div>
            </div>
            <div class="ribbon-group-sep"></div>
        </div>
    </div>
```

通过以上代码，我们来简单地了解一下 ribbon 界面菜单的 DOM 结构。

第 1 层的 div，使用的 class 样式为 ribbon，表示这是一个 ribbon 界面的菜单。

第 2 层的 div，用于设置功能区，可用 title 属性设置功能区名称，这里只有 1 个功能区，名称为“开始”。

第 3 层的 div，用于设置功能组。本层有 4 个 div：第 1 个和第 3 个的 class 样式都是 ribbon-group，表示这两个都是功能组，另外两个样式为 ribbon-group-sep，仅用于生成功能组之间的分割线。

第 4 层就是每个功能组里面的工具栏和功能组标题。其中，工具栏样式为 ribbon-toolbar，功能组标题样式为 ribbon-group-title。工具栏里面在摆放各种按钮，最常使用的就是 linkbutton。

运行效果如图所示。

## 8.4.2 JS创建方式

通过 JS 方式创建时，可使用 data 属性来描述对象。例如：

```
var data = {
    selected:0,
    tabs:[{
        title:'开始',
        groups:[{
            title:'剪贴板',
            tools:[{
                type:'menubutton',
                name:'paste',
                text:'粘贴',
                iconCls:'icon-paste-large',
                iconAlign:'top',
                size:'large'
            },{
                type:'toolbar',     //工具栏
                dir:'v',            //竖向排列
                tools:[{
                    name:'cut',
                    text:'剪切',
                    iconCls:'icon-cut'
                },{
                    name:'copy',
                    text:'复制',
                    iconCls:'icon-copy'
                },{
                    name:'format',
                    text:'格式刷',
                    iconCls:'icon-format'
                }]
            }]
        }]
    },{
        title:'插入',
        groups:[{
            title:'表格',
            tools:[{
                type:'menubutton',
                name:'table',
                text:'表格',
                iconCls:'icon-table-large',
                iconAlign:'top',
```

```
                    size:'large'
                }]
            }]
        }]
    };
```

该 data 属性的值为参数对象，它有两个参数。

selected：初始打开的选项卡面板序号，从 0 开始。

tabs：配置参数数组。这里的每个数组元素都是对象，以表示不同的功能区。例如，上面的代码中，tabs 数组就有两个元素，表示有两个功能区。

每个功能区元素又分别有 title 和 groups 属性：title 表示功能区的标题，这里分别是“开始”和“插入”，groups 表示功能组。

功能组的值也是数组，其中的每个元素对象代表一个功能组。功能组则包含 title 和 tools 属性，分别表示功能组的标题和具体的工具栏。

完整的数据结构如下：

```
    {
        selected:0,               //初始打开的功能区序号
        tabs:[{
            title:'功能区1',       //第1个功能区
            groups:[{             //第1个功能区的第1个功能组
                title:'功能组1',
                tools:[{工具栏1},{工具栏2},{工具栏3}……]
            },{                   //第1个功能区的第2个功能组
                title:'功能组2',
                tools:[{工具栏1},{工具栏2},{工具栏3}……]
            }……]
        },{
            title:'功能区2',       //第2个功能区
            groups:[{第1个功能组},{第2个功能组}……]
        },{第3个功能区}……]
    };
```

数据内容组织好之后，可在初始化 ribbon 时将其赋给 data 属性。示例代码如下：

```
    $('#rr').ribbon({
        width:500,        //设置宽度，这是继承自tabs的属性
        data:data
    });
```

运行效果如图所示。

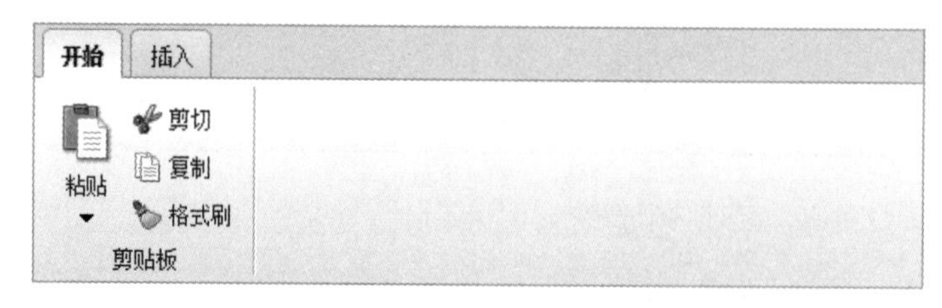


很显然，通过 JS 方式创建的 ribbon 界面效果与标签方式完全相同。

为帮助大家更好地理解 data 定义结构，示例程序代码创建的内容比这里复杂得多，具体请查看源文件代码。示例程序运行效果如图所示。

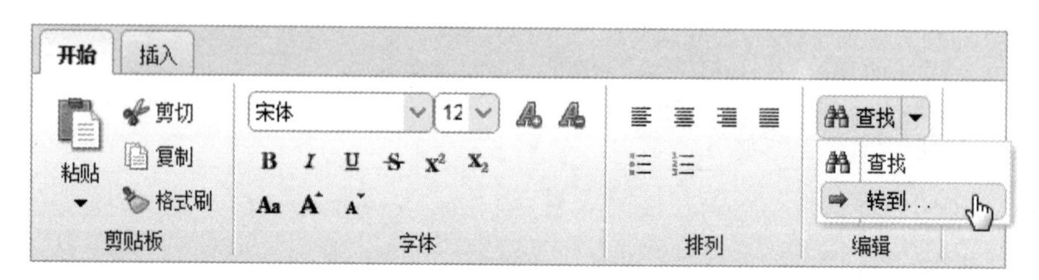


“插入”功能区效果如图所示。

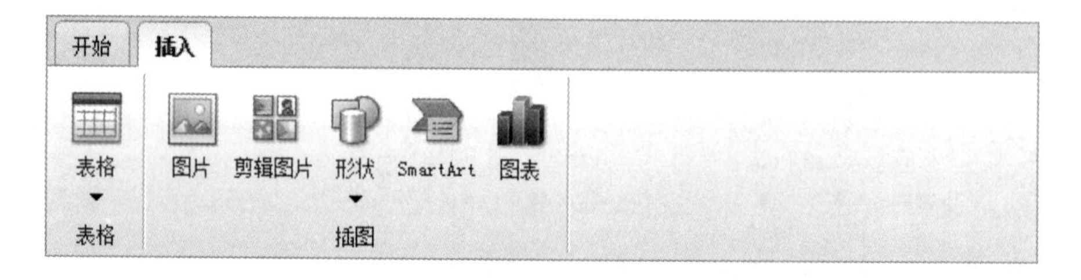


## 8.4.3　新增成员

本组件扩展自 tabs，以下是新增成员。

### ❶ 新增属性

data：Ribbon 描述数据对象。

### ❷ 新增方法

loadData：读取 Ribbon 数据，参数为 data。

### ❸ 新增事件

onClick：单击按钮时触发。包括两个参数。

name：触发的按钮名称。

target：单击的 DOM 元素。

## 8.5 RTL支持

rtl 是指将页面中的 DOM 元素从右向左显示。

要使用该扩展功能，需引用 easyui-rtl.css 和 easyui-rtl.js 文件。

例如，以下 body 代码：

```
<body dir="rtl">
    <div class="easyui-panel" data-options="title:'测试标题',height:120,width:100">
        <ul class="easyui-tree" data-options="url:'test.json'"></ul>
    </div>
</body>
```

则浏览器运行时，整个面板都靠右（包括树节点、节点图标和面板标题的显示方向都反过来了）。

运行效果如图所示。

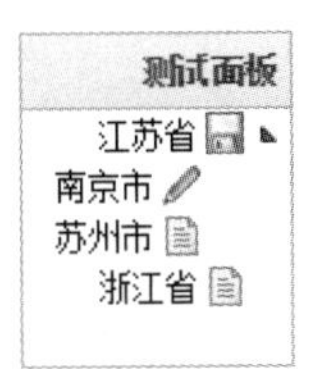


## 8.6 portal（门户）

这是一个独立的扩展组件，它并不是基于其他组件扩展的。要使用该功能，需在页面中引用如下文件：

```
jquery.portal.js
```

那么，什么是门户？所谓的门户，其实就是入口的意思，比如网易、新浪、搜狐等是传统的新闻门户，今日头条、天天快报、澎湃、凤凰等是移动端的新闻门户，爱奇艺、腾讯视频、乐视等是在线视频的娱乐门户……

企业级开发需要用到门户吗？这个并没有统一的标准，完全看开发人员喜好及项目需求。一般来说，企业级的开发如果加上门户功能，会让项目更具亲和力，用户使用起来也会更便捷。

例如，项目首页肯定是离不开布局的，以下就是企业级开发最常用的一种布局方式：

```
<body class="easyui-layout">
    <div region="north" style="color:white;background:#220357;height:60px;">
        管理系统首页
    </div>
    <div region="west" style="width:120px;">
        左侧导航栏
    </div>
    <div region="center" border="false">
        …内容展示页…
    </div>
    <div region="south" style="height:26px;">
        底部版权栏
    </div>
    <script type="text/javascript" src="test.js"></script>
</body>
```

以上布局包括 4 个部分。

上：此区域用于显示页面标题、logo 及登入、登出等按钮。

左：此区域用于导航，可以嵌入使用 accordion、tree 等组件。

下：此区域用于版权声明、显示登入用户或日期时间等信息。

中：此区域用于展示用户单击操作后的内容。

以上代码运行效果如图所示。

很显然，在项目初始运行时，由于用户没有执行任何操作，内容区域一片空白会显得比较单调。这里可以填上一些适当的文字或铺满一张图片，都是不错的选择。当然，最好的方式是加上一些门户内容。

例如，将上述代码中的“…内容展示页…”替换为以下代码：

```
<div class="easyui-tabs" border="false" fit="true">
    <div id="pp" title="首页工作台">
        <div style="width:50%;">
            <div title="快速导航" iconCls="icon-open" style="height:113px;padding:10px">
                <a iconCls="icon-large-shapes">常规报表</a>
                <a iconCls="icon-large-smartart">数据录入</a>
                <a iconCls="icon-large-clipart">订单审核</a>
                <a iconCls="icon-large-picture">流程处理</a>
                <a iconCls="icon-large-chart">数据分析</a>
            </div>
            <div title="待办事项" iconCls="icon-edit" style="background:#f3eeaf;
            height:200px"></div>
        </div>
        <div style="width:30%;">
            <div id="pgrid" title="统计报表" iconCls="icon-reload" style= "height:
            200px;"></div>
            <div title="最新通知" iconCls="icon-tip" collapsible="true" style= "height:
            150px;"></div>
        </div>
        <div style="width:20%;">
            <div title="消息推送" iconCls="icon-search" style="height:200px;"></div>
        </div>
    </div>
</div>
```

这里最外围的 div 使用了 tabs 选项卡，用户每一项操作内容都可添加到这个选项卡中，以方便查看历史操作的内容。该选项卡中，只有一个默认的 div 元素，它的 id 为 pp，标题为“首页工作台”。之所以设置 id，是为了方便使用门户组件对它初始化。JS 初始化代码如下：

```
$('#pp').portal({
    border:false,
    fit:true
});
```

通过以上代码，就将 tabs 选项卡中的第一个面板定义成了“门户页”。现在再来看一下该“门户页”中有哪些内容。

这里有 3 个 div，请注意它们的宽度都是用的百分比，表示它们各占“门户页”宽度的比例。3 个 div 就表示门户页有 3 列，如果是 2 个 div 就表示有 2 列，以此类推。

每个 div 中，可以再嵌套 *N* 个 div，用于生成面板。例如，第 1 列和第 2 列都嵌套了两个，第 3 列嵌套了 1 个。所有被嵌套的 div，都会自动被初始化为面板，所有的面板属性在这里都可使用，如图标、折叠、关闭等。

在这些面板中，可以根据自身需要添加内容。例如，以上代码就给第一列的第一个 div 添加了 5 个 a 标签元素，用以生成“快速导航”的快捷操作按钮。其初始化代码如下：

```
$('a[iconCls]').linkbutton({  //必须指定含有iconCls属性的a元素，否则将影响其他面板
    size:'large',
    iconAlign:'top',
    plain:true
});
```

该门户页面的运行效果如图所示。

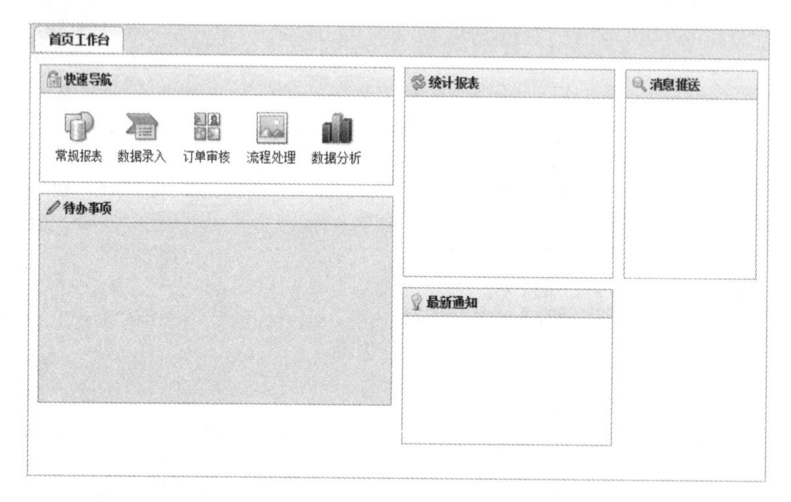


在这个门户页中，所有的面板在运行时都可随意拖动。当跨列拖动时，面板宽度会自动调整。例如，将“待办事项”拖动到第 2 列的顶部后，会自动变为和“统计报表”一样的宽度。一旦放置，该面板将显示在第 2 列的最上面，“统计报表”和“最新通知”顺序下移。如图所示

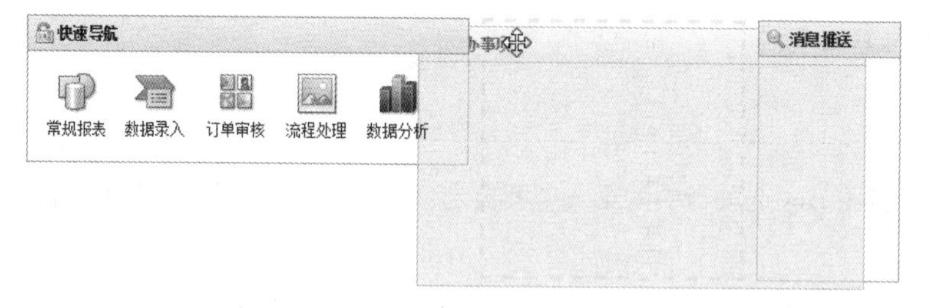


对于需固定显示在门户上的面板，一定不要将其 closable 设置为 true。例如，给“待办事项”面板加上以下属性：

```
<div title="待办事项" iconCls="icon-edit" collapsible="true" closable="true"……
```

运行效果如图所示。

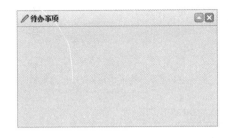


折叠按钮可有可无，但关闭按钮影响就大了，因为用户可以随时关闭该面板。当然，如果在快捷按钮或导航栏菜单上有打开指定面板的命令就无所谓了。

## 8.6.1 属性

| 属性名 | 值类型 | 描述 | 默认值 |
|---|---|---|---|
| width | number | 门户宽度 | auto |
| height | number | 门户高度 | auto |
| border | boolean | 是否显示门户边框 | false |
| fit | boolean | 是否自适应父容器 | false |

## 8.6.2 方法

| 方法名 | 参数 | 描述 |
|---|---|---|
| options | none | 返回属性对象 |
| resize | param | 重置门户大小。参数对象包含 width 和 height |
| getPanels | columnIndex | 获取指定列面板。省略参数时返回所有面板 |
| add | param | 添加新面板，参数对象包含以下属性。<br>panel：添加的面板对象；<br>columnIndex：要添加到的列索引 |
| remove | panel | 移除和销毁指定面板 |
| disableDragging | panel | 禁用面板拖拽功能 |
| enableDragging | panel | 启用面板拖拽功能 |

例如，添加新面板，代码如下：

```
var p = $('<div/>').appendTo('body');       //添加dom元素用于存放新面板
p.panel({
    title:'新面板',
    content:'<div style="padding:5px;">这是添加的新面板</div>',
    height:100,
    closable:true,              //允许关闭面板
```

```
        collapsible:true          //允许折叠面板
    });
    $('#pp').portal('add', {
        panel:p,
        columnIndex:0             //指定0，就添加到第1列；指定1，添加到第2列……
    });
    $('#pp').portal('resize');
```

运行效果如图所示，该面板添加到了第 1 列。

再如，删除“统计报表”面板，代码如下：

```
    $('#pp').portal('remove',$('#pgrid'));
    $('#pp').portal('resize');
```

**注意**

不论是添加还是删除面板，在完成操作后都要执行 resize 方法，以防止因为面板数量增减导致的界面混乱。

## 8.6.3　事件

| 事件名 | 参数 | 描述 |
| --- | --- | --- |
| onStateChange | panel | 拖拽面板时触发 |
| onResize | width,height | 门户大小发生改变时触发 |

# 欢迎来到异步社区！

## 异步社区的来历

异步社区（www.epubit.com.cn）是人民邮电出版社旗下 IT 专业图书旗舰社区，于 2015 年 8 月上线运营。

异步社区依托于人民邮电出版社 20 余年的 IT 专业优质出版资源和编辑策划团队，打造传统出版与电子出版和自出版结合、纸质书与电子书结合、传统印刷与 POD（按需印刷）结合的出版平台，提供最新技术资讯，为作者和读者打造交流互动的平台。

## 社区里都有什么？

### 购买图书

我们出版的图书涵盖主流 IT 技术，在编程语言、Web 技术、数据科学等领域有众多经典畅销图书。社区现已上线图书 1000 余种，电子书 400 多种，部分新书实现纸书、电子书同步出版。我们还会定期发布新书书讯。

### 下载资源

社区内提供随书附赠的资源，如书中的案例或程序源代码。

另外，社区还提供了大量的免费电子书，只要注册成为社区用户就可以免费下载。

### 与作译者互动

很多图书的作译者已经入驻社区，您可以关注他们，咨询技术问题；可以阅读不断更新的技术文章，听作译者和编辑畅聊好书背后有趣的故事；还可以参与社区的作者访谈栏目，向您关注的作者提出采访题目。

## 灵活优惠的购书

您可以方便地下单购买纸质图书或电子图书，纸质图书直接从人民邮电出版社书库发货，电子书提供多种阅读格式。

对于重磅新书，社区提供预售和新书首发服务，用户可以第一时间买到心仪的新书。

用户账户中的积分可以用于购书优惠。100 积分 =1 元，购买图书时，在 0 使用积分 里填入可使用的积分数值，即可扣减相应金额。

## 特别优惠

购买本书的读者专享异步社区购书优惠券。

使用方法：注册成为社区用户，在下单购书时输入 S4XC5 使用优惠码，然后点击“使用优惠码”，即可在原折扣基础上享受全单9折优惠。（订单满39元即可使用，本优惠券只可使用一次）

### 纸电图书组合购买

社区独家提供纸质图书和电子书组合购买方式，价格优惠，一次购买，多种阅读选择。

## 社区里还可以做什么？

### 提交勘误

您可以在图书页面下方提交勘误，每条勘误被确认后可以获得100积分。热心勘误的读者还有机会参与书稿的审校和翻译工作。

### 写作

社区提供基于 Markdown 的写作环境，喜欢写作的您可以在此一试身手，在社区里分享您的技术心得和读书体会，更可以体验自出版的乐趣，轻松实现出版的梦想。

如果成为社区认证作译者，还可以享受异步社区提供的作者专享特色服务。

### 会议活动早知道

您可以掌握 IT 圈的技术会议资讯，更有机会免费获赠大会门票。

## 加入异步

扫描任意二维码都能找到我们：

|  |  |  |  |  |
|---|---|---|---|---|
| 异步社区 | 微信服务号 | 微信订阅号 | 官方微博 | QQ 群：436746675 |

社区网址：www.epubit.com.cn

投稿 & 咨询：contact@epubit.com.cn